王明锋　朱保昆　廖头根◎主编

烟用香料
控制释放技术及其应用

Yanyong Xiangliao
Kongzhi Shifang Jishu Ji Qi Yingyong

西南交通大学出版社
·成都·

图书在版编目（CIP）数据

烟用香料控制释放技术及其应用／王明锋，朱保昆，廖头根主编. —成都：西南交通大学出版社，2016.5
ISBN 978-7-5643-4493-1

Ⅰ．①烟… Ⅱ．①王… ②朱… ③廖… Ⅲ．①卷烟 – 调香 Ⅳ．①TS452

中国版本图书馆 CIP 数据核字（2016）第 002964 号

烟用香料控制释放技术及其应用

王明锋　朱保昆　廖头根　主编

责 任 编 辑	张宝华
封 面 设 计	墨创文化
出 版 发 行	西南交通大学出版社 （四川省成都市二环路北一段 111 号 西南交通大学创新大厦 21 楼）
发 行 部 电 话	028-87600564　028-87600533
邮 政 编 码	610031
印 　 　 刷	四川森林印务有限责任公司
成 品 尺 寸	185 mm × 260 mm
印 　 　 张	16
字 　 　 数	400 千
版 　 　 次	2016 年 5 月第 1 版
印 　 　 次	2016 年 5 月第 1 次
书 　 　 号	ISBN 978-7-5643-4493-1
定 　 　 价	86.00 元

课件咨询电话：028-87600533

前 言

卷烟调香技术是构建中式卷烟的核心技术，对于塑造产品风格、提高卷烟香气质量和改善抽吸品质具有关键作用。最近十年，烟草行业围绕提升自主调香水平的工作主线，从塑造品牌风格特点出发，构建了技术体系、品控体系和人才体系，基本确立了"以我为主，由我掌控"的调香技术主体地位。在这个过程中，如何科学地使用挥发性强、稳定性差的香料是调香人员常常面临的问题。烟用香料的控制释放技术是通过物理或化学方法，将这类香料"固定"在体系中，以改变香料的存在形式，并在卷烟燃烧过程中将其释放，进而提升香料的使用效果。

本书全面介绍了烟用香料的控制释放技术，并结合卷烟调香与生产的实际，以丰富的实例详细阐述了控制释放的基本原理和应用方法。本书共分九章，第一章为绪论，重点介绍了卷烟调香技术发展的现状和烟用香料的使用特点；第二章简要介绍了常见控制释放技术的基本原理及其应用；第三至七章详细介绍了烟用香料的物理控制释放技术及其在卷烟调香中的应用；第八、九章详细介绍了烟用香料的化学控制释放技术及其在卷烟调香中的应用。

参加本书编写的有王明锋、朱保昆、廖头根、黄艳、雷声、赵建华、张伟、申晓锋。由朱保昆、廖头根统稿，最后由王明锋审定。

本书的编写不仅参考了所列教材、专著和国内外的文献，还参考了烟草行业的相关技术研究报告，这些报告使作者受益匪浅，在此向参与这些项目研究的人员表示感谢！此外，本书的编写付梓，还得到了华宝香化科技有限公司刘艺先生、江南大学潘红阳副教授的悉心指点，在此一并致谢！

囿于作者的知识水平和业务能力，书中还存在不少疏漏之处，恳请读者批评指正。

编 者
2015 年 10 月

目　录

第一章 绪 论

香味风格及品质是决定卷烟消费者喜好的最为重要的因素，而调香是卷烟工艺中的关键环节，是完善产品风格的决定性因素和提高卷烟香气质量及抽吸舒适性的有效方式之一。一般来讲，卷烟的香味来源于烟草，但烟草中除含有优美宜人的香气和舒适愉快的吃味物质之外，还含有产生令人不愉快气息、苦涩、辛辣味的物质。同时，由于烟叶生长受环境条件的影响，其致香物质的含量处于不稳定状态。因此，综合应用调香技术对品牌卷烟进行维护和新产品研发，能更好地衬托、增补卷烟香味，增加烟气浓度，改善吃味，去除和掩盖不愉快气息、减少刺激性，消除因烟叶质量波动对卷烟香气风格产生的影响，以保持卷烟质量相对稳定。作为致力于系统性解决方案的卷烟调香工程和卷烟增香保润实施方案，其在新型香精香料的开发及应用技术集成方面成果丰硕，极大提升了香精香料的有效利用，推动了调香水平的进一步发展。

一、卷烟调香的发展现状

卷烟调香技术可以追溯到 1519 年哥伦布发现美洲新大陆，当时人们目睹了印第安人往烟草中施加柑橘皮油以增加香味。在此基础上，人们对使用历史悠久的烟用香料物质进行了深入的分析研究，弄清了许多化学成分对构成特殊香味的贡献，并人工合成香料作为烟草香料，使卷烟加香更具针对性。

对于卷烟工业企业而言，曾一度对卷烟调香技术研究不足，缺乏自主开发和调配能力，核心技术基本掌控在行业外的香精香料企业手中。虽然香精香料施加量少，但意义重大，调香技术对中式卷烟，尤其是对低焦油中式卷烟风格特征的形成具有不可或缺的作用，是彰显卷烟品牌风格特色、提升卷烟产品品质的关键技术之一。鉴于卷烟调香技术的重要性及基础薄弱，2004 年，国家烟草专卖局将卷烟调香列为行业四大战略性课题之一，要求全行业把卷烟调香作为彰显卷烟品牌风格特色、提升卷烟产品品质的关键环节进行重点攻关。经过 10 年的努力，卷烟工业企业以基础理论研究为指导，开展了代表性香料单体功能评价和卷烟保润机理等研究，促进了香精香料可知可控水平的不断提升；以特色技术研究为突破，开发了一批拥有自主知识产权的香原料，提升了核心香原料的掌控力度；以应用技术研究为重点，通过研究成果的集成组装，初步掌握了香精香料设计、调配和应用的关键技术。

但随着低焦卷烟的发展，存在于烟气焦油之中的许多香味物质，伴随着焦油量的降低而减少，导致低焦油卷烟普遍烟味变淡、香气减弱，产品失去原有的风格，同时由于物理降焦手段的普遍使用和以细支卷烟为代表的新型卷烟的蓬勃发展，烟气香味成分均衡稳定释放问题日益突出。因此在降低卷烟焦油的同时，通过加强对中式卷烟特色香料物质基础的分析，建立香料单体在卷烟中应用效果的评价体系，开展特色烟用香原料资源开发与应用，研究先进的香原料加工技术、重要单体香料及其衍生物、特色香原料、烟草特有香味成分及其前体物的合成、提取、纯化等技术，已经成为保持卷烟产品原有抽吸风格的行之有效的技术手段。在此基础上，借鉴食品、医药、日化等行业的成熟研究成果，着力研究能够提升卷烟香味成分均衡稳定释放的单项技术，研究其对香味成分和品质风格的影响规律，开发适用于中式卷烟低焦油卷烟香味释放控制的技术手段，通过集成应用实现香气总量减少条件下的香味成分稳定释放和品质风格稳定。

二、香料的挥发性、持久性和稳定性

对于香精香料而言，除了香韵外，其挥发性、持久性和稳定性是评价和使用香精香料的重要因素。

（一）挥发性

1954 年，Poucher 根据香气挥发留香时间长短，分别给予 330 种香料一个系数。凡在一天内就挥发消失而嗅不到香气的品种都给予系数"1"；在第二天嗅不到香气的给予系数"2"，以此类推至"100"为止，100 天以后的不再分高低，具体见表 1-1。

表 1-1　Poucher 香料分类表

系　数	品　　名
1	苯乙酮、苦杏仁油、乙酸异戊酯、苯甲醛、乙酸苄酯、乙酸乙酯、乙酸乙酸乙酸、苯甲酸甲酯、绿花白千层油
2	甲酸苄酯、玫瑰木油、苯甲酸乙酯、蒸馏白柠檬油、芳樟醇、橘子油、水杨酸甲酯、乙酸辛酯、乙酸苯乙酯、甲酸苯乙酯、丙酸苯乙酯、水杨酸苯乙酯
3	桂酸苄酯、莞荽子油、对甲酚甲醚、乙酸对甲酚酯、异丁酸对甲酚酯、苘萝醛丁酸环己酯、甲酸癸酯、二甲基苄基原醇、乙酸二甲基苄基原酯、癸炔羧酸乙酯、水杨酸乙酯、对甲基苯乙酮、没药油、麝香酊（3%）、异丁酸辛酯、胡薄荷油、巴拉圭橙叶油、黄樟油、留兰香油、松油醇
4	二甲基辛醇、小茴香子油、香茅醇、桉叶油、苯甲酸香叶酯、薰衣草油、丁酸甲酯、香桃木油、壬醇、苯乙醇、鼠尾草油、对甲基水杨酸甲酯
5	二甲基苯乙酮、苯乙酸乙酯、意大利橙花油、乙酸壬酯、乙酸松油酯、对甲基苯甲醇
6	桃金娘月桂叶油、香柠檬油、葛缕子油、香橼油、甲酸香茅酯、苯乙酸异丁酯、苯甲酸芳樟醇、苯甲酸乙酯、乙酸甲基苯基原酯、葡萄油
7	丙酸异戊酯、茴香油、异丁酸苄酯、丙酸苄酯、庚酸苄酯、香叶醇（单离自爪哇香茅油）、姜油、辛炔羧酸甲酯、壬醇、三色堇油、亚洲薄荷油、芸香油、艾菊油、白百里香油、紫罗兰净油、异丁酸香叶酯、乙酸癸酯、
8	水杨酸异戊酯、水杨酸苄酯、柏木油、斯里兰卡香茅油、乙酸香茅酯、邻氨基苯甲酸乙酯、香叶醇（单离自玫瑰草油）、苯甲酸异丁酯、水杨酸异丁酯、柠檬油、丙酸芳樟酯、橙花醇、玫瑰醇、法国玫瑰油、土荆芥油、异戊酸苯乙酯

续 表

系 数	品 名
9	二甲基壬醇、丁酸香叶酯、麝香素油、月桂叶油、大茴香酸甲酯、乙酸橙花酯、美国薄荷油、穗薰衣草油、万寿菊油、红百里香油
10	苦艾油、洋甘菊油、二苯甲烷、二苯醚、大茴香酸乙酯、杂薰衣草油、乙酸芳樟酯、甲基苯乙醛、苦橙油、丙酸苯丙酯、丁香酚甲醚
11	丁酸异戊酯、胡萝卜籽油、毕橙茄油、癸醇、格蓬油、风信子净油、脱色蜡菊净油、大叶钓樟油、甲酸芳樟酯、独活油、狭叶胡椒油、水仙净油、肉豆蔻油、辛醇、防风根油、甜橙油
12	桂酸甲酯、庚炔羧酸甲酯、法国橙叶油、桂酸苯乙酯、丙酸松油酯、甲基苯基醚
13	苯乙酸对甲酚酯、榄香油、鸢尾凝脂、苯丙醇
14	罗勒油、卡南加油、小茴香油、柠檬草油、黄连木油、甲基紫罗兰酮、含羞花净油、玫瑰草油、乙酸苯丙酯、异丁酸苯丙酯、木樨草净油
15	对甲氧基苯乙酮、乙酸桂醛、甲酸桂醛、爪哇香茅油、欧蓍萝油、愈创木油、洋茉莉醛、甲基吲哚、苏合香油、保加利亚玫瑰油
16	大茴香酸异戊酯、丁香酚、苯乙酸苯丙酯、野百里香油
17	蜜蜂花油、四氢香叶醇
18	菖蒲油、甘牛至油、鸢尾净油、异丁酸苯氧基乙酯、异戊酸甲基苯基原酯、紫罗兰叶净油
19	异丁酸苯乙酯、优质防臭木油
20	香紫苏油
21	苯甲酸异戊酯、圆叶当归籽油、大茴香醛、山菊根油、榄香、树脂、吲哚、甲为紫罗兰酮、乙位紫罗兰酮、邻氨基苯甲醛甲酯、没药树脂、法国迷迭香油、乙酸十一酯
22	异丁香酚苄醚、桂叶油、丙酸桂酯、丁香油、甲酸香叶酯、邻氨基苯甲酸芳樟醇、橙花水净油、苯基甲酚醚
23	金雀花净油、甲氧基苯乙酮、欧芹油
24	乙酸大茴香酯、南洋杉木油、苯甲烯苯酮、桂皮油、桂酸乙酯、糠基乳酸乙酯、非洲香叶油、法国香叶油、西班牙香叶油、乙酸香叶酯、黄水仙油、马尼拉依兰精油
25	异丁香酚甲醚
26	柠檬桉油、N-异丁基邻氨基苯甲酸甲酯、苯乙酸甲酯
27	本甲酸香茅酯、二甲基对苯二酚
28	丁酸桂酯
29	香苦木皮油、波蓬香叶油
30	麝葵子油、小豆蔻、姜草油、白柠檬油、橙花净油
31	橙花净油
32	月桂酸乙酯、对甲基苯丙醛
33	大根香叶油
34	芹菜根油
35	N-甲基邻氨基苯甲酸甲酯
38	酒花油

续 表

系 数	品 名
40	海索草油、丙酸玫瑰酯、波蓬依兰油
41	肉豆蔻油
42	乙酰基异丁香酚、桂酸戊酯、桂叉基甲基原醇
43	甲酸丁香酚酯、桂酸异丁酯、大花茉莉净油、玫瑰净油、晚香玉净油
45	乙酸龙脑酯、肉桂油
47	大茴香醇
50	十二醇、十二醛、苯丙醛、十一醇、苦橙花油
54	乙酸柏木酯
55	橙花叔醇
60	苯乙酸苄酯、柠檬醛、甲酸玫瑰酯
62	苯乙酸异戊酯
65	天然桂醇
70	水养酸芳樟醇、脱色大花茉莉油
73	金合欢净油
77	甲基萘基甲酮
79	灵猫香膏
80	羟基香茅醇
85	苯基二甲缩醛
87	辛醛
88	"杨梅醛"（β-甲基-苯基缩水甘油乙酯）
89	兔耳草醛
90	格蓬树脂、防风根树脂、鸢尾油树脂、乙酸玫瑰酯、香枝檀油、龙蒿油、脱色花框大花茉莉净油
91	苯乙酸苯乙酯、丙位-十一内酯（"桃醛"）
94	圆叶当归油、桦叶油
99	山菊花油
100	乙酰基丁香酚、龙涎香酊（3%）甲位戊基异丁香酚、安息香香树脂、二苯甲酮、桦焦油、海狸香净油、人造桂醇、广木香油、香豆素、扁柏油、癸醛、乙基香兰素、丙位-壬内酯（"椰子醛"）、愈创木醇酯类、蜡菊净油、异丁香酚、苯乙酸异丁香酚酯、岩蔷薇浸膏、苯乙酸芳樟酯、甲基壬基乙醛、人造麝香、橡苔浸膏、乳香油及树脂、广藿香油、胡椒油、秘鲁香膏、苯乙酸、众香子油、苯乙酸玫瑰酯、东印度橙花油、苏合香香树脂、苯乙酸檀香油、吐鲁香膏、黑香豆浸膏、乙酸三氯甲基苯基原酯、十一醛、香兰素、岩兰草油

（二）持久性

持久性是指一定量的某种香精香料在一定条件（温度、压力、空气流速、挥发面积等），于一定介质或载体中香气留存的时间限度。留香时间越长，持久性越强。通常，影响香料香气持久性的因素主要是相对分子质量大小、蒸汽压高低、沸点（或熔点高低）、化学结构特点或官能团性质、化学活泼性等。一般而言，香精香料的挥发性越强，其持久性越差。当然，对于香精香料而言，并不是持久性越强越好，而是其香气尽量长久地保持原有的香型或香气特征的才是佳品。

（三）稳定性

香精香料的稳定性主要表现在两个方面：一是它们在香型或香气的稳定性，这就是说它们的香气或香型在一定的时期和条件下，是否基本上相同，还是有明显的变化。二是它们自身以及在介质（或基质）中的物理化学性能是否保持稳定，特别是储放一定时间或遇热、遇光照或与空气接触后是否会发生质量变化，还是基本上没有差异。这两种稳定性是相互联系或互为因果的。对于合成与单离香料而言，由于它们是"单一体"，在单独存在时，如果不受光、热、潮湿、空气氧化的影响或储放时间不长，不受污染，它们的香气大多数是前后较一致的，所以相对来说是比较稳定的。而天然香料，由于它们是多成分的混合物，成分含量大小不一，物理化学性质不同，特别是挥发速率的不同，所以相对来说，它们的香气稳定性要差一些，有些品种的香气，前后差异是较明显的，如有些精油类的天然香料，因含有较多的较容易变化的萜烯类成分，从而会导致香气上的明显变化。

形成香精香料不稳定的原因主要有以下几个方面：

（1）香精中某些分子之间发生的化学反应（如酯交换、酯化、酚醛缩合、醇醛缩合、醛醛缩合、醛的氧化、泄馥基形成等）；

（2）香精中某些分子和空气（氧）之间的氧化反应（醛、醇、不饱和健等）；

（3）香精中某些分子遇光照后发生物理化学反应（如某些醛、酮及含氮化合物等）；

（4）香精中某些成分与加香介质中某些组分之间的物理化学反应或配伍不溶性（如受酸碱度的影响而皂化、水解，溶解度上的变化，表面活性等方面的不适应等）；

（5）香精中某些成分与加香产品包装容器材料之间的反应等。

由于上述原因，香精或它在加香介质中会发生以下一些不稳定的结果：

（1）香型或香气上的变化（包括扩散力、持久性、定香效果等）；

（2）加香介质的着色或变色，或发生浑浊，或析出沉淀物，或乳剂分层等变化；

（3）加香产品的使用功能效果上的变化；

（4）加香成品的包装容器内壁发生变化。

三、加香加料体系的香味成分释放控制

在食品、日化等传统加香加料体系中，主要香味组分之间存在一定的相互作用。相比

较于一般食品体系而言，烟草的加香加料体系更为复杂，除了香味成分本身之间的相互作用外，燃烧时会产生复杂的物理、化学变化及转移过程中的相互作用且反应时间极短。卷烟在燃烧过程中，非挥发性组分与风味化合物的结合特性会产生巨大的变化，新的香味成分大量生成，香味成分的载体也会发生变化，组分与风味化合物的相互作用的平衡也被打破，因此，极易导致香味成分释放的失衡甚至香味风格的改变。通过基于各种香料控制释放技术的研究，微乳、微胶囊、香料前体等对风味化合物释放的可控性研究发展很快，相关技术成果已在卷烟领域广泛应用。为此，如何从现有的加香加料体系中香料控制释放技术出发，进一步集成应用成熟的技术成果，通过相互作用的调控，达到香味成分的平衡释放的目的，成为所有烟草调香从业人员的重要课题。

多年来，关于风味平衡释放技术的研究，已经涵盖了包括红酒、白酒、饮料、乳制品、肉制品、卷烟等众多行业，目前报道的风味平衡释放调控方法主要包含三大类：

（一）从调香本身角度考虑

从调香本身角度出发，着重从香料成分本身物理形态、溶解性、极性、离子条件及媒介条件等方面来调控，这一类技术研究最为深入、全面、成熟，应用广泛，效果显著，具体来说分为以下几种：

1. 微乳

微乳是由水、油、表面活性剂和助表面活性剂按适当比例混合，自发形成的各向同性、透明、热力学稳定的分散体系，具有粒径小、透明、稳定等特殊优点，已广泛应用于日用化工、三次采油、酶催化等方面。近些年来微乳包埋脂溶性维生素、番茄红素、叶黄素、β-胡萝卜素以及茶碱等方面取得了成功的应用，提高了功能性成分的溶解性、分散性和生物利用度。

2. 微胶囊

微胶囊技术是将固体、液体或气体物质包埋、封存在一种微型胶囊内成为一种固体微粒产品的技术，这样能够保护被包裹的物料，使之与外界不宜环境相隔绝，达到最大限度地保持原有的香味、性能和生物活性，防止营养物质的破坏与损失。被微胶囊化的芯材可以是微细的固体粉末，也可以是微小的液滴；既可以是各种医用的药物，食用的调味品、化妆品用的香料，也可以是颜料、农药、除草剂、化肥、胶粘剂、液晶、分子筛等；甚至还可以制成气体微胶囊。

3. 包合物

包合物（Inclusion Complexes）是指一种活性物质分子被全部或部分包合进入另一种物质的分子腔隙中而形成的独特形式的络合物。包合技术目前在药剂、食品和香料领域应用广泛，通常可用环糊精、胆酸、淀粉、纤维素、蛋白质、核酸等作包合材料。药物、食品中的化学成分作为客分子经包合后，溶解度增大，稳定性提高。液体产品可粉末化，可以防止挥发性成分挥发，掩盖产品的不良气味或味道，调节释药速率，提高药物的生物利用度，降低药物的刺激性与毒副作用等。

4. 介孔材料

介孔材料是指孔径为 2~50 nm 的多孔材料，如气凝胶、柱状黏土、M41S 材料。一方面具有大比表面积和孔道体积的结构优势；另一方面，介孔孔道由无定型孔壁构筑而成，因此，与微孔分子筛相比，介孔材料具有较低的热稳定性与水热稳定性。介孔材料主要用于分离与吸附、光学应用、催化应用等技术方面，在光化学、生物模拟、催化、分离以及功能材料等领域已经体现出重要的应用价值，尤其在香料成分负载方面具有独特优势。

5. 挤破式胶囊

挤破式胶囊是一种内充液体的密封单构件软胶囊，在需要的时候，用外力压破胶壳，释放填充物。由于挤破式胶囊具备生物利用度高、含量准确、均匀性好、外形美观等特点，近些年来发展很快，除药品外，在烟草、营养保健品、化妆品、日用品等领域也被广为应用。特别是卷烟中的应用，通过将香精香料囊化后添加到滤棒中，在需要时，挤破胶囊壳体，使包覆的香精香料在燃吸过程中释放到主流烟气中，起到赋予卷烟特殊香味的作用。

6. 配合物

配合物是一类具有特征化学结构的化合物，由中心原子或离子（统称中心原子）和围绕它的称为配位体（简称配体）的分子或离子，完全或部分由配位键结合形成。由于配合物的独特分子结构，在分析化学、工业生产和医药行业得到了广泛应用。近年来在烟草中的应用研究发展很快，如利用挥发性的甜香类香料与食品添加剂（如钙盐、锌盐等）之间的弱配位作用，降低甜香类香料的挥发逃逸特性，提高其在香精和卷烟产品中的稳定性，增强其在加工过程特别是高温受热工序中的耐加工性，以便其在卷烟产品应用中更好地发挥作用。

7. 香料前体物

香料前体物（Flavor Precursor）是指本身没有香味或对香感觉作用不大，但在陈化或燃烧中能够降解或裂解后产生致香物的物质，又叫潜香物质。香料前体物是一类分子量大、沸点较高、香气较少或本身没有香气，但经过化学水解、酶解或微生物作用、热解、光裂解等途径可以释放出具有香气香味的化合物。现在已有研究的香料前体主要有糖苷类、酯类、缩醛、萜类、类胡萝卜素、梅拉德反应产物、碳水化合物、蛋白质和氨基酸类等，具有显著的工业应用价值和推广应用的广阔前景，类胡萝卜素、梅拉德反应产物在烟草加香体系中应用效果尤其突出。

（二）从加香加料体系中风味化合物与主要其他组分相互作用角度考虑

从加香加料体系中风味化合物与主要其他组分相互作用的角度出发，着重分别从蛋白质、糖、脂类、配料等组分与风味化合物的相互作用来进行调整，具体来说有以下几种：

（1）具有良好起泡性和乳化性的蛋白质与风味化合物之间具有可逆与不可逆的相互作用，比如醛类物质可与蛋白质发生共价不可逆的结合，同时也存在疏水相互作用，不同蛋白质与风味化合物相互作用的方法将产生不同的互补结果；

（2）糖类对风味化合物的影响及调控，主要通过加入后带来的体系黏度的变化来进行；

（3）脂类对风味物质的调控，主要通过风味物质在油相和水相中分布的不同，以及脂类物质对口腔中的动态风味释放的影响来进行。

（三）从风味化合物与整体加香加料体系中的组分分布角度考虑

从风味化合物与整体加香加料体系中的组分分布的角度，其研究和应用的难度更大，目前尚处于起步阶段，其原因在于加香加料体系经常呈现的是一个非常复杂的多相体系，不同相的构成决定了加香加料体系产品的结构与组织特性，从而对风味化合物在加香加料体系中不同相中的扩散特性都具有非常重要的影响。在加香加料体系波动导致风味化合物的保留和释放的变化的研究手段中，仪器分析与感官评价的结果往往不一致，也使得通过单一仪器分析得到的研究结果不准确，因此有必要从风味化合物与加香加料体系整体体系尤其是含调味剂、增香剂及保润剂的复合加香加料体系相互作用的角度，结合仪器分析和感官评定的结果，从源头进行探讨和调控。

四、卷烟加工过程的加香工艺

根据卷烟配方设计的一般过程（见图1-1），卷烟用的烟叶，经过调制、陈化（或发酵处理）以及合理的配方，使各种烟叶的香味协调起来，形成了不同类型风味的卷烟叶组。但由于烟叶某些品质缺点在叶组中不可能完全改善，叶组尚存在例如杂气、刺激、余味等方面的问题，尤其在上等烟叶原料短缺时表现得更为突出，此时，要最大限度地彰显产品的特征风味，就必须对叶组配方进行调香修饰。目前，就生产工艺而言，卷烟调香主要围绕打叶复烤、切叶制丝环节进行，即在烟叶加工环节进行施加"底料"处理，在制丝环节进行施加"表香"处理。

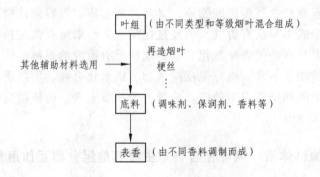

图1-1 卷烟配方设计一般过程

（一）加料技术

卷烟加料是指卷烟生产过程中，在烟叶上施加"底料"的工艺过程。加料是针对烟叶或叶组配方存在的缺陷进行的修饰，其目的是减轻烟气的刺激性，通过加料，可以达到改善烟草的韧性和燃烧性，同时也可以提高烟草防腐的能力。加料技术起源于 16 世纪的西班牙，很多出航的海员为了防止烟丝发霉而喷洒甘草水为卷烟加料。此后便广泛应用于嚼烟、鼻烟以及斗烟中，并得以广泛的应用。现在随着滤嘴烟的普及和降低焦油以及叶组配方上的变革，形成了独特的风格。

"底料"一般有调味料、增香料、保润料，此外还包括助燃剂等。其中，调味料主要起调和烟气的吃味强度、减轻烟草的刺激性以及改善余味的作用。常用的调味料主要是糖类、酸类和果味浓缩汁等。增香料的作用是增进和协调产品的香味，借以掩盖烟草的杂气，改进吃味的作用。保润料是各类烟草必需的添加剂之一，主要是改善叶片或者烟丝的物理性质，同时增加其韧性和保水的能力，促进卷烟香味的挥发。

卷烟加料的方法一般有喷料法、浸料法两种。喷料法一般是在润叶的时候进行，在叶片进入润叶滚筒后，用蒸汽来喷洒料液，使料液充分渗透于叶片之中。为了达到改善烟质的目的，必须严格保证加料的均匀一致，否则会降低加料的作用。如果加料不均匀，烟草在卷制后会出现黄斑的现象。浸料法通常在浸料槽中进行，要使定量的叶片浸泡在料液之中，经过一定的时间之后捞起、挤干并烘干抖至均匀。这种方法的吸料均匀而充分，而且效果也比较明显，但效率比较低。

（二）加香技术

卷烟加香是指卷烟生产过程中，在烟丝上施加"表香"的工艺过程。其目的是通过施加香精，提高产品香味的特征，掩盖杂气，衬托香气。经过加香处理，可以丰富和矫正烟的香味，并使卷烟的香味保持稳定不变。随着卷烟焦油的降低和梗丝、薄片的使用，也需要通过加香来增补卷烟的香气，保证外加香在烟香的基础上，赋予卷烟不同的香气风格，以满足不同消费者的需要。

（三）卷烟加香工艺存在的难点

每个接触香精的人都知道香气的不稳定性：新鲜烧烤的肉品会在几分钟之内改变风味，焙烤面包会在一天中变得不新鲜，水果会在一周之内烂熟腐败。组分的变化对风味的影响出乎意料的复杂，这主要基于香精分子的以下属性：

（1）香精的挥发性导致其在加工和储存过程中的挥发；

（2）香精的反应性导致分子的降解或裂解产生不同风味的新分子；

（3）和食品结构的相似性将影响香精释放过程。

对于卷烟而言，烟叶在进行加料、加香时，均需要经历烘烤过程，但目前，很多烟用香精香料存在稳定性差、易挥发、持久性弱等特性，导致其在热、光、氧等条件下，极易失去原有功能。因此，如何在加料加香环节降低烟用香精香料的挥发、流失、生化分解等损失，在较长的时间内保持其活性物质在有效的浓度范围之内，延长作用时间，提高作用效果，已经成为卷烟调香技术发展的关键和难点。而以缓释和控释为核心的控制释放技术，能在预期的时间内控制某种活性物质的释放速度，使其在某种体系内维持一定的有效浓度，在一定的时间内以一定的速度释放到目标环境中，这为卷烟抽吸时，维持芳香物质有效浓度，达到芳香物质的定点、可控、均衡释放提供了可能。

第二章 控制释放技术概述

控制释放技术（缓释技术）指的是在预期的时间内控制某种活性物质的释放速度，使其在某种体系内维持一定的有效浓度，并在一定的时间内以一定的速度释放到环境中的技术。进一步可以预先设定活性物质的释放速度，有时也称为缓（控）释技术。活性物质浓度的变化如图2-1所示，与传统方法相比，缓释体系的活性物质可以在较长的时间内保持在有效的浓度范围之内，延长了作用时间，提高了作用效果。另外，缓释体系还具有提高活性物质的利用率，减少其施用量，进而减少环境污染，减少活性物质的挥发、流失、生化分解等损失，增加其物化稳定性，易于保存等优点。

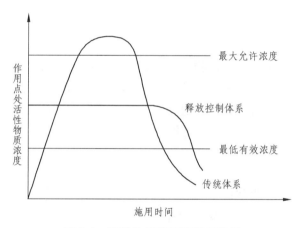

图 2-1 活性物质浓度变化示意图

第一节 控制释放技术的基本原理

控制释放需满足两个最重要的前提条件：（1）被控制释放的活性组分必须被包覆在蓄积单元内；（2）必须合理地设计蓄积单元所处的环境介质，使之与被包覆的活性组分的传输相适应。这两个条件是内在相互关联的。当包覆的产品分散在环境介质中，单元内的活性成分倾向于释放到环境介质中直至达到传输平衡，而活性成分的释放量是由活性组分在蓄积单元与环境介质中的分配系数所决定的，相对而言，如果活性成分在环境介质中极易溶解，那么蓄积单元内的活性组分就会过早且过多地传输释放到环境介质中，从而达不到控制释放的要求；相反，如果活性组分在环境介质中的溶解水平太低，又会在一定程度上将活性组分阻滞在蓄积单元内而影响控制释放。

一、控制释放体系的分类及释放机理

在生产和应用过程中，按缓释剂与活性物质是否发生化学反应，缓释放技术可分为物理缓释放和化学缓释放两大类。

（一）物理缓释系统

在该系统中，活性物质和缓释剂不发生化学反应，活性物质只是溶解、分散或包埋在缓释剂中，从而对活性物质的释放起阻碍作用。物理缓释系统主要有以下三种形式：

1. 均匀型

活性物质均匀溶解或分散在缓释剂中，在释放的过程中，表面的活性物质首先释放，内部的需扩散到表面进行释放。因此随扩散距离的增加，传质阻力也不断增大，释放速度随时间的增加而下降。

2. 贮藏型

有控制膜的贮藏型体系是指活性物质包埋在外包膜中形成胶囊，活性物质通过包膜向环境中释放，其释放速度取决于膜的厚度、组成、活性物质的性质和环境条件。在该型中，较常见的是以高分子材料制备膜壳，通过包衣等技术手段实现活性物质的包覆，或者依靠一些多孔材料进行负载，如较常见的环糊精等。

3. 凝胶型

凝胶是介于固态和液态之间的一种过渡态物质，在水中可吸水膨胀，对分散在其中的小分子有良好的透过性能。对活性物质的释放速度受凝胶水化度的影响，而水化度又与凝胶制备时的交联剂浓度、共聚单体比率及聚合条件等因素有关，可以通过这些条件来控制活性物质的释放。

（二）化学缓释系统

化学缓释系统是指活性物质与缓释剂之间以化学键相连而形成的释放体系。在该系统中，缓释剂一般为聚合物，而且要求活性物质和缓释剂都要有可反应的基团。缓释体系中化学键的断裂多为水解过程和生物的降解过程，释放速度取决于反应动力学过程、活性物质的扩散过程以及界面效应。部分使用化学法的材料生产和合成工艺较为复杂，释放过程不仅与本身性质有关，而且使用的环境对其也有较大的影响。化学缓释系统主要有如下三种形式：

1. 活性物质与聚合物直接或间接连接

活性物质与缓释剂直接以共价键连接，二者都有可相互作用的反应基团，并且新形成的键在特定环境下可以达到对活性物质的释放，但反应条件要保证有较高的置换度。

2. 活性物质单体衍生物间的聚合

将活性物质单体转化为可聚合的单体衍生物后再进行聚合反应，使其在特定条件下控制释放活性物质的释放速度。

3. 活性物质单体间的聚合或其他单体共聚

让含有双反应基团的活性物质单体直接聚合或与其他含有双反应基团的活性物质单体共聚。在这种体系中活性物质的释放是在聚合物的链端断裂，因此降低聚合度就可以降低释放速度。

二、常见的控制释放技术

（一）微乳

微乳（Microemulsion，ME）是油相、水相、表面活性剂及助表面活性剂在适当比例下自发形成的均一稳定、各向同性、外观透明或近乎透明的均相分散体系，微观上由表面活性剂界面膜所稳定的一种或两种液体的微滴构成。微乳分散相液滴分散相质点为球形，半径在纳米级，大小一般在 10 ~ 100 nm，大致介于表面活性剂胶团及常见疏水胶体粒子之间，远小于乳状液滴大小。微乳体系因其热力学稳定、低黏度、外观透明且价格低廉等特点得到了广泛应用。

微乳最早由 Hoar 和 Schulman 在 1943 年提出。自微乳体系发现以来，微乳的理论研究有了很大的发展，然而关于微乳的本质及形成机理的观点还不一致，至今尚没有一种理论能完整地解释微乳的形成。影响较大的理论主要有界面张力理论、增溶理论、热力学理论等三种。

由于微乳是由水、油、表面活性剂和助表面活性剂按适当比例混合，自发形成的各向同性、透明、热力学稳定的分散体系，除了具有乳剂的一般特性之外，还具有粒径小、透明、稳定等特殊优点，已广泛应用于日用化工、三次采油、酶催化等方面，在药物制剂及临床方面的应用也日益广泛。

（二）微胶囊

微胶囊（Microcapsule，MC）是利用天然或合成的高分子材料（统称为囊材）作为囊膜壁壳（Membrane Wall），将固态药剂或液态药剂（统称为囊芯物）包裹而成药库型微型胶囊，简称微胶囊。其外形一般呈球形，直径一般在 1 ~ 100 μm，膜为一层或多层，微胶囊中芯材料可以是多个颗粒。

微胶囊具备一定的强度，能经受一定的处理和压力。微胶囊化后，可对芯材的释放时间和释放速率进行控制，使应用时间得以延长，有效期也得以长久；微胶囊技术还可以改造物质的形态，使其携带和运输起来更方便；另外，微胶囊壁材隔离了芯材与外界环境如温度、紫外线、湿度等的接触，使其稳定性更好；有些物质有难闻的气味，利用微胶囊技术将其包覆起来，既可以免于不好气味的困扰，还可以保护芯材免于挥发并降低毒性；再者，微胶囊技术可以改变物质的性质，使两互相不溶解的物质很好地混合。微胶囊在应用时，可以利用增加压力、升高温度、机械摩擦或者光照辐射等条件使微胶囊破裂，立即将芯材释放出来，还可以不破坏微胶囊，利用加热、溶剂溶解、溶剂萃取、光催化以及活性酶的作用，使芯材渗透过微胶囊壁材扩散至外面，从而起到了将微胶囊芯材缓慢释放出来的作用。

微胶囊是小的、中空结构的小容器，用来保护芯材免受环境影响或者控制芯材的释放率。大多数微胶囊是把油溶性多异氰酸酯分散在溶解多元胺的水中，然后两者发生界面聚合形成微胶囊，得到的球形聚合物微胶囊主要包覆有机活性剂，例如：杀虫剂、信息素、墨水和芳香剂，主要应用于农业、无碳纸和个人护理产品，还逐步应用到了催化剂载和显示设备中。

（三）配合物

配合物（Coordination Compounds）为一类具有特征化学结构的化合物，由中心原子或离子（统称中心原子）和围绕它的称为配位体（简称配体）的分子或离子，完全或部分由配位键结合形成。包含由中心原子或离子与几个配体分子或离子以配位键相结合而形成的复杂分子或离子，通常称为配位单元。凡是含有配位单元的化合物都称为配位化合物。

配合物可为单核或多核，单核只有一个中心原子；多核有两个或两个以上中心原子。解释配位键的理论有价键理论、晶体场理论和分子轨道理论。一般来说，配位化合物的特征主要有以下三点：（1）中心离子（或原子）有空的价电子轨道；（2）配体含有孤对电子或 π 键电子；（3）中心离子（或原子）与配体相结合形成具有一定组成和空间构型的配位个体。

配合物是化合物中较大的一个子类别，它不仅与无机化合物、有机金属化合物相关联，而且与现今化学前沿的原子簇化学、配位催化及分子生物学都有很大的重叠。近些年来，配合物的发展尤其迅速，已广泛应用于日常生活、工业生产及生命科学中。

（四）介孔材料

介孔材料（Mesoporous Materials）是指孔径为 2～50 nm 的多孔材料，如气凝胶、柱状黏土、M41S 材料。介孔材料的结构和性能介于无定形无机多孔材料和具有晶体结构的无机多孔材料之间，具有如下主要特点：

（1）规则的孔道结构，可在微米尺度保持高度的孔道有序性；

（2）孔径分布窄，在 2～50 nm 可调；

（3）比表面积大（1000 $m^2 \cdot g^{-1}$），孔隙率高；

（4）经过优化合成条件或后处理，具有较好的水热稳定性。

对于介孔材料的形成机理目前没有统一定论，但所有机理均离不开模板分子的超分子自组装以及无机物与模板剂分子之间的相互作用（包括静电作用和氢键作用等）。美孚公司提出的液晶模板机理和 Huo Q 等提出的协同自组装机理，目前被广泛接受，认为无机和有机分子物种之间通过协同作用组装，最终形成有序的排列结构。

按照化学组成分类，介孔材料可分为硅基和非硅基。硅基介孔材料可分为纯硅介孔材料和掺杂其他元素的介孔材料；非硅基介孔材料主要包括碳、过渡金属氧化物、磷酸盐以及硫化物。介孔材料主要用于分离与吸附、光学应用、催化应用等技术方面，在光化学、生物模拟、催化、分离以及功能材料等领域已经体现出重要的应用价值。

（五）香料前体

香料前体（Flavor Precursors）是一类相对分子质量大、沸点较高的物质，香气较少或本身没有香气，但经过化学水解、酶解或微生物作用、热解、光裂解等途径可以释放出具有香气香味的化合物。目前，许多优异的香料由于性质稳定性、耐高温和长效方面的问题使其使用受到了限制，这促使人们寻找储存时稳定、挥发量低而使用时又能够分解并产生常用香料获得的良好加香效果的物质，因此香料前体领域的研究得到了重视。

现在已有研究的香料前体主要有糖苷类、酯类、缩醛、萜类、类胡萝卜素、梅拉德反应产物、碳水化合物、蛋白质和氨基酸类等。

（1）糖苷类化合物是一类大量存在于植物、微生物和生物中的化合物，其中大部分化合物是香料前体物质，特别在烟草中大量存在，这些化合物在特定条件下释放出香气成分。

（2）酯类前体包括糖酯类、碳酸酯类和二元酸酯类等，主要是糖酯类和碳酸酯类香料前体。现在关于糖酯合成的报道多应用于烟用香料方面，具有显著的工业应用价值和推广应用前景。

（3）类胡萝卜素是许多挥发性香味成分（如紫罗兰酮、巨豆三烯酮、二氢大马酮和大马酮等）的前体化合物，如 β-胡萝卜素、维生素 C 等。

（4）梅拉德反应自 1912 年发现以来可能是目前从前体里释放香味物质最典型的，也是被极度关注的例子。梅拉德反应产物成分非常复杂，其反应生成物在肉味香精、烟草特征香味等领域应用广泛。

其他前体如吡嗪类前体、二元醇类前体、缩醛类前体以及恶唑烷类和 β-氨基化合物等都是具有研究开发价值的香料前体。

（六）包合物

包合物（Inclusion Complexes）是指一种活性物质分子被全部或部分包合进入另一种物质的分子腔隙中而形成的独特形式的络合物。其中具有包合作用的外层分子称为主分子（Host Molecules），被包合的内层小分子称为客分子（Guest Molecules）。

包合物是主体分子和客体分子间的相互作用，相互之间不涉及离子键、共价键或配位键等化学键作用，主要靠氢键作用，所以包合作用主要是一种物理过程，其形成条件主要取决于主体分子和客体分子的极性大小和分子的立体结构。包合物形成理论上分为两个阶段；第一阶段；外加作用（研磨力、搅拌作用及超声波等）将客分子（药物分子或其他活性分子）挤压进入环糊精空腔，这是包合物形成的初始动力；第二阶段；客分子（药物分子或其他活性分子）与主分子间相互作用形成稳定的包合物。

包合物根据主分子的构成可分为多分子包合物、单分子包合物和大分子包合物；根据主分子形成空穴的几何形状又分为管形包合物、笼形包合物和层状包合物。

包合物中处于包合外层的主分子物质称为包合材料，通常可用环糊精、胆酸、淀粉、纤维素、蛋白质、核酸等作包合材料。制剂中目前常用的是环糊精及其衍生物。环糊精分子具有亲水性的外表面和疏水性的内表面，并且具有一特殊的内部空腔结构。环糊精分子的独特结构可以使其包封的分子的理化性质改变。它可增加包封的客分子的稳定性，可以改变客分子的化学反应，可以改变挥发性成分的挥发性，可以改变客分子的溶解度，可以使液体物质粉末化，可以掩盖不良气味，具有催化活性。环糊精及其衍生物的这些特性使其适用于制药、食品、化妆品、农业及分析当中。

（七）其他

1. 挤破式胶囊

目前胶囊的主要用途为药用和食品，颗粒半径多在 0.5 ~ 5 mm 内。药用胶囊按其性质和用途分为硬胶囊、软胶囊（胶丸）、肠溶胶囊和速释、缓释与控释胶囊等许多种类。根据囊壳的差别，通常将胶囊分为硬胶囊和软胶囊（亦称为胶丸）两大类，即硬胶囊和软胶囊。硬胶囊是将一定量的内容物及适当的辅料制成均匀的粉末或颗粒，填装于空心硬胶囊中而制成。将固体和半固体药物填充于硬胶囊中而制成的胶囊剂应用较为广泛。软胶囊是将一定量的内容物溶解于适当液体辅料中，再用压制法（或滴制法）使之密封于软质囊材中的胶囊。

挤破式胶囊可视为软胶囊的一种类型，它与常规的软胶囊的差别在于：一般的软胶囊需要在一定的化学环境下（如酸性、水溶液下）发生崩解，从而释放被包裹在其中的填充物，而挤破式胶囊一般是在需要的时候，用外力压破胶壳，释放填充物。相对普通软胶囊，挤破式胶囊胶壳硬度更高一些。但与硬胶囊不同的是，挤破式胶囊是在同一个生产场地内，将湿软胶液和填充物液体同时封闭成型并制备成丸的胶囊，干燥后软硬适中；而硬胶囊是先在制囊场地制备并干燥成为两头可以相互套封的硬囊壳，再在充填室内拆拔开后填装入内容物后，然后马上封套，相应囊材更硬。

挤破式胶囊目前逐渐在烟草行业得到应用，将胶囊包裹香精香料后埋入卷烟滤棒中，且胶囊具备较好的脆性，可通过手指挤压破碎胶囊释放出囊芯香精，是对传统烟丝加香加料技术的创新。近几年，国外许多品牌卷烟已经开发了置入胶囊的卷烟系列产品，主要集中于薄荷香型卷烟产品。挤破式胶囊一般采用无缝滴丸技术进行制备和胶囊包裹技术进行应用，利用无缝滴丸技术制备的胶囊尺寸小，壁材薄，通过技术深化可满足滤棒置入和捏破释放芯材的要求；利用胶囊包裹技术将挤破式胶囊埋入卷烟滤棒，胶囊囊壳配方满足产品脆性及硬度的特殊力学性能要求。该技术采用胶囊包裹香精并应用于卷烟滤棒的应用模式，在有效、准确地添加香精香料的同时，拓展了部分功能型香精香料的应用范围，为香精香料的应用提供了一种全新的技术途径。

另外，不同于医药、食品胶囊是终产品，该新型胶囊属于需要二次加工的产品，必须符合卷烟工业化加工工艺要求，具有适度的圆度、硬度，满足卷烟产品成品率的要求。

2. 脂质体

脂质体（Liposomes）是一种人工合成的细微脂质泡囊，它们是磷脂、聚甘油醚、神经酰胺等物质悬浮在水溶液中自发形成的。在水溶液中，这些物质的分子分两层排列，两层分子的疏水尾端相对，油溶性物质可夹留在尾端相对的区域。脂质体可能是单层的（单层膜）或多层的（多层膜），最小囊尺寸为 20 ~ 500 μm，最大囊尺寸可达 400 ~ 3 500 μm。脂质体的渗透性、稳定性、亲和性和表面活性取决于泡囊大小和脂类组成。脂质体的包埋率直接与脂的浓度有关，脂浓度越大，包埋率越高。

在脂质体的双分子磷脂链内部，由于长链烃脂亲油基有疏水性，使得非极性的亲油分子易与之结合，因此油性分子往往被结合到双分子磷脂链的内部，而亲水性分子与双分子磷脂链外部的亲水基有很好的结合力。所以脂质体既可以作油溶性分子，也可作水溶性分子的包覆载体。但在食品工业中，脂质体应用相对较少，一般用于酶和抗氧化剂的控制释放，微胶囊的壁材来源可分为天然高分子材料、合成高分子材料和半合成高分子材料。但由于天然高分子材料性质稳定、无毒、成膜性或成球形较好，因此是目前常用的载体材料。

第二节　控制释放技术的应用

控制释放技术最早应用在农业方面，主要用于除草剂、释放化肥、农药等。近年来该技术作为一种新型且安全有效的应用技术，已经在农业、医药、食品、日化等领域得到了广泛应用，而在其他方面的应用也正在不断地发展，已日益受到人们的重视。

一、农业方面

近年来，随着人口增加，耕地减少，肥料和农药在农业生产中的作用越来越重要。缓释化肥是施于土壤后缓慢释放养分的一种肥料，可以充分满足作物在不通阶段对养分的需求，一次大量施用不会对作物造成危害，提高了化肥的利用率。农药是在自然界开放体系中应用的有毒有害物质，为了减少其对环境的污染，控制释放技术也发挥了很大的作用。

（一）缓释型肥料

缓释型肥料通过减缓养分的释放速率以实现养分释放与作物生长所需相一致，可以大幅度提高肥料的有效利用率，进而减少传统肥料带来的诸多危害。它是解决耕作质量差、确保食品安全、减少农业生产污染等问题的根本途径。因此，缓释化肥一出现就引起了肥料界的广泛关注，已成为各国肥料领域研究的热点。缓释型肥料种类繁多，按其制造工艺和缓/控释原理将其划分为：化学型、生物化学型、物理包膜型和生物化学与物理包膜结合型四大类。

1. 化学型缓释化肥

化学型缓释化肥是直接或间接地将其连接到预先形成的聚合物上，构成一种新型组合物，其释放速度取决于组合物键的性质、立体化学结构、疏水性、降解难易度和交联程度等。当前，化学型缓释化肥主要朝着无有害物质释放、无基体残留、养分多样化的方向发展，在此基础上力图实现养分释放与植物所需相一致。

2. 生物化学型缓释化肥

生物化学型缓释化肥通常是在普通氮肥或复合肥中添加少量的硝化抑制剂和脲酶抑制剂，以提高肥料中氮元素的利用率，因而硝化抑制剂和尿酶抑制剂的研发已成为制约生物化学型缓释化肥发展的瓶颈。一般来说，硝化抑制剂是通过对氨氧化细菌或硝化菌群落释放毒性化合物，直接影响其活性来抑制土壤的硝化作用；脲酶活性抑制剂则是通过抑制脲酶活性，从而减缓尿素的水解速度。

3. 物理包膜型缓释化肥

物理包膜型缓释化肥通常是借助物理障碍阻碍水溶性肥料与土壤、水的接触，从而达到养分控释的目的，具体可分为微囊法和整体法。微囊法是通过惰性物质的包膜以控制肥料的渗透速率；整体法是将肥料均一地溶解或分散在聚合物中，形成多孔网络体系，然后随着聚合物的溶解或降解过程控制养分的释放。

4. 生物化学与物理包膜型缓释化肥

生物化学与物理包膜型缓释化肥将物理包膜与生化抑制相结合，其主要方法是采用自身具有对硝化作用和尿酶活性有抑制功能的材料或在普通包膜材料中加入抑制剂来制备普通速溶肥包膜。

（二）缓释型农药

现代农药正朝着"高效、低毒、无污染"的方向发展。人们一方面在寻找新的活性化合物，另一方面也在根据活性化合物的作用机理和靶标对象开发新的剂型，以实现农药高效、低毒和环保的理念。

1. 微胶囊农药制剂

该类制剂是利用微胶囊技术把固体或液体原药等包覆在囊壁材料中形成的微小胶囊。生产方法是将原药分散成几个到几十个 μm 的微粒，然后通过界面聚合生成高分子膜，囊芯活性物可以通过渗透、扩散穿透囊壁而释放出来。目前国内已成功将毒死蜱、氯氟氰菊酯、氟虫腈和二甲戊乐灵成功制成缓释微胶囊。

2. 吸附性固体缓释制剂

该类制剂一般是将活性物吸附在天然或合成的固体载体上，或者与其混合而成[44]，通过解吸、扩散达到释放的目的。例如，缓释控释颗粒剂，其外观和制备工艺和普通的水分散颗粒剂没有太大差别，但是由于使用缓释包结剂和黏合剂，使得缓释控释颗粒剂不具有崩解和水分散性，从而使活性成分得到缓慢释放。这种制剂常用于地下害虫防治，10%的毒死蜱颗粒剂就属于这类产品。

3. 混融缓释制剂

这种制剂是将原药均匀分散或融合在其他介质中，形成能够缓释的液体、胶体或固体。原药通过析出、渗透和扩散作用而被缓释。这一剂型的形态多为胶体或半固体，在环境卫生方面已得到广泛应用，如杀蜚蠊的胶饵、防霉的樟脑丸等。

二、医药方面

控制释放技术在医药上的应用比较多。缓释药物种类繁多，根据药物缓释放的机理可分为扩散药物控制体系、化学控制体系、溶剂活化体系和磁控制体系四种。缓释药物在一次给药后，能在较长的治疗时间内维持适宜的药物浓度，提高疗效，减少药物的毒副作用，临床施用较方便。

（一）口服缓释、控释药物制剂技术

口服药物适应患者的范围较广，是一种临床常用的给药方式，而口服类药物缓释剂的研究相对较早。目前口服缓释、控释制剂技术有三种释药类型：定速、定位、定时释药。

1. 定速释放技术

定速释放技术（Zero-order Delivery Drugs System）是指制剂以一定速率在体内释放药物，它基本符合零级释放动力学规律，口服后在一定时间内能使药物释放和吸收速率与体内代谢速率有一定的相关性，但并不一定与之相等。定速释放可减少血药浓度波动，对于需要长期和连续治疗的患者来说有更好的顺从性。

2. 定位释放技术

定位释放技术（Site-controlled Delivery Drugs System）是指药剂到达某一部位后，开始释放药物分子的释放技术。定位释放技术可增加局部治疗作用或增加特定吸收部位对药物的吸收。人体消化道的结构差异及生理特征，使极少的药物在整个消化道有理想的吸收。多数药物从空肠到结肠的吸收呈下降趋势，在降结肠的渗透性很差，几乎不吸收。如环丙沙星、左旋多巴口服后主要通过胃和十二指肠吸收。

3. 定时释放技术

定时释放技术（Time-controlled Delivery Drugs System）又称为脉冲释放，是根据生物时间节律特点释放需要量的药物，使药物发挥最佳治疗效果。针对某些疾病容易在特定时间发作的特点，研究在服药后可在特定时间释药的制剂，如通过调节聚合物材料的溶蚀速度可在预定时间释药，释药的时间根据药物释放动力学研究结果确定。

（二）缓释、控释药物制剂剂型

目前临床上适宜于制成缓释、控释制剂的药物范围广泛。如作用强的药物中已有不少被研制成缓释及控释制剂；一些半衰期很短的或很长的药物也被制成缓释或控释制剂；头孢类抗生素缓释制剂；一些成瘾性药物制成缓释制剂以适应特殊医疗应用，等等。这类制剂的品种已经涉及抗生素、抗心律失常药、降高血压药、抗组织胺药、解热镇痛药和激素等各方面。各种类型的缓控释制剂，如骨架型缓释制剂、包衣缓释制剂、缓释胶囊、微囊缓释制剂、缓释膜剂、缓释栓剂等被广泛应用于临床。

三、食品方面

食品工业中采用的前体制剂技术（即化学修饰）和微胶囊技术等控制释放技术，使得活性物质在各应用条件下更好地传输并最大限度地发挥效用，减少了加工过程中组分的损失，解决了在食品加工和储藏中，香精香料的挥发损失、异味的出现、防腐剂的添加量与毒性、生理活性物质的稳定性和安全性等一系列制约着食品工业的发展问题。

（一）营养品

维生素作为一类生物活性化合物，对一般所处的物理及化学环境相当敏感，如湿度、光照、温度、氧以及 pH 等诸多因素均与其储存稳定性有关。同时，多维制品中，维生素与维生素之间，维生素与矿物质之间存在着各种各样的拮抗作用，而维生素在人体内吸收情况的不同也导致其在人体内的损失，这些种种因素均使所强化的维生素因损失而无法被人体有效地吸收利用。

微胶囊技术在维生素类中的应用很广泛，早在 20 世纪六七十年代就有了微胶囊化的维生素产品。如现在市售的微胶囊 VC 经过加速破坏实验，三个月后其保存率已能达到 93% 以上；美国辉瑞公司的维生素 A 棕榈酸酯的明胶微囊，提高了维生素的稳定性、吸收性及生物活性，解决了维生素的储存期以及维生素、矿物质共同摄入时的互耗问题，避免了维生素强化食品在吸收过程中营养成分的损失。

功能性肽类保健食品具有抗氧化、抗炎症、抑制肿瘤、延缓衰老等多重功效，但稳定性较差，在高温、潮湿等条件下极易发生变性反应，这使功能性肽的应用受到很大影响。而且多肽类保健食品容易被胃消化酶水解失活，因而减少多肽类药物在胃中的释放能够提高其生物活性和利用率。孙月梅等选择乳化-凝胶化法制备的海藻酸钙微球，对功能肽的包埋率可达到 70%，载药量也可达到 20%，所以，此法制备的海藻酸钙微球对功能肽具有很好的包埋效果。用此包埋方法，使功能肽与外界环境隔绝，保护了功能肽的活性。并且包埋后的肽在模拟胃液和肠液中都有较好的缓释作用，避免了频繁给药的麻烦，也有效提高了多肽类药物的生物活性与利用率。

（二）食品添加剂

微胶囊化食品防腐剂主要有两种类型：一种是微胶囊化的低醇类杀菌防腐剂，它是采用改性淀粉、乙基纤维素、硅胶等为壁材制成的高浓度固体防腐剂，将乙醇制成胶囊化粉末制品，在应用中利用其在密封的包装容器中缓慢汽化放出的乙醇蒸气来达到杀菌防腐的目的；另一种是对现有食品防腐剂进行包埋，利用其在食品中缓慢释放的特点，而制成长效制剂，达到减少添加量的目的。例如山梨酸钾是一种低毒、抗菌性良好的防腐剂，但如果直接将它加到肉类食品上会使肉蛋白变性而失去弹性和保水性。选用硬化油脂为壁材将山梨酸微胶囊化，可避免山梨酸与食品直接接触，同时可缓慢释放出防腐剂起到杀菌作用。

某些酸味剂直接添加到食品配料中，酸味剂会与果胶、蛋白质、淀粉等成分发生作用，而使食品产生劣变。另外，酸味剂可促进食品氧化，改变配料系统的 pH，有很强的吸湿性等。因此，采用微胶囊技术将酸味剂包埋起来，可大大减少酸味剂与外界的接触，延迟酸味剂对敏感成分的接触，保证了食品的品质及储藏期。如腌制肉品中添加微胶囊化乳酸和柠檬酸，通过控制熏烟温度，逐步释放出酸，从而保证了产品质量，免除发酵工序，缩短制造时间。目前，微胶囊化柠檬酸、乳酸、苹果酸、抗坏血酸等产品已商品化，并用于布丁粉、馅饼填充物、点心粉、固体饮料及肉类的加工业中。

甜味剂食品中使用的甜味剂通常是各种天然产物的糖类，湿度、温度对这些甜味剂的性能有很大影响。将甜味剂微胶囊化后可使其吸湿性大为降低，同时微胶囊的缓释作用能使甜味持久。国外著名的箭牌口香糖中的甜味剂就是用硬化油包覆的微胶囊，有贮存稳定、释放温度提高、释放时间延长等优点。目前食品中常用的阿斯巴甜是一种对热、酸等敏感的人工合成甜味剂。美国专利中介绍了将阿斯巴甜胶囊化的方法：将阿斯巴甜与凝聚剂（如：羟丙基甲基纤维素）加水混合润湿，经真空干燥、筛分后得到直径不超过0.43 mm 的胶囊。这种胶囊单位时间的释放量与颗粒半径的分布有关，微小颗料在其中所占的比例越大，释放的速度就越快。同时，选用不同水溶性的凝聚剂，可以调节阿斯巴甜的释放速度。

疏松剂在焙烤工业中，用于加入面团使之分解产生二氧化碳、水蒸气以使面包等产品变得蓬松柔软。但在烘烤之前的面团形成过程中，如果疏松剂分解速度过快会造成面团的过度成熟。若把碳酸氢钠等疏松剂微胶囊化，可以避免其在焙烤之前的低温下分解，而只在高温焙烤的过程中才分解，从而避免了面团的过度成熟，同时也可避免碳酸氢钠与焙烤制品中的水果丁、酸奶油等其他成分发生反应而影响产品质量。对于酸碱式疏松剂，可将其中的一种（通常为酸性材料）先制成微胶囊，待达到所需温度后再释放出来进行反应而产生气体。

四、日化方面

香料是日化产品的常用添加剂，因大部分香料具有易挥发、不易保存的特点，在日用化妆品、室内芳香剂等产品的加工生产过程中，控制释放技术的采用显得尤为重要。香精的微胶囊化方法就是使香料缓释长效化的有效途径。

张艳以聚电解质马来酸酐-苯乙烯共聚物为原料，采用原位聚合法制备了一系列具有不同缓释性能的香精微胶囊，探讨了制备的工艺条件，并以激光粒度仪、热重分析仪和紫外分光光度计等仪器测定了相关参数，发现双壁微胶囊的失重速率明显小于单壁微胶囊，且基本匀速失重。用紫外分光光度法可以得出，双壁微胶囊释放速率明显小于单壁微胶囊。

五、纺织品方面

许多芳香剂具有镇静、杀菌、治疗和保健等作用。目前森林浴、芳香疗法、植物杀菌等芳香植物精油的医疗效果日益引起人们的关注。早期的芳香整理通常是采用吸附的方法，即将纺织品与有香味的织物放在一起使芳香挥发渗入到纤维的孔隙中，或直接采用含香水的溶液浸渍，或将香精加到黏合剂中采用涂层的方法加香。但采用这些方法对纺织品加香，留香时间通常很短，特别是水洗之后香味便会消失。生产芳香医疗保健纺织品的重要环节是解决具有药效作用的香气在织物上的缓释、留香问题。普通香精容易挥发，使用中存在着散发快、热稳定性差、留香时间短的缺点，香精微胶囊化的方法是使芳香医疗保健纺织品缓释长效化的有效途径。

在织物中加入微胶囊包覆香精制出有香味的织物，不仅使人在视觉上获得美的享受，而且在嗅觉上得到愉快的满足。越是热闹场合，香味服装越显其奥妙，当人们在穿脱这种衣服或人多拥挤时，衣料上的香味便会弥漫开来，香飘四逸，令人心旷神怡。微胶囊包覆香精纺织品逐渐发展到在服装、床单、手帕、袜子、围巾等多种纺织品上使用。

人体皮肤表面生长有各种各样的细菌，皮肤表面细菌过多或完全没有细菌，都会引起各种各样的问题，如过敏、产生臭味或生病等。在织物卫生除臭整理时使用微胶囊是利用微胶囊的保护作用和缓释作用使整理剂的作用得到更好的发挥。目前各种含抗菌剂、杀虫剂、防蛀剂的酵母细胞微胶囊在国外已在棉织物和毛织物上使用。当把驱虫剂（含驱蚊剂、驱蟑螂剂）的有机油性药物做成微胶囊后用于驱虫印花，可以实现延长药物释放时间，提高织物上的黏着性及水洗牢度等目的。

许多皮肤病患者往往需要用外敷药物治疗，但频繁换药给病人的生活带来了不便。所以在微胶囊中加入外敷药物成分制成智能内衣，当织物与人体接触后，在汗液或体温的作用下药物的有效成分就被"激活"，这些有效成分通过内衣与皮肤的接触渗入人体，达到与药物外敷同样的疗效。

六、环保方面

缓释型水处理剂是指具备阻垢、防腐、杀菌等一种或多种功能并可控制药剂释放速率的优良水处理剂。在水处理剂中，缓蚀剂的研究和开发最多。如在石油天然气开发储运过程中，为了防止 CO_2，H_2S 等腐蚀管道，需要使用缓释型缓蚀剂。王洪磊选用开环改性聚天冬氨酸、羟基亚乙基二膦酸和咪唑啉季铵盐，并采用可溶固体聚乙烯醇作载体，制成防腐阻垢剂，应用于采油污水中，呈现了较好效果。有研究者从大叶藻中提取大叶藻酸，然后用聚硅酮包埋制成了能够有较好防止生物污染腐蚀的缓释材料。

运用生物过滤处理大气污染物是常用方法之一，其中过滤填料的发展趋势就是逐渐减少其中不受控制的因素的影响，强化人工控制过程，更注意营养的控制释放。在此过程中，使用低溶性缓释填料，有效、较稳定地释放营养成分，可以更好地维持生物膜活性和系统运行。

七、烟草方面

（一）烟草农业

缓释钾肥具有提高肥料利用率、减少养分损失、提高烟叶含钾量、烟叶产量与品质等的作用。分次施钾并在烟株生长中后期施钾，可以有效提高烟叶钾含量，协调烟叶内在化学成分，提高烤烟产质量及上中等烟比例。因此，在烟草生产过程中，可以把协调氮磷钾比例和增加 K 肥追肥比例和次数，延长 K 肥追肥施用时期作为提高我国烤烟烟叶钾含量，特别是中上部烟叶钾含量以及烤烟产量和品质的重要优化调控技术。

王少先[1]以硫酸钾和硝酸钾为原料制备成型的烟草专用肥缓释微胶囊粒子。混合成囊法制备的微囊缓释性好，有效成囊率高（大于 90%），囊心有效成分含量高（大于 95%），工艺简单，成本低廉，缓释肥处理比常规施肥处理产量和产值分别提高了 15.3%，13.2%。

张雪芹[2]根据湖南省烟草生长发育对养分的需求，设计并采用包膜材料对常规肥料进行包膜研制了粉末状肥料。施用缓释肥料能明显促进根系生长，提高根系活力，尤其生育后期的根系活力，并通过提高生育后期的根系活力而提高烟叶含钾量和品质，达到提高烟叶产值的目的。

（二）烟草制品

烟草制品中相关的控制释放技术报道较少，尤其是卷烟调香技术领域，针对性采用控制释放技术对易挥发、光敏性、热敏性和易氧化的香精香料进行处理，达到提高香精香料使用效率、针对性加香和改善卷烟感官品质的报道几近空白。

郑州烟草研究院[3]研制了一种具有烟碱缓释功能的缓释型口含烟草片，该烟草片是由多层烟片叠加黏合而成，各烟片之间设有烟草薄片，各层烟片的密度由中间层向上下两边呈依此递减分布。烟片的主要成分包括烟草材料、水、氯化钠、碳酸钠或碳酸氢钠、蜂蜡、香味材料、甘油等。该产品克服了现有产品烟碱释放速率过快、口含前期劲头过大后期劲头较小、整个口含过程中烟味快速变淡的不足，增加了口含初期烟碱溶出阻力，在不改变总体烟碱释放量的前提下，通过改变设计，增加了烟碱匀速溶出的历程，从而保证口含过程中能在较长的时间内保持稳定的劲头和烟味。

陈建军等[4]利用天然聚戊糖作为包埋剂，研究了在低温高湿、高温高湿条件下，普通保润剂与聚戊糖保润剂的保润效果差异，同时考察了天然聚戊糖对苯乙醛、2-呋喃甲醛的缓释效果。天然聚戊糖较传统的丙二醇、甘油、木糖醇等保润剂具有较好的保润和防潮效果，并能有效地减少烟丝中香味物质的挥发，改善卷烟的感官质量，有较好的配伍性和安全性。用量在 0.8%～1.0% 即有很好的保润效果，可代替甘油在烟草领域使用。

解万翠等[5-6]采用改进的 Koenigs-knorr 法立体合成了糖苷化合物香叶基-β-D-葡萄糖苷（香叶醇糖苷）。卷烟燃烧过程中致香成分释放量研究表明，香叶醇糖苷通过燃烧能产生特征致香成分香叶醇，与直接添加香叶醇的对照样品相比，香叶醇糖苷在燃吸过程中每两口释放的香叶醇呈线性逐渐均匀释放，香叶醇在前四口中即大部分释放，后期仍有释放，但量较少。感官质量方面，添加香叶醇糖苷的效果优于添加香叶醇的效果，而将香叶醇及其糖苷调整比例后添加的效果最好，不仅嗅香明显，而且抽吸时释香均匀，边吸边释放，香气饱满。

控制释放技术是一个交叉的研究领域，一种缓释产品的研制需要研究者具备化学、生物学、医药学等多领域的知识。目前的应用还是定性的，机理与实际应用结合得不够成熟，接下来应向着更加精确、定量的控释方向发展。在开发中应该注重载体材料的可生物降解和智能化控释，在处理剂的开发中除注重经济实用，更要体现环保理念，开发价廉、环境友好型的缓释材料。总之，随着各领域材料的不断研发和合成方法的深入研究，缓释材料的应用前景将更加广阔。

第三章 微 乳

1915 年，Ostwald 在《被遗忘了尺寸的世界》一文中指出了"一个重要的世界"，即直径在 1 ~ 100 nm 的介观层次。1928 年，Rodawal 意外得到了一种"透明乳状液"。1943 年，Hoar 和 Schulman 发现了由油、水、表面活性剂和醇等自发形成的热力学稳定、澄清、透明的体系。随后，Schulman 等人用小角 X 射线衍射、光散射、超离心、电子显微镜和黏度等方法测定了这种"透明乳状液"中分散相液滴的大小和形状。直到 1959 年，Schulman 等才首次将上述体系称为"微乳状液"或微乳液。

随着科学技术的不断发展，微乳已经从单纯的科学研究逐渐延伸到工农业生产应用中。现代高新技术和新型功能材料，如纳米材料、气敏材料、多孔材料等的制备和应用，都与微乳有着密切的关系，对微乳的研究，已经成为 21 世纪科学研究和技术开发的重点领域之一。

第一节 概 述

当两种互不相溶的液体混合后，一种液体以液滴的形式分散到另一种液体所形成的体系成为乳状液。被分散的液体称为分散相，另一种液体被称为连续相。乳状液按照液滴的尺寸分为粗乳状液和微乳状液。粗乳状液的液滴尺寸往往在微米级或更大，外观不透明，热力学不稳定，易分层，通常称为乳状液；而微乳状液是热力学稳定体系，其液滴呈球形，半径在纳米级，为 1 ~ 100 nm，通常称为微乳。

一、定义

微乳（Microemulsion，ME）是两种互不相溶液体在表面活性剂界面膜作用下形成的热力学稳定的、各向同性的、低黏度的、透明的均相分散体系[7]。与普通乳状液类似，微乳也有 O/W 型和 W/O 型，但乳状液只具有暂时的动力学稳定性，而微乳是热力学稳定体系。因此，两者有较大的差异，具体如表 3-1 所示：

表 3-1 乳状液、微乳、胶束溶液的对比

性质	乳状液	微乳	胶束溶液
外观	不透明	透明或半透明	透明
质点大小	>100 nm，多分散系	10 ~ 100 nm，单分散系	<10 nm
质点形状	一般为球状	球状	球状、圆柱状、层状等
热力学稳定性	不稳定，离心后分层	稳定，离心后不分层	稳定，离心后不分层
表面活性剂用量	小，一般不需助表面活性剂	大，一般需要助表面活性剂	大于临界胶束浓度即可
与油、水混溶性	O/W 型与水混溶，W/O 型与油混溶	与油、水在一定范围内可互溶	能增溶油、水至饱和

20 世纪 70 年代，一类新的乳状液——纳米乳液开始兴起。纳米乳液是分散液滴直径小于 500 nm 的乳液体系。由于分散相的粒径很小，纳米乳液表观上看起来与微乳有类似的地方，虽然纳米乳液是热力学不稳定体系，但也可表现出一定的动力学稳定性。微乳与纳米乳液的差异具体如表 3-2 所示：

表 3-2　微乳与纳米乳液的对比

分类		颗粒大小/μm	外观	光效应		热力学稳定性
				发射光	散射光	
乳状液	普通乳状液	1～10	不透明	无	无	不稳定
	纳米乳液	0.1～1	浅蓝色	弱蓝色	弱红色	稳定或不稳定
	微乳	0.01～0.1	半透明至透明	蓝色	红色	稳定

二、组成

微乳一般由水（W）、油（O）、表面活性剂（S）和助表面活性剂（A）等部分组成。

（一）表面活性剂

表面活性剂是微乳不可或缺的组成成分，主要作用为降低界面张力。与普通乳剂相比，通常微乳体系中表面活性剂比例较大，表面活性剂的种类和用量的选择直接关系到微乳的形成以及所形成的微乳的稳定性。

通常，制备微乳所用的表面活性剂大多选用的是乳化剂。乳化剂（Emulsifier）是在两种或多种不相溶的液体形成乳状液的过程中，加入的以提高乳状液稳定性的物质。乳化剂分子中具有亲水、亲油两个基团（见图 3-1），它们能使互不相溶的两相（如油与水）相互混溶，并形成均匀分散体或乳化体，从而改变原有的物理状态。

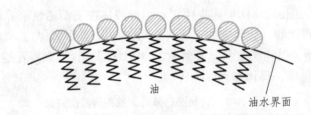

亲水基　　亲油基

图 3-1　乳化剂分子示意图

1. 类别

根据乳化剂亲水基团的特性，通常将乳化剂分为三类：

（1）负离子型。

负离子型乳化剂是在水中电离生成带有烷基或芳基的负离子亲水基团的乳化剂，如羧酸盐、硫酸酯盐、磺酸盐、磷酸酯盐等。这类乳化剂最常用，产量最大。负离子型乳化剂要求在碱性或中性条件下使用，不能在酸性条件下使用。在使用多种乳化剂配制乳液时，负离子型乳化剂可以互相混合使用，也可与非离子型乳化剂混配使用。负离子型和正离子型乳化剂不能同时使用在一个乳状液中，如果混合使用会破坏乳状液的稳定性。

常见的商品有：肥皂、硬脂酸钠盐、十二烷基硫酸钠盐和十二烷基苯磺酸钙盐等。

（2）正离子型。

正离子型乳化剂是在水中电离生成带有烷基或芳基的正离子亲水基团。这类乳化剂的品种较少，一般都是胺的衍生物，可用于聚合反应，如长链的胺盐、长链季铵盐、杂环类、鎓盐等。

常用的有 N-十二烷基二甲胺等。

（3）非离子型。

非离子型乳化剂是一类新型的乳化剂，其特点是在水中不电离。它的亲水部分是各种极性基团，亲油部分（烷基或芳基）直接与氧乙烯醚键结合。由于其聚醚链上的氧原子可以与水产生氢键缔合，因而非离子型乳化剂可以溶解在水中。它既可在酸性条件下使用，也可在碱性条件下使用，而且乳化效果很好，广泛用于化工、纺织、农药、石油和乳胶等的生产。

常用的有聚氧乙烯型、多元醇型、烷醇酰胺类、烷基多苷等。

2. HLB 值

对于表面活性剂而言，其最重要的特性就是 HLB 值。HLB（Hydrophilic Lipophilic Balance）是指一个两亲物质的亲水-亲油平衡值。这一定义是 1949 年由 Griffin 提出的，其计算方法如下式：

$$\text{HLB} = \sum A_\text{S} - \sum A_\text{y} + 7$$

式中：A_S——亲水基团数；

A_y——亲油基团数。

常见基团的 HLB 值如表 3-3 所示：

表 3-3　用于计算的常见基团 HLB 值

亲水基团	基团数	亲油基团	基团数
—SO_4Na	38.7	—CH—	0.475
—SO_3Na	37.4	—CH_2—	0.475
—COOK	21.1	—CH_3	0.475
—COONa	19.1	=CH—	0.476

续　表

亲水基团	基团数	亲油基团	基团数
—N=	9.4	—CH₂—CH₂—CH₂—O—	0.15
酯（失水山梨醇环）	6.8	$-\overset{\displaystyle CH_3}{\underset{\displaystyle\vert}{CH}}-CH_2-O-$	0.15
酯（自由）	2.4		
—COOH	2.1	苯环	1.662
—OH（自由）	1.9	—CF₂—	0.87
—O—	1.3	—CF₃—	0.87
—OH（失水山梨醇环）	0.5	$\overset{\displaystyle CH_3}{\underset{\displaystyle\vert}{CH_2-CH-O-}}$	0.1
—（CH₂CH₂O）₅—	0.33		

　　HLB 值是一个相对值，规定亲油性强的石蜡（完全无亲水性）的 HLB 值为 0；亲水性强的聚乙二醇（完全是亲水基）的 HLB 值为 20，以此为标准制定出其他表面活性剂的 HLB 值。通常，疏水链越长，HLB 值就越低，表面活性剂在油中的溶解性就越好；亲水基团的极性越大（尤其是离子型的基团），或者是亲水基团越大，HLB 值就越大，在水中的溶解性就越高。当 HLB 值为 7 时，意味着该物质在水中与在油中具有几乎相等的溶解性。

　　表面活性剂的 HLB 值与其应用有着密切的关系。HLB 值在 4～7 的表面活性剂适合用作 W/O 型（油包水型，油为外连续相）乳剂；HLB 值在 14～20 的表面活性剂适合用作 O/W 型（水包油相，水为外连续相）乳剂；HLB 值在 13～18 的表面活性剂适合用作增溶剂、润湿剂、分散剂；HLB 值在 7～9 的表面活性剂适合作润湿剂、乳化剂等。

　　根据经验，表面活性剂的 HLB 值一般限定在 1～40 范围内（见表 3-4）。其中，非离子表面活性剂的 HLB 值范围为 0～20，亲水型表面活性剂有较高的 HLB 值（>9），亲油型表面活性剂的有较低的 HLB 值（<9）。

表 3-4　常见表面活性剂 HLB 值

商品名	中文名	类型	HLB 值
#	油酸	阴离子	1
Span 85	失水山梨醇三油酸酯	非离子	1.8
Arlacel 85	失水山梨醇三油酸酯	非离子	1.8
Atlas G-1706	聚氧乙烯山梨醇蜂蜡衍生物	非离子	2
Span 65	失水山梨醇三硬脂酸酯	非离子	2.1
Arlacel 65	失水山梨醇三硬脂酸酯	非离子	2.1
Atlas G-1050	聚氧乙烯山梨醇六硬脂酸酯	非离子	2.6
Emcol EO-50	乙二醇脂肪酸酯	非离子	2.7
Emcol ES-50	乙二醇脂肪酸酯	非离子	2.7
Atlas G-1704	聚氧乙烯山梨醇蜂蜡衍生物	非离子	3
Emcol PO-50	丙二醇脂肪酸酯	非离子	3.4
Atlas G-922	丙二醇单硬脂酸酯	非离子	3.4
"Pure"（纯）	丙二醇单硬脂酸酯	非离子	3.4
Atlas G-2158	丙二醇单硬脂酸酯	非离子	3.4

续 表

商品名	中文名	类型	HLB 值
Emcol PS-50	丙二醇脂肪酸酯	非离子	3.4
Emcol EL-50	乙二醇脂肪酸酯	非离子	3.6
Emcol PP-50	丙二醇脂肪酸酯	非离子	3.7
Arlacel C	失水山梨醇倍半油酸酯	非离子	3.7
Arlacel 83	失水山梨醇倍半油酸酯	非离子	3.7
AtlasG-2859	聚氧乙烯山梨醇 4.5 油酸酯	非离子	3.7
Atmul 67	单硬脂酸甘油酯	非离子	3.8
Atmul 84	单硬脂酸甘油酯	非离子	3.8
Tegin 515	单硬脂酸甘油酯	非离子	3.8
Aldo 33	单硬脂酸甘油酯	非离子	3.8
"Pure"（纯）	单硬脂酸甘油酯	非离子	3.8
Ohlan	羟基化羊毛脂	非离子	4
AriasG-1727	聚氧乙烯山梨醇蜂蜡衍生物	非离子	4
Emcol PM-50	丙二醇脂肪酸酯	非离子	4.1
Span 80	失水山梨醇单油酸酯	非离子	4.3
Arlacel 80	失水山梨醇单油酸酯	非离子	4.3
Atlas G—917	丙二醇单月桂酸酯	非离子	4.5
AtlasG-3851	丙二醇单月桂酸酯	非离子	4.5
EmcolPL-50	丙二醇脂肪酸酯	非离子	4.5
Span 60	失水山梨醇单硬脂酸酯	非离子	4.7
Arlacel 60	失水山梨醇单硬脂酸酯	非离子	4.7
AtlasG-2139	二乙二醇单油酸酯	非离子	4.7
Emcol DO-50	二乙二醇脂肪酸酯	非离子	4.7
AtlasG-2146	二乙二醇单硬脂酸酯	非离子	4.7
Emcol DS-50	二乙二醇脂肪酸酯	非离子	4.7
Ameroxol OE-2	聚氧乙烯（2EO）油醇醚	非离子	5
AtlasG-1702	聚氧乙烯山梨醇蜂蜡衍生物	非离子	5
Emcol DP-50	二乙二醇脂肪酸酯	非离子	5.1
Aldo 28	单硬脂酸甘油酯	非离子	5.5
Tegin	单硬脂酸甘油酯	非离子	5.5
Emcol DM-50	二乙二醇脂肪酸酯	非离子	5.6
Glucate-SS	甲基葡萄糖苷倍半硬脂酸酪	非离子	6
AtlasG-1725	聚氧乙烯山梨醇蜂蜡衍生物	非离子	6
AtlasG-2124	二乙二醇单月桂酸酯	非离子	6.1
Emcol DL-50	二乙二醇脂肪酸酯	非离子	6.1
Glaurin	二乙二醇单月桂酸酯	非离子	6.5

商品名	中文名	类型	HLB 值
Span 40	失水山梨醇单棕榈酸酯	非离子	6.7
Arlacel 40	失水山梨醇单棕榈酸酯	非离子	6.7
AtlasG-2242	聚氧乙烯二油酸酯	非离子	7.5
AtlasG-2147	四乙二醇单硬脂酸酯	非离子	7.7
AtlasG-2140	四乙二醇单油酸酯	非离子	7.7
AtlasG-2800	聚氧丙烯甘露醇二油酸酯	非离子	8
Atlas G-1493	聚氧乙烯山梨醇羊毛脂油酸衍生物	非离子	8
Atlas G-1425	聚氧乙烯山梨醇羊毛脂衍生物	非离子	8
Atlas G-3608	聚氧丙烯硬脂酸酯	非离子	8
Solulan 5	聚氧乙烯（5EO）羊毛醇醚	非离子	8
Span 20	失水山梨醇月桂酸酯	非离子	8.6
Arlacel 20	失水山梨醇月桂酸酯	非离子	8.6
Emulphor VN-430	聚氧乙烯脂肪酸	非离子	8.6
Atbs G-2111	聚氧乙烯氧丙烯油酸酯	非离子	9
Atlas G-1734	聚氧乙烯山梨醇蜂蜡衍生物	非离子	9
Atlas G-2125	四乙二醇单月桂酸酯	非离子	9.4
Brij 30	聚氧乙烯月桂醚	非离子	9.5
Tween 61	聚氧乙烯（4EO）失水山梨醇单硬脂酸酯	非离子	9.6
Atlas G-2154	六乙二醇单硬脂酸酯	非离子	9.6
Splulan PB-5	聚氧丙烯（5PO）羊毛醇醚	非离子	10
Tween 81	聚氧乙烯（5EO）失水山梨醇单油酸酯	非离子	10
Atlas G-1218	混合脂肪酸和树脂酸的聚氧乙烯酯类	非离子	10.2
Atlas G-3806	聚氧乙烯十六烷基醚	非离子	10.3
Tween 65	聚氧乙烯（20EO）失水山梨醇三硬脂酸酯	非离子	10.5
Atlas G-3705	聚氧乙烯月桂醚	非离子	10.8
Tween 85	聚氧乙烯（20EO）失水山梨醇三油酸酯	非离子	11
Atlas G-2116	聚氧乙烯氧丙烯油酸酯	非离子	11
Atlas G-1790	聚氧乙烯羊毛脂衍生物	非离子	11
Atlas G-2142	聚氧乙烯单油酸酯	非离子	11.1
Myrj 45	聚氧乙烯单硬脂酸酯	非离子	11.1
Atlas G-2141	聚氧乙烯单油酸酯	非离子	11.4
P.E.G.400 monooleate	聚氧乙烯单油酸酯	非离子	11.4
Atlas G-2076	聚氧乙烯单棕榈酸酯	非离子	11.6
S-541	聚氧乙烯单硬脂酸酯	非离子	11.6
P.E.G.400 monostearate	聚氧乙烯单硬脂酸酯	非离子	11.6
Atlas G-3300	烷基芳基磺酸盐	阴离子	11.7

商品名	中文名	类型	HLB 值
—	三乙醇胺油酸酯	阴离子	12
Ameroxl OE-10	聚氧乙烯（10EO）油醇醚	非离子	12
Atlas G-2127	聚氧乙烯单月桂酸酯	非离子	12.8
Igepal CA-630	聚氧乙烯烷基酚	非离子	12.8
Solulan 98	聚氧乙烯（10EO）乙酰化羊毛脂衍生物	非离子	13
Atlas G-1431	聚氧乙烯山梨醇羊毛脂衍生物	非离子	13
Atlas G-1690	聚氧乙烯烷基芳基醚	非离子	13
S-307	聚氧乙烯单月桂酸酯	非离子	13.1
P.E.G 400 monolurate	聚氧乙烯单月桂酸酯	非离子	13.1
Atlas G-2133	聚氧乙烯月桂醚	非离子	13.1
Atlas G-1794	聚氧乙烯蓖麻油	非离子	13.3
Emulphor EL-719	聚氧乙烯植物油	非离子	13.3
Tween 21	聚氧乙烯（4EO）失水山梨醇单月桂酸酯	非离子	13.3
Renex 20	混合脂肪酸和树脂酸的聚氧乙烯酯类	非离子	13.5
Atlas G-1441	聚氧乙烯山梨醇羊毛脂衍生物	非离子	14
Solulan C-24	聚氧乙烯（24EO）胆固醇醚	非离子	14
Solulan PB-20	聚氧丙烯（20PO）羊毛醇醚	非离子	14
Atlas G-7596j	聚氧乙烯失水山梨醇单月桂酸酯	非离子	14.9
Tween 60	聚氧乙烯（20EO）失水山梨醇单硬脂酸酯	非离子	14.9
Ameroxol OE-20	聚氧乙烯（20EO）油醇醚	非离子	15
Glucamate SSE-20	聚氧乙烯（20EO）甲基葡萄糖苷倍半油酸酯	非离子	15
Solulan 16	聚氧乙烯（16EO）羊毛醇醚	非离子	15
Solulan 25	聚氧乙烯（25EO）羊毛醇醚	非离子	15
Solulan 97	聚氧乙烯（9EO）乙酰化羊毛脂衍生物	非离子	15
Tween 80	聚氧乙烯（20EO）失水山梨醇单油酸酯	非离子	15
Myrj 49	聚氧乙烯单硬脂酸酯	非离子	15
Altlas G-2144	聚氧乙烯单油酸酯	非离子	15.1
Atlas G-3915	聚氧乙烯油基醚	非离子	15.3
Atlas G-3720	聚氧乙烯十八醇	非离子	15.3
Atlas G-3920	聚氧乙烯油醇	非离子	15.4
Emulphor ON-870	聚氧乙烯脂肪醇	非离子	15.4
Atlas G-2079	聚乙二醇单棕榈酸酯	非离子	15.5
Tween 40	聚氧乙烯（20EO）失水山梨醇单棕榈酸酯	非离子	15.6
Atlas G-3820	聚氧乙烯十六烷基醇	非离子	15.7
Atlas G-2162	聚氧乙烯氧丙烯硬脂酸酯	非离子	15.7
Atlas G-1741	聚氧乙烯山梨醇羊毛脂衍生物	非离子	16

商品名	中文名	类型	HLB 值
Myrj 51	聚氧乙烯单硬脂酸酯	非离子	16
Atlas G-7596P	聚氧乙烯失水山梨醇单月桂酸酯	非离子	16.3
Atlas G-2129	聚氧乙烯单月桂酸酯	非离子	16.3
Atlas G-3930	聚氧乙烯油基醚	非离子	16.6
Tween 20	聚氧乙烯（20EO）失水山梨醇单月桂酸酯	非离子	16.7
Brij 35	聚氧乙烯月桂醚	非离子	16.9
Myrj 52	聚氧乙烯单硬脂酸酯	非离子	16.9
Myrj 53	聚氧乙烯单硬脂酸酯	非离子	17.9
–	油酸钠	阴离子	18
Atlas G-2159	聚氧乙烯单硬脂酸酯	非离子	18.8
–	油酸钾	阴离子	20
Atlas G-263	N-十六烷基-N-乙基吗啉基乙基硫酸钠	阳离子	25-30
Texapon K-12	纯月桂基硫酸钠	阴离子	40

（二）助表面活性剂

对大多数微乳体系而言，其形成过程都离不开助表面活性剂的参与。在微乳体系中，助表面活性剂的主要作用为：

（1）使油水间界面进一步降低，以促进微乳的形成；

（2）降低表面活性剂的相互排斥及电荷斥力，使界面膜具有良好柔性和流动性，界面易于弯曲，微乳易于形成；

（3）调节表面活性剂的 HLB 值。

常用的助表面活性剂为低碳醇或中链的醇类，如 C_2H_5OH，$C_3H_8O_3$ 等。

（三）油相

微乳中油相分子与界面膜上表面活性剂分子之间保持着相互渗透的联系，两者共同形成界面膜，因此，油相分子的大小对微乳的形成起着重要作用。大分子油相不易嵌入表面活性剂中，而小分子油相则不然，因而小分子油相更有利于微乳的形成。一般而言，一定范围内，油相分子体积越小，溶解脂溶性物质能力越强，但不能单纯用油溶性物质在油相中的溶解度数据来判断对其增溶作用的大小。Malcolmson[8]等通过比较不同油相对药物的增溶作用发现，相对分子质量小的油易插入表面活性剂的界面膜中，从而引起所谓的稀释效应，使得药物在微乳中的增溶作用大小与其在单纯油相中的溶解度不相关。

（四）水相

在大多数研究中，水相是采用双蒸水或去离子水，但考虑到盐对微乳形成的影响，也有采用缓冲液的，或者根据需要加入特定成分的水溶液。

三、结构与类型

（一）类型

相对于乳状液而言，微乳的类型比较复杂。按微乳是否与多余的油或水共存，一般可以将微乳分为单相微乳和多相微乳。

1. 单相微乳

单相微乳中不存在多余的油或水，根据油或水作为分散相的情况，可划分为正相微乳（水包油，O/W 型）、反相微乳（油包水，W/O 型）和双连续型微乳（B.C 型），其中双连续型是微乳在 O/W 与 W/O 型之间相转变经历的一系列平衡状态的统称。单相微乳结构如图3-2 所示。

（a）W/O 型微乳　　（b）O/W 型微乳　　（c）双连续型微乳

图 3-2　单相微乳结构示意图

（1）O/W 型微乳。

水包油（O/W）型微乳是油相颗粒分散在水相中，表面覆盖一层由表面活性物质分子构成的膜。分子的非极性端朝向油相，极性端朝向水相；微乳与水相之间的界面张力远小于水油间的界面张力，因此，可以延长脂溶性活性物质的作用时间，起到缓释作用。

（2）W/O 型微乳。

与 O/W 型相反，W/O 型微乳是细小水相颗粒分散在油相中，表面覆盖一层由表面活性物质分子构成的膜。微乳与油相之间的界面张力远小于水油间的界面张力，因此，可以延长水溶性活性物质的作用时间，起到缓释作用。

（3）双连续型微乳。

若油水两相比例适当，一部分油相在形成液滴被水相包围的同时，也可与其他油相一起组成油连续相，包围介于油相的水核。

2. 多相微乳

多相微乳中存在多余的油或水，可分为 Winsor Ⅰ 型（O/W 型微乳与过量的水共存）、Winsor Ⅱ 型（W/O 型微乳与过量的油共存）、Winsor Ⅲ 型（微乳与过量的水、过量的油三相共存），其中 Winsor Ⅰ 型又称为下相微乳、Winsor Ⅱ 型成为上相微乳、Winsor Ⅲ 型成为中相微乳。多相微乳结构如图 3-3 所示。

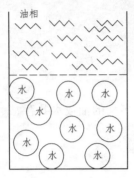
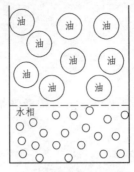
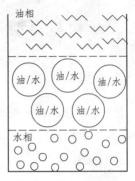

（a）Winsor I 型微乳　　　（b）Winsor II 型微乳　　　（c）Winsor III 型微乳

图 3-3　多相微乳结构示意图

（1）Winsor I 型微乳。

如果所用表面活性剂比较亲水，它会在连续的水相中形成胶束。当向体系中加入油时，油会被增溶到胶束内核，形成 O/W 型微乳。若油的加入量超过胶束的增溶能力时，多余的油相将以一个单独的相出现，受密度的影响，多余的油在体系的上半部分，而微乳在体系的下半部分。

（2）Winsor II 型微乳。

如果所用表面活性剂更亲油时，它会在油相中形成反胶束。这时向体系中加入水，水会被增溶到胶束的内核，形成 W/O 型微乳。当水的加入量超过反胶束的增溶能力时，过量的水以单独的相存在，且水的密度大于微乳，所以多余的水在体系的下半部分，微乳在体系的上半部分。

（3）Winsor III 型微乳。

Winsor III 型微乳是 Winsor I 型与 Winsor II 型连续转变途径中的中间结构，其增溶的油、水体积较为接近。伴随着 Winsor I 型→Winsor III 型→Winsor II 型的连续转变，液滴半径随增溶的油量增大而增大，油/水界面的曲率半径逐渐增大，在一定条件下，曲率半径接近于 ∞，油/水界面基本是平的。考虑到热波动的影响，具有高度柔性的界面其曲率半径也将发生波动，从局部来看，界面是弯曲的，既可以凸向水相，也可以凸向油相，构成双连续结构。双连续结构中油相和水相是互相连续贯穿的，分不出连续相、分散相。有关它的结构问题尚未有结论性的确定。

（二）结构理论

关于微乳的结构理论有很多种，但影响较大的或接受程度较高的有三种：双重膜理论、几何排列理论和 R 比理论。

1. 双重膜理论

1955 年，Schulman 和 Bowcott[9]提出吸附单层是第三相或中间相的概念，并由此发展到双重膜理论：作为第三相，混合膜具有两个面，分别与水和油相接触，正是这两个面分别与水、油的相互作用的相对强度决定了界面的弯曲及其方向，因而决定了微乳体系的类型：如果界面的弯曲凸面朝向油，形成的是 W/O 型，如果凸面朝向水，则形成 O/W 型，如果界面不能弯曲，则可能形成液晶相。

当然，所谓的第三相并不完全是表面活性剂或助表面活性剂，其中有油和水穿插在界面膜中。如果界面膜完全由表面活性剂或助表面活性剂组成，则根据图 3-4 所示模型，可以计算出表面活性剂和助表面活性剂的总用量。

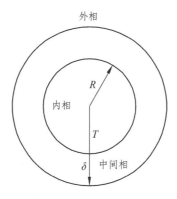

外相

内相

中间相

图 3-4　微乳液滴示意图

设中间相的厚度为 δ，R 为内膜半径，T 为外膜半径，则中间相体积 V 可用下式计算：

$$V = \frac{4}{3}\pi T^3 - \frac{4}{3}\pi R^3 = \frac{4}{3}\pi T^3 - \frac{4}{3}\pi(T-\delta)^3$$

由此可知，中间相与整个分散系（微乳液滴）的体积比可用下式所示：

$$\frac{V_{中间相}}{V_{微乳}} = 1 - \left(\frac{T-\delta}{T}\right)^3$$

根据一般表面活性剂的链长，可以估计 δ 大约为 2.5 nm。当微乳直径（$2T$）为 100 nm 时，中间相与微乳的比值为 0.14；当 $2T$ 为 50 nm 时，中间相与微乳的比值为 0.27；当 $2T$ 为 20 nm 时，中间相与微乳的比值为 0.58。因此，若中间相完全是由表面活性剂和助表面活性剂组成，其用量将相当大。但事实上，微乳的形成不需要如此大量的表面活性剂和助表面活性剂，这表明中间相并非为表面活性剂和助表面活性剂完全充满，而是有油、水渗入其中。

早期的研究发现，用离子型表面活性剂易于形成 W/O 型微乳，而不易形成 O/W 型微乳。对此的解释是：离子型表面活性剂分子中，亲水基团较短（0.5 nm），而亲油基团较长（2 nm），因此，油可以渗透到膜中 2 nm，而水只能渗透到膜中 0.5 nm。显然，油的渗入使界面膜的油侧易于扩张，结果界面弯曲凸向油相，形成 W/O 型微乳。反之，要形成 O/W 型微乳，需要有强烈的水/亲水基团相互作用，使界面膜向水相一侧膨胀。

2. 几何排列理论

在双重膜理论基础上，Robbins[10]，Mitchell 和 Ninham[11]等又从双亲物聚集体中分子的几何排列考虑，提出界面膜中排列的几何模型，成功解释了界面膜的优先弯曲和微乳的结构问题。

在双重膜理论基础上，几何排列模型认为：界面膜在性质上是一个双重膜，即极性的亲水基头和非极性的烷基链分别与水和油构成分开的均匀界面。在水侧界面极性头水化形成水化层，在油侧界面，油分子是穿透到烷基链中的。

几何排列模型考虑的核心问题是表面活性剂在界面上的几何填充，用填充参数 V/S_0l_c 来说明问题，其中，V 为表面活性剂烷基链部分的体积，S_0 为其极性头的最佳截面积，l_c 为其烷基链的长度（一般为充分伸展的链长的 $80\% \sim 90\%$）。Mitchell 和 Ninham[12]提出，假定随着界面的弯曲，极性头的最佳截面积不改变，O/W 型微乳液滴存在的必要条件是：

$$\frac{1}{3} < \frac{V}{S_0l_c} < 1$$

在此情况下，烷基链截面积远小于极性基的截面积，有利于界面凸向油相，即有利于 O/W 型微乳液形成；而当 $V/S_0l_c < \dfrac{1}{3}$ 时，形成正常胶团。而随着 V/S_0l_c 的不断增大，O/W 型微乳液滴的尺寸逐步增大，直至 $V/S_0l_c=1$ 时，O/W 型液滴的直径达到无限大，即形成平的界面，此时，若为双连续相，则体系中油、水体积相等，达到最佳增溶，但也可能形成液晶相。不论哪种结构，这正是发生 O/W 型到 W/O 型结构转变的边界。当 $V/S_0l_c>1$ 时，有利于界面凸向油相，形成 W/O 型微乳，且随着比值的增加，W/O 型微乳液滴的尺寸减小。因此，表面活性剂在界面的几何填充中对决定微乳的结构、形状起着重要作用。

对于简单的水-油-表面活性剂体系，如果表面活性剂具有截面积较大的极性头和面积较小的烷基链（如单链离子型表面活性剂），其将趋向于形成正常胶团或 O/W 型乳液。加入少量的助表面活性剂（醇类），S_0，l_c 几乎不受影响，而 V 增大[13]，V/S_0l_c 也随之增大。但当 $V/S_0l_c < \dfrac{1}{3}$ 时，即可形成 O/W 型微乳。进一步增加助表面活性剂的量，将使 $V/S_0l_c>1$ 而转为 W/O 型微乳。实际上这就解释了为什么单链离子型表面活性剂，形成 O/W 型微乳只需较低的醇/表面活性剂比，而形成 W/O 型微乳则需要较高的醇/表面活性剂比。

若表面活性剂的烷基链相对于极性头较大，如双烷基离子型表面活性剂，其本身的 $V/S_0l_c>1$，因此，无需添加助表面活性剂即可形成 W/O 型微乳。

3. R 比理论

R 比理论直接从最基本的分子间相互作用考虑问题。该理论认为，既然任何物质间都存在相互作用，那么作为双亲物质，表面活性剂必然同时与水和油有相互作用，这些相互作用的叠加决定了界面膜的性质。R 比理论的核心是定义了一个内聚能比值，并将其变化与微乳的结构相关联。

首先确定微乳体系中存在三个相区，即水区（W）、油区（O）和界面区（C）。与双重膜理论相似，界面区被认为是具有一定厚度的区域，其中表面活性剂是主体，但还包括一些渗透到表面活性剂亲水基层和烷基链层中的水和油分子。真正的分界面是表面活性剂亲水基和亲油基的连接部分，如图 3-5 所示。

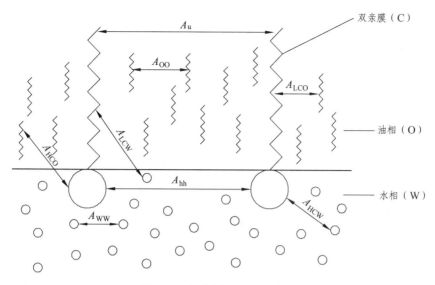

图 3-5 油/水界面区域示意图

在界面区域存在多种分子间的相互作用，这里归结为内聚能。如图 3-5 所示，界面区存在水、油和表面活性剂，其中表面活性剂又可分为亲水部分（H）和亲油部分（L）。在表面活性剂的亲油基一侧，存在着油分子之间的内聚能 A_{OO}、表面活性剂亲油基之间的内聚能 A_{ll}、表面活性剂亲油基与油分子间的内聚能 A_{LCO}（CO 表示渗透到 C 层中的油分子）；而在亲水基一侧则存在水分子之间的内聚能 A_{WW}、表面活性剂亲水基之间的内聚能 A_{hh}、表面活性剂亲水基与水分子间的内聚能 A_{HCW}（CW 表示渗透到 C 层中的水分子）。此外，还存在表面活性剂亲油基与水分子间的内聚能 A_{LCW} 和亲水基与油分子间的内聚能 A_{HCO}，但这两种相互作用相对其他相互作用要弱得多，因此可以忽略不计。

于是，C 层中表面活性剂与油、水的相互作用 A_{CO} 和 A_{CW} 可用以下公式近似计算：

$$A_{CO} = A_{LCO} + A_{HCO} \approx A_{LCO}$$

$$A_{CW} = A_{LCW} + A_{HCW} \approx A_{HCW}$$

对于 C 区一侧的油分子而言，其分子间的相互作用 A_{OO} 可以分解为两部分：A_{LOO} 和 A_{HOO}，前者表示一对油分子间非极性部分的相互作用，主要是色散力；后者表示极性部分的相互作用力，如氢键或离子性质的键力。在油相中，A_{LOO} 是主要的，而 A_{HOO} 可以忽略。

设 C 层单位面积上油分子数为 Γ_O，每对油分子间的平均内聚能为 a_{OO}^*，相互作用的分子对分数为 ε_O。由于分子间的相互作用与极化率平方成正比，因此，油分子之间的内聚能 A_{OO} 可用下式计算：

$$A_{OO} = \frac{1}{2}\varepsilon_O \Gamma_O (\Gamma_O - 1) a_{OO}^* \approx \frac{1}{2}\varepsilon_O \Gamma_O^2 a_{OO}^* = a(\mathrm{ACN})^2$$

式中：a——常数；

ACN——油分子碳原子数。

类似地，C 区中表面活性剂亲油基的烷基链之间的内聚能可用下式表示：

$$A_{ll} = \frac{1}{2}\varepsilon_s \Gamma_s^2 a_{ll}^* = bn^2$$

式中：ε_s——烷基链相互作用的表面活性剂分子对分数；

Γ_s——单位面积上烷基链相互作用的表面活性剂分子数；

a_{ll}^*——每对烷基链之间内聚能的平均值；

b——常数；

n—— 表面活性剂的亲油基碳原子数。

同理，C 区中表面活性剂亲油基与油分子之间的内聚能可用下式表示：

$$A_{LCO} = \frac{1}{2}\varepsilon_{SO} \Gamma_{SO}^2 a_{CO}^* = cn(ACN)$$

式中：ε_{SO}——相互作用的分子对分数；

Γ_{SO}——单位面积上相互作用的分子数；

a_{CO}^*——每对亲油基与油分子之间类聚能的平均值（可用 a_{CO}^* 与 a_{ll}^* 的几何平均值代替）；

C——常数；

n——亲油基碳原子数；

ACN——油分子碳原子数。

内聚能 A_{CO} 促使表面活性剂与油相互溶，而 A_{OO} 和 A_{ll} 则阻碍这种溶解；A_{CW} 促进表面活性剂与水互溶，而 A_{WW} 和 A_{hh} 则阻碍之，因此，如果 A_{CO} 和 A_{CW} 中任一种相对于另一种过于强烈，即表面活性剂对油、水的亲和性相差太大，则不能形成稳定的 C 层，于是油、水分成两相，而表面活性剂将大部分溶解于其中一种溶剂中；当 A_{CO} 和 A_{CW} 的差异不大时，将形成稳定的 C 区，除热运动外，A_{CO} 和 A_{CW} 间的相对大小将决定 C 区的曲率，从而决定体系中油和水的分散状况。基于上述分析，Winsor[12] 最初将 A_{CO} 和 A_{CW} 之间的比值定义为 R 比，即：

$$R = \frac{A_{CO}}{A_{CW}}$$

这个比值仅仅考虑了表面活性剂分子与油、水的相互作用。事实上，C 区存在多种分子间的作用，因此，综合考虑，R 比最终被定义为[14]：

$$R = \frac{A_{CO} - A_{OO} - A_{ll}}{A_{CW} - A_{WW} - A_{hh}}$$

根据 R 比理论，油、水、表面活性剂达到最大互溶度的条件是 $R=1$，并对应于平的界面，此时，理论上的 C 区既不偏向水侧，也不向油侧优先弯曲，形成无限伸展的胶团。但实际上由于受温度导致的浓度波动影响，C 层中各点的 R 比可能并不相同，于是，可能出现两种情况：一是热波动的影响较小时，不足以打破 C 区的长范围有序排列，这就得到稳定的层状液晶结构，C 区中各点的 R 比也皆为 1；二是热波动的影响较大时，C 区各点的 R 比有较大的波动，尽管 C 区 R 比总平均值为 1，但从局部看，界面是弯曲的，既可以弯向水侧，也可弯向油侧，这就是双连续结构。实际上，体系中 $R=1$ 时，是出现层状液晶相还是出现双连续相取决于很多因素，其中内聚能和温度是关键因素。

当 $R<1$ 时，随着 R 比的减小，C 区与水相的混溶性增大，而与油相的混溶性减小，C

区将趋向铺展于水相，结果 C 区弯曲以凸面朝向水相。从 R 比看，A_{cw} 和 A_{hh}（为负值时）将促进这一过程，而 A_{ww} 将阻碍这一过程。根据各相的相对大小，若 $R \ll 1$ 时，则 C 区将最大程度扩展其与水相的接触面积，这就形成正常胶团结构。随着 R 比的增大，C 区的曲率半径增大，导致胶团膨胀而形成 O/W 型微乳，且液滴大小随之增大并达到最大增溶（双连续相）或液晶相。

当 $R > 1$ 时，变化正好相反，C 区趋向在油相铺展。A_{co} 促进这一过程，而 A_{oo} 和 A_{ll} 阻碍这一过程。当 $R \gg 1$ 时，形成反胶团。随着 R 比的减小，反胶团膨胀成为 W/O 型微乳，且液滴直径逐步增大，直至 $R=1$。

四、性 质

（一）一般性质

微乳作为热力学稳定的分散体系，具有以下性质：

（1）分散程度大，分散相粒子大小均匀。液滴大小一般在几纳米到一百纳米，大致介于表面活性剂胶束溶液和乳状液之间，但小于乳状液液滴，显微镜下不可分辨；

（2）属于热力学稳定体系。经超离心也不分层，或即使在离心后短时间内分层，也会很快恢复到稳定状态。

（3）增溶量大。其中，O/W 型微乳对油的增溶量最高可达 60%，是正常胶束对油的增溶量的 10 倍以上。

（4）具有超低界面张力。形成微乳时，油/水界面张力可以低至 $10^{-4} \sim 10^{-3}$ mN·m^{-1}。

（5）流动性大、黏度小。

（6）外观呈透明或半透明。用白光照射时，能产生强烈的散射光，微乳对反射光呈现蓝色，而透射光为橙红色。

（二）微乳的转型

微乳的类型随表面活性剂的填充参数和体系的条件改变而转变，即在油/水/表面活性剂/助表面活性剂的相互比例保持不变的条件下，可以通过改变表面活性剂的填充参数，使微乳在 Winsor Ⅰ 型、Winsor Ⅱ 型、Winsor Ⅲ 型之间相互转变。具体影响因素如表 3-5 所示。

表 3-5 影响微乳类型的因素和转变规律

序号	影响因素	微乳转型规律
1	增加无机盐含量	Ⅰ 型→Ⅲ型→Ⅱ型
2	增加油分子的碳链长度	Ⅱ 型→Ⅲ型→Ⅰ型
3	增加低碳醇的含量	Ⅰ 型→Ⅲ型→Ⅱ型
4	增加高碳醇的含量	Ⅱ 型→Ⅲ型→Ⅰ型
5	增加表面活性剂疏水基的碳链长度	Ⅰ 型→Ⅲ型→Ⅱ型
6	升高温度	Ⅰ 型→Ⅲ型→Ⅱ型

例如，对以脂肪酸盐为表面活性剂的微乳而言，改变体系中 NaOH 的含量，不仅可以

使脂肪酸转变为脂肪酸钠，提高了表面活性剂的亲水性，而且 NaOH 的加入也提高了体系中电解质的浓度和离子强度，即增大 R 比的同时，使微乳在 Winsor I 型、Winsor II 型、Winsor III 型之间转变。

对于非离子表面活性剂作为乳化剂的微乳体系，温度对微乳的类型有着重要的影响。Shinoda 从对非离子表面活性剂作为乳化剂时微乳类型受温度影响的研究中发现，一定的表面活性剂和油组成的体系，往往有一个固定的相转变温度（PIT）。当体系温度低于 PIT 时，表面活性剂亲水性强，体系往往是 Winsor I 型；当体系温度高于 PIT 时，表面活性剂变得亲油，形成 Winsor II 型；当温度等于 PIT 时，容易形成 Winsor III 型。同时，每个相的相体积和界面张力也发生了明显的变化。[15]

第二节　微乳的制备及应用

微乳是一种各向同性的热力学稳定体系，同时也是分子异相体系，水区和油区在亚微水平上是分离的，并显示出各自的本体特性。由于微乳的形成，油/水界面张力需要低至 $10^{-4} \sim 10^{-3}$ mN·m^{-1}，因此，在制备微乳时，需要加入助表面活性剂。通常，助表面活性剂为 $C_3 \sim C_6$ 的低碳醇。

一、形成机理

尽管在分散类型方面，微乳和普通乳状液有相似之处，即均有 O/W 型和 W/O 型，但微乳和普通乳状液又有两个根本不同点：

（1）普通乳状液的形成一般需要外界提供能量如经过搅拌、超声粉碎、胶体磨处理等才能形成，而微乳的形成是自发的，不需要外界提供能量。

（2）普通乳状液是热力学不稳定体系，在存放过程中将发生聚结而最终分成油、水两相，而微乳是热力学稳定体系，不会发生聚结，即使在超离心作用下出现暂时的分层现象，一旦取消离心力场，分层现象即消失，还原到原来的稳定体系。

有关微乳体系的形成机理，目前存在负界面张力理论、构型熵理论以及胶束增溶理论，并且有关微乳体系研究的方法还在不断增加。

（一）瞬时负界面张力理论

Schulman 和 Prince[16]等认为微乳是多相体系，它的形成是界面张力增加的过程。对于多组分体系，其 Gibbs 吸附等温式为：

$$d\sigma = -\sum \Gamma_i d_i \mu_i = \sum \Gamma_i RT d\ln a_i$$

式中：σ——界面张力；

　　　Γ_i——组分 i 的表面吸附量；

　　　μ_i——组分 i 的化学势；

a_i——溶质的浓度。

在多组分溶液体系中，如果表面活性剂在界面上产生正吸附，则其浓度 a_i 的增加将使得界面张力降低。而第二类具有正吸附的助表面活性剂的加入，将使得界面张力进一步降低。因此，在表面活性剂和助表面活性剂的综合作用下，界面张力降低到非常低，甚至瞬间为负值，此时界面铺展，生成微小分散液滴。同时，界面吸附更多的表面活性剂和助表面活性剂，直到其本体浓度被充分消耗，表面张力又成为正值。

瞬时负界面张力理论的核心内容是：油/水界面张力在表面活性剂的存在下大大降低，一般为几个 mN·m^{-1}，这样低的界面张力只能形成普通乳状液。但在助表面活性剂存在时，会产生混合吸附，界面张力进一步下降至超低（$10^{-4} \sim 10^{-3}$ mN·m^{-1}），以至产生瞬时负界面张力。但负界面张力是不能存在的，因此，体系将自发扩张界面，使更多的表面活性剂和助表面活性剂吸附于界面，使其体积浓度降低，直至界面张力恢复至零或微小的正值。这种由瞬时负界面张力而导致的体系界面自发扩张，其结果就形成了微乳。如果微乳发生聚结，则界面面积缩小又产生负界面张力，从而对抗微乳的聚结，这就解释了微乳的稳定性。

瞬时负界面张力的存在，及其与微乳自发生形成过程之间的关系已为实验所证明。Ostrovsky 和 Good 曾经根据微乳液滴的聚集与自发乳化时的动力学平衡过程，指出微乳与不稳定的宏观乳状液之间的临界界面张力为 10^{-2} mN·m^{-1}，若界面张力低于 10^{-2} mN·m^{-1}，可生成微乳。

瞬时负界面张力机理虽然可以解释微乳的形成和稳定性，但尚不能说明为什么微乳会有 O/W 型和 W/O 型或者为什么有时只能得到液晶相而非微乳，所以该理论有一定的局限性。

（二）构型熵理论

Ruchenstein[17]等的热力学研究结果认为，微乳的形成过程的吉布斯自由能变化为两部分：一个是因为液/液界面面积增加所引起的体系吉布斯自由能的增加；另一个是大量微小液滴分散引起的体系熵（又称构型熵）的增加，致使吉布斯自由能降低。只有当吉布斯自由能大于构型熵时，才能自发形成微乳。两者间的关系如下式所示：

$$\Delta G = n4\pi r^2 r_{1,2} - T\Delta S$$

$$\Delta S = -nk\left[\ln\varphi + \left(\frac{1}{\varphi} - 1\right)\ln(1-\varphi)\right]$$

式中：ΔG——构型熵；

$-T\Delta S$——吉布斯自由能；

n——分散相液滴数；

r——液滴半径；

$r_{1,2}$——界面张力；

k——玻尔兹曼常数；

φ——分散相占微乳体系的体积分数。

（三）胶束增溶理论

Shinoda 和 Friberg[18]认为，微乳的形成实际上是胶束对水或油的增溶结果，并将微乳称为"溶胀的胶束"或"增溶的胶束"。具体而言，当表面活性剂水溶液浓度大于临界胶束浓度值后，就会形成胶束，此时加入一定量的油（亦可以和助表面活性剂一起加入），油就会被增溶，随着进入胶束中油量的增加，胶束溶胀微乳液，故称微乳液为胶团乳状液。由于增溶是自发进行的，所以微乳化也是自动发生的。

二、制备方法

微乳的形成应满足三个条件：

（1）在油水界面短暂存在的负界面张力；

（2）流动的界面膜；

（3）油分子和界面膜的联系和渗透。

由于微乳自发形成，无需外界做功，因此，不同微乳的制备，主要靠体系中各种成分的匹配。为了寻找这种匹配关系，常常采用 HLB 值、相转换温度、盐度扫描等方法。

（一）HLB 值法

表面活性剂分子都是双亲分子，含有亲水基团和亲油基团。不同的乳化剂分子中亲油和亲水基团的大小和强度也不同，导致其 HLB 值也不同。通常，离子型表面活性剂的 HLB 值很高，对于给定体系，为了得到稳定的乳状液，可以先用不同 HLB 值的乳化剂进行试验，最终确定最佳乳化剂，这就是选择乳化剂的 HLB 法。表面活性剂的 HLB 值对微乳形成至关重要。一般认为，HLB 值在 4 ~ 7 的乳化剂可形成 W/O 型微乳，在 14 ~ 20 时可形成 O/W 型微乳，在 7 ~ 14 时根据条件可形成双连续型微乳。

由于离子型表面活性剂的 HLB 值很高，一般需要加入助表面活性剂（低碳醇）或 HLB 值低的非离子型表面活性剂进行复配，经过试验得到各种成分之间的最佳比例。对于非离子型表面活性剂，可根据其 HLB 值对温度的敏感性进行确定，即在低温下亲水性强，高温下亲油性强。含非离子型表面活性剂的体系随着温度的增高，会出现各种类型的微乳。当温度恒定时，可通过调节非离子型表面活性剂亲水基和亲油基的比例达到所要求的 HLB 值。Abootazeli[19]等用月桂酸异丙酯为油相、磷脂为乳化剂，分别以正丙醇、异丙醇、正丁醇和异丁醇为助乳化剂，先求得乳化剂和助乳化剂的最佳比值（K 值），再分别按 K 为 1 : 1、1.5 : 1、1.77 : 1、1.94 : 1，求得了微乳的相区。

制备乳化液时，应根据乳化对象、乳状液类型选用适当的乳化剂，其依据是应选择和被乳化物 HLB 值相近的乳化剂。但实际运用中，被乳化物和乳化剂的化学结构及两者之间关系等诸因素的影响，单靠此还难以得到较满意的效果，因此，必须把它和其他一些因素结合起来考虑才更好。例如，应同时考虑下列因素：

（1）乳化剂的离子型，乳化粒子和乳化剂带相同电荷时，相互排斥，会使乳液稳定；

（2）用疏水基和被乳化物结构相似的乳化剂，乳化效果较好；

（3）乳化剂在被乳化物中易溶解的，乳化效果较好；

（4）被乳化物的疏水性越强，而乳化剂的亲水性也强，两者之间的亲和力就越差，乳化效果就不好，此时就要选择有适当 HLB 值的乳化剂来调节；

（5）乳化剂的选择还需综合考虑油和水溶液的性能、乳化剂浓度和温度变化等因素的影响。

（二）相转变温度法

温度对乳化剂在溶液中分布的影响是一复杂过程。对于离子型乳化剂，主要表现在影响其 HLB 值以及乳化剂分子之间的静电排斥力和吸引力，从而影响乳化剂在油、水及油水之间的分布。如十二烷基硫酸钠在 300 K 时有利于其在水相中的分布，高于或低于此温度有利于其在油相和油水之间的分布。对于非离子型乳化剂，温度可以破坏乳化剂和水形成的氢键，从而影响其 HLB 值，甚至使其从亲水性乳化剂转变为亲油性乳化剂，或反之。通常温度对非离子型乳化剂的影响大于离子型乳化剂。

相变温度法是研究在某温度下乳化剂、助乳化剂及相应的油相形成微乳的相行为，以及温度改变对其相行为的影响。如固相微乳给药系统，就是在 37 ℃ 条件下形成的微乳[20]，在常温下为固态不具备微乳的特征，而在 37 ℃ 又可恢复到微乳的状态。

（三）盐度扫描法

由于电解质可降低包围乳化剂极性端的离子氛围厚度，从而降低乳化剂分子极性端之间的排斥力，在形成微乳时可使乳化剂更多地分布于油水界面膜上或油相。对于非离子型乳化剂形成的溶液而言，其中的乳化剂带有较少的电荷，所以电解质对非离子型乳化剂形成微乳的相行为影响较小。而对离子型乳化剂形成的微乳而言，无机盐浓度对其相行为影响较为明显。因此，盐度扫描法可用于研究离子型乳化剂形成微乳的条件。

盐度扫描法是固定乳化剂和助乳化剂的浓度，进而研究不同浓度的电解质对形成微乳时相行为的影响。李干佐[21]等在溴化十四烷基吡啶（TPB）为乳化剂、正丁醇为助乳化剂、O/W 体积比为 1∶1 时，研究了 NaCl 对相态的影响。结果表明：当 TPB 为 2.0%、正丁醇为 4.0%时，NaCl 小于 2.0%可形成下相微乳及剩余油相的二相平衡；NaCl 在 2.0%～4.5%时，系统为中相微乳、剩余油相和水相的三相平衡；NaCl 大于 4.5%时，系统为上相微乳和剩余水相的二相平衡。形成此现象的原因，可能是随着 NaCl 浓度的增大，使 TPB 进入油相的量增加，结果使下相微乳向上相微乳转化。

（四）其他方法

除了上述常用的三种方法外，还有很多简单、快捷的微乳制备方法，其中，以 Schulman 法和 Shah 法较为常见。

Schulman 法是将油、水、表面活性剂混合均匀后，向其中滴加助表面活性剂，在某一时刻体系瞬间变得清亮透明，此时即形成微乳。由于水/油比例和表面活性剂类型的不同，所形成微乳的类型也可能不同。相对而言，该法更常用于在油含量较少的情况下，制备 O/W 型微乳。

Shah 法与 Schulman 法类似，但不同之处在于前者是将油、表面活性剂、助表面活性剂按一定比例混合均匀后，向体系中滴加水或水溶液，当水相含量达到一定时，瞬时形成透明的 W/O 型微乳。

三、表征方法

微乳结构的表征方法有很多，如染料法、相稀释法、电导法、黏度法等都是简单有效的测试方法。其中，采用电导法和黏度法，能通过测定体系中水含量的变化，考察体系的相转变行为。同时，随着科学技术的不断发展和实验技术的不断完善，光散射仪、FT-IR、NMR 等越来越多的紧密仪器被应用于微乳的结构表征。在此，本书不一一详述，仅介绍几种常见的表征方法。

（一）染色法

染色法依据的是水溶性亚甲基蓝和油溶性苏丹红在微乳中的相对扩散速度，前者快于后者为 O/W 型，前者慢于后者为 W/O 型，两者速度相等则为双连续型。

（二）拟三元相图

在表面活性剂和助表面活性剂含量一定的情况下，将水往油中滴加，水量很少时会形成 W/O 型微乳；继续滴加水，随着水油比例变动，体系会发生变化；对称性水的球体（W/O 型微乳）→不对称性柱体→层状结构→水为外相的各种结构→对称性油的球体（O/W 型微乳）。对于这种相行为的变化，最方便、最有效的方法就是相图。

在等温、等压下，三组分体系的相行为可以采用平面三角形表示，成为三元相图。对于四组分体系来说，需要采用正四面体。通常，对四组分体系，一般采用变量合并法，固定某两个组分的配比，使实际独立的变量不超过三个，从而仍可以用三角相图来表示，这样的相图成为拟三元相图或伪三元相图。

对于微乳体系，根据拟三元相图可以初步推测体系的结构状态。例如，固定表面活性剂和助表面活性剂比例，与油和水作相图，结合微乳不同相之间的结构转变，可以获得相图不同区域的微观结构，如图 3-6 所示。

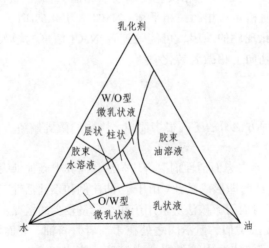

图 3-6 表面活性剂/醇/油/水拟三元相图

（三）电导法

电导率对溶液中质点的结构相当敏感，可用于研究微乳的结构变化。微乳的三种结构的电导情况是不同的，大多数微乳相的电导率测定是在 W/O 型微乳相中进行的。以电导率 κ 对水液滴的体积分数 φ_W 作图，可能出现两种情况：

（1）水在某一临界体积分数值以上，κ 会迅速升高。此种情形下，κ-φ_W 曲线符合电导率渗滤理论（如图 3-7 所示），即当导体体积分数小于某一临界值（渗滤阈值）时，有效电导率实际上为零；当导体体积分数大于渗滤阈值时，随着 φ_W 的增加 κ 迅速增加。

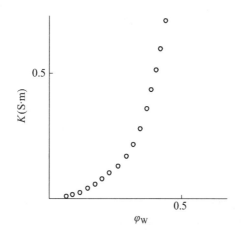

图 3-7　水/甲苯/油酸钾/丁醇微乳相的 κ-φ_W 曲线

（2）水的增加，使得 κ 随 φ_W 的增加而增加；当超过 κ 的最大值时，φ_W 的增加会引起胶束的溶胀，开始形成一个有限的水中心（微乳相液滴），此时 κ 会逐步减小（如图 3-8 所示）。在此情况下，κ-φ_W 曲线不适用于渗滤理论，而是一种非渗滤的微乳相，并且在 φ_{W1} 和 φ_{W2} 时，κ 分别达到最大值和最小值。

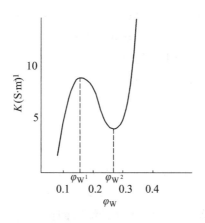

图 3-8　水/十六烷/油酸钾/醇微乳相的 κ-φ_W 曲线

（四）黏度法

用黏度法可以定量获取微乳相流体力学半径信息，其原理符合 Moonrey 方程：

$$\eta = \exp[a\varphi_W /(1 - k\varphi_W)]$$

式中：η——微乳体系的相对黏度；

φ_W——水体积分数；

a——固有黏度（对于硬球理论是 2.5）；

k——拥挤分子（理论上为 1.35~1.91）。

因表面活性剂层和其他溶剂层的存在，微乳相液滴的有效体积 φ_{eff} 比水核体积分数 φ_W 大，这一结果并不意外。这是由于，乳状液在有吸附层存在时的有效体积 V_δ 可用下式计算：

$$V_\delta = \frac{\varphi_{eff}}{\varphi} = 1 + (\delta / R)$$

式中：δ——吸附层厚度；

R——液滴半径。

（五）分子光谱法

由于分子中基团的振动和转动能级跃迁可以引起分子对不同波段光的吸收，通过分析分子的吸收光谱，能分析微乳的很多重要性质和结构。在此，以傅里叶变换红外光谱（FT-IR）为例予以说明。

红外光谱是研究波长 0.7~1 000 μm 的红外光与物质的相互作用，是表征物质化学结构和物理性质的一种重要工具。红外光谱不仅可以提供被检测物质的宏观信息，而且能够提供整个分子以及它们的各种基团在结构和动力学上的微观信息。它适用于测量溶液体系中物质的构象结构状态，对溶液体系的测量优势在于，其不会破坏溶液中待测化合物的原有存在形式和结构，能原位反映溶液体系中物质的存在结构。

因为 10^{-14}~10^{-12} s 的观察时间能够很好地与水分子相互交换的时间间隔 10^{-17}~10^{-11} s 相匹配，因而，红外光谱适合检测胶束界面上不同类型的水分子。微乳相中的水结构由于与表面活性剂极性基存在强烈的相互作用而显示出与纯水不同的结构。对于微乳体系中的水分子而言，存在三种形态：游离态的水、处于结合状态的水、界面上处于基质分离状态的单体呈二聚水分子。大量的红外光谱表明，在阴离子表面活性剂组成的微乳体系中，阴离子处于强烈水化状态。

（六）电子显微镜法

电子显微技术主要是检测物种表面（一般使用扫描电子显微镜，SEM）或物种本体溶液（一般使用透射电子显微镜，TEM）。电子显微技术能够在无晶体形成的前提下，降低液态水的蒸汽压，通过快速冷冻，致使水在毫秒级时间内快速玻璃化，避免人为因素而改变浓度和温度。

目前，TEM 技术已经成为广泛使用的表征微乳相微结构的直接工具。

（七）光散射法

当分散体系的质点小于光的波长时，将产生散射光。散射光的强度与质点大小、分布、形状以及两相的折射率有关。因此，光散射技术能够在不破坏微乳结构的前提下，探测微乳体系的结构。

光散射法是获得微乳尺寸、形状、体系结构等定量信息最实用的方法，其中，准弹性光散射法常用来表征微乳的微观结构。另外，当微乳体系发生由 O/W 型到 W/O 型的相转变时，会产生乳光，此时可以通过光散射技术观测这种临界现象。对于 W/O 型结构，通过小角中子散射，可以发现在低水组分时，此类体系中的液滴是球形和单分散的。随着水组分的增加，液滴大小也增加，且变成多分散性的，其结果符合 Percus-Yevick 近似计算中的硬球结构模型。因此，可以利用准弹性光散射法测定这种微乳相的流体动力学半径。

对于 O/W 型微乳相，油滴是分散在水连续相的媒介中，表面活性剂和助表面活性剂分子的分布方式是离子头基位于液滴的表面。当微乳相含有大量的水和油时，在适当条件下，体系能自组装形成双连续相结构。这种体系能够以相区域的特征厚度 ς 来表征，其计算公式如下：

$$\varsigma = (\varphi_O \varphi_W) / (c_S S)$$

式中：φ_O——油在体系中的相体积分数；

φ_W——水在体系中的相体积分数；

c_S——表面活性剂浓度；

S——单个表面活性剂分子面积。

四、应用

利用微乳形成的特殊微环境下的各类化学反应，微乳在纳米材料制备、生物医药工程、石油化工等领域已经显示出诱人的应用前景。而且，近些年来，采用 O/W 型微乳包埋脂溶性维生素、番茄红素、叶黄素、β-胡萝卜素以及茶碱等，采用 W/O 型微乳包埋功能活性肽以及可溶性维生素类等已取得了成功的应用，提高了功能性成分的溶解性、分散性和生物利用度。

（一）新材料领域

1. 纳米材料

纳米材料是目前材料科学研究的一个热点，最近 10~15 年，通过表面活性剂分子包裹水溶性液滴的 W/O 型微乳技术被广泛应用于各种原材料的制备。由于 W/O 型微乳的水核被表面活性剂和助表面活性剂所组成的界面膜包被，其大小可控制在几个至几十个纳米之间，尺寸小，而且彼此分离，故可看作一个"微型反应器"或"纳米反应器"。这种反应器拥有很大的界面，在其中可以增溶各种不同的化合物。但反应在反应器中进行时，反应容器的大小限制了反应的空间和生成物的大小，从而达到控制产物粒径大小的目的。因此，利用微乳的纳米反应器效应，可以制备出均匀的多相无机化合物纳米材料和纳米催化剂。

2. 超滤膜

利用微乳的增溶、粒径小而均匀、分散相的高分散性等特点，通过改变聚合所用的微乳性质，能达到传质导热快、改变聚合度、控制聚合度的分子量、提高聚合速率和聚合转化率的目的，可以制备出不同特性、性能优良的食品和医药超滤膜。

3. 气敏材料

目前，国内外对各种气体的检测主要以氢气、硫化氢、碳氢化合物、氮氧化合物、氨气、乙醇、一氧化碳等还原性、可燃性气体和有毒气体为主。金属氧化物型电阻式半导体气敏传感器是目前应用最广泛的气体传感器，其中，应用较广的有 SnO_2、ZnO、Fe_2O_3、TiO_2、WO_3、SiO_2 等。但对于气敏材料制备而言，长期以来一直存在如何降低工作温度和缩短反应时间等问题。应用微乳法制备气敏材料，具有操作简单、粒子尺寸可控、粒径分布窄、易于连续生产等优点。例如，在明胶/十二烷基硫酸钠/磷酸三丁酯/庚烷/水的微乳体系中，使 $FeCl_3$ 反应物在明胶溶液中水解得到明胶，再使其在微乳液滴中反应，用 KBH_4 还原 Fe^{3+}，使产物在微乳液滴中成核长大，能制备出明胶-α-Fe_2O_3 复合纳米颗粒[22]。

4. 多孔材料

微乳在无机多孔材料中的应用主要有两种形式：一是利用微乳的结构特性，直接反应生成具有微孔结构的无机材料；二是通过微乳体系中生成的纳米材料对现有多孔物质进行改性。

例如，以液状石蜡为油相，间苯二酚和甲醛水溶液为水相，Tween80 和 Span80 为 i，配制的 O/W 型微乳，经过聚合、碳化去除模板后制得的碳材料也是一种多孔材料，且不同催化剂对所得碳材料形貌有很大影响。其中，以 NaOH 为催化剂时，制得的碳材料是一种具有孔壁和孔洞的多孔碳泡沫；以氨水为催化剂时，所得碳材料是由微球或者相互缠绕的蠕虫状粒子组成的块状，这主要是因为氨水的加入使得微乳体系发生了相转变，由原来的 O/W 型逐渐变为了 W/O 型。

（二）化学反应领域

1. 有机合成

微乳中有机反应可以改变区域选择性。例如，在水溶液中苯酚硝化得到邻位和对位硝基苯酚的比例是 1∶2，而在琥珀酸二异辛酯磺酸钠所形成的 O/W 型微乳中，苯酚定向排列在界面上，酚羟基向着水相，使水相中 NO_2^+ 易进攻酚羟基的邻位，故可得到 80% 的邻硝基苯酚。

2. 酶促反应

酶催化反应中，由于有的酶是在水环境下才有催化功能，而反应底物却不溶于水，于是，微乳就成了此类酶促反应中极好的反应介质。一般酶处在 W/O 型微乳的水核中，反应物处在连续的油相中。试验表明，这种环境下的酶活性还有所提高。

（三）日化领域

1. 化妆品

绝大多数化妆品是由多种成分复配而成的，水是最重要的物质，但许多化妆品配料不溶于水。为此，在制备过程中，通过乳化作用把一个相分散到另一个相中，形成 O/W 型、W/O 型、W/O/W 型、O/O 型等乳状液和微乳。

例如，将 AES、BS-12、6501、OB/ZA、PEG400 按一定比例加入到盛有适量蒸馏水的容器中搅拌溶解，加热至 60～70 ℃，待乳化剂全部溶解后，自然冷却到 45～50 ℃，然后慢慢加入添加剂和适量香精，最后用柠檬酸调至液体 pH 为 5～7，加入有机硅季铵盐微乳，即可得到微乳香波。

2. 清洁剂

用适当比例的阴离子型和非离子型的表面活性剂复配后，形成 O/W 型的微乳液清洁剂，既可以清除工业过程中的亲油性污垢，也可以清除亲水性污垢；而且它还克服了普通乳状液稳定性差、生产不连续、搅拌间断时容易产生相分离等缺点。微乳清洁剂还可以配制成W/O 型干洗技术产品，由于用水量很少，此产品对一些毛料纺织品不会产生缩水变形和损伤等问题。

（四）石化领域

1. 三次采油

经二次采油后，由于毛细管力的作用，油藏中大量的原油会以油脉形式存留在油层的多孔性岩石中，而对控制毛细管起主要作用的是原油/盐水界面张力。因此，要想置换出原油就应使这个界面张力降低到原来的万分之一，达到超低，即降至 10^{-7}～10^{-6} N/m。而微乳体系的超低界面张力正好能满足此要求，因此，微乳是三次采油中一种较先进的方法，效果最好，尤其是中相微乳体系，其两个界面的界面张力都能达到超低值，这种体系能使水驱后的残余油全部被驱出，因此受到人们的普遍青睐。

2. 新型燃料油

目前，各种燃料油燃烧、有机溶剂和重金属离子的发挥和排放都会产生很大的污染，如果配制微乳型燃油，就可改善环境而且还具有更高的燃烧效能。2002 年，周雅文等[23]报告了汽油微乳研究工作，他们以水-柴油-聚乙二醇十二烷基醚的 W/O 型的微乳体系作燃料。该体系含水质量分数可达到 20%～30%，节油率为 5%～15%，排气温度下降 20%～60%，烟度下降 40%～77%，然而 NO_x 和 CO 的排放量为普通汽油的 25%，可见微乳化油是节能、环保的好燃料。此外，微乳对内燃机不仅没有腐蚀和磨损，而且还能起到清洗剂的作用，降低内燃机的维修费用。

3. 润滑油

微乳化技术在润滑油中最广泛的应用是金属加工液方面，主要是切削和磨削方面的运用。微乳化油是一种介于乳化油和合成切削液之间的新型金属加工液产品，它既具有乳化油的润滑性，又具有合成切削液的清洗性，现在已经逐步发展为乳化油和合成液的换代产品。

一般，微乳化油包括油、水、表面活性剂、防锈缓蚀剂、油性剂、极压剂、防霉杀菌剂等。微乳化油的含油量一般为 10%～30%，水分在 Mil-C-46113B（MR）2 型中规定最高含量不超过 45%。且从环境和健康角度出发，要求油中的芳烃含量小于 10 %；从与添加剂的配伍性出发，石蜡基与环烷基的基础油较好。

（五）医药领域

1. 药物载体

由于微乳既有增溶水的能力，又有增溶油的能力，所以，将药剂制成微乳，可以使所得产物均匀稳定。如通过注射或者内服使药物进入人体，可以延长药效，易于扩散和吸收。此外，W/O 型微乳还可以保护水溶性药物，缓释和提高药物的生物活性；O/W 型微乳可以增加药物的生物活性和亲脂性的药物的溶解性，并使之缓释；双连续型微乳还有利于制成兼具水溶性和油溶性药物的制剂，不仅使用更方便，还可以提高药效。

2. 中药提取

中药成分复杂，各种成分极性差别大，应用微乳作为溶媒进行提取，对亲水性成分和疏水性成分均有增溶作用，可以提取出其中多种有效成分。例如，以辛癸酸三甘酯（MCT）、Tween80 和无水乙醇所形成的微乳为溶液，加热回流提取丹参，可提取药材中 75%的丹参酮ⅡA，80%的丹酚酸 B。这说明利用微乳可以增加药材中脂溶性成分的溶出，同时不影响水溶性成分的溶出。

（六）其他领域

1. 皮革工业

由于微乳的优良性质，使其在皮革化学品开发中的应用前景非常广阔。目前，应用于皮革工业的主要是小分子或中低黏度的油性物质（如液状石蜡等）和聚合物分散形成的微乳，主要研究方向为微乳液脱脂剂、皮革用高分散度腊乳液、深透性加腊剂、硝化棉微乳手感剂、聚合物涂饰材料、无铬鞣剂、复鞣剂、涂饰剂、柔软剂等。

2. 食品化学

食品的乳化有着悠久的历史，但是食品的微乳化是比较新的概念。在食品微乳化过程中，乳化剂的选择受到严格的控制，一般的乳化剂是各种脂肪酸的脂类，其中单甘酯是食品加工中应用广泛的一类表面活性剂，亚油酸聚甘油酯是一种乳化效果较好的表面活性剂，向乳化食品中加入香精和增香剂得到的微乳食品味道好、泡沫少。

3. 农药

随着农业的发展，农作物病、虫、草害的防治将变得十分重要，然而为了减少农药对人和环境的危害，农药水性化就成了农药发展的主导方向。将农药制成 O/W 型微乳剂型显示了无比的优越性：第一，微乳剂型农药不用或少用有机溶剂，不易燃易爆，生产、储存、运输安全，环境污染小，对生产者和使用者的毒害大大减轻；第二，微乳剂型农药以水为介质，成本低，包装容易；第三，微乳剂型农药稳定，可长期储存不分层；第四，微乳剂型农药，界面张力较低，粒子极小，对植物和昆虫细胞有良好的渗透性，吸收效率高，药效好，药物利用率高。有的微乳农药液滴在自然条件下，蒸发浓缩后形成高黏度的液晶相，能牢固地黏附在植物、昆虫表面上，不易被雨水冲洗掉，这是提高农药药效的另一个重要因素。

第三节　微乳香料在卷烟中的应用

茴香，伞形科植物，是一年生或多年生草本植物，分大茴香（*Fructus Anisi Stellati*）和小茴香（*Foeniculum vulgare*）两种。通过用水蒸气蒸馏法从大小茴香的果实中可获得大茴香油和小茴香油。大茴香即大料，学名叫"八角茴香"。小茴香的种子是调味品，而它的茎叶部分也具有香气，常用来做包子、饺子等食品的馅料。不论是大茴香还是小茴香，它们所含的主要成分都是茴香油，能刺激胃肠神经血管，促进消化液分泌，增加胃肠蠕动，排除积存的气体，所以有健胃、行气的功效；有时胃肠蠕动在兴奋后又会降低，因而有助于缓解痉挛、减轻疼痛。

目前，常用的小茴香油主要有两类：一类是从主要分布于中欧、印度、美国及中国南方的苦小茴香中，通过水蒸气蒸馏茴香籽而得到的苦小茴香油，其得油率为 2.5% ~ 6.5%，主要成分有茴香脑、α-蒎烯、莰烯、α-水芹烯、葑烯和葑酮；另一类是从主要分布于地中海地区的甜小茴香中提取甜小茴香油，其沸点范围为 160 ~ 220 ℃，主要成分是茴香脑、*d*-柠檬烯、水芹烯。由于甜小茴香油具有掩盖杂气、增加辛甜香气、使卷烟香气更加飘逸的特点，下面以甜小茴香油的微乳化为例，阐述其在卷烟中的应用。

一、制备条件优化

（一）乳化剂

以吐温类为乳化剂，以正丙醇为助乳化剂，乳化剂：助乳化剂的比例选择 2∶1，选择不同链长的吐温类乳化剂，考察其链长对微乳面积的影响。从图 3-9 及表 3-6 可看出：乳化剂链长对微乳区域面积也有一定的影响，形成的区域面积为

$$Tween20 < Tween40 < Tween60$$

即微乳区域面积随乳化剂链长的增长而增加。

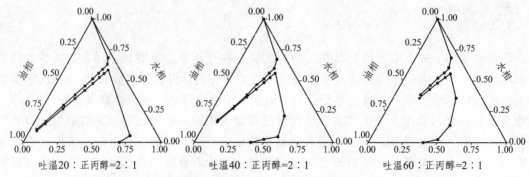

吐温20：正丙醇=2:1   吐温40：正丙醇=2:1   吐温60：正丙醇=2:1

图 3-9　用不同链长乳化剂制备的甜小茴香油微乳拟三元相图

表 3-6　乳化剂链长对微乳区面积的影响

乳化剂：助乳化剂=2:1	Tween 20	Tween 40	Tween 60
微乳区面积（%）	22.02	34.27	36.49

以乳化液的乳化稳定性作为考察指标。乳化液稳定性的测定方法为：离心法，即分别对各种乳化液进行离心测试，取一定量各种成品于离心管中，以 4 000 r/min 的速度离心 10 min 测定油、乳化层所占的高度，乳化层所占刻度数除以总刻度数，可得出乳化液实际乳化的程度。其比值范围为 0~1，比值越大，说明乳化液稳定性越好。通过测定三种乳化剂的 HLB 值和稳定性，结果如表 3-7，发现甜小茴香油微乳的最佳乳化剂为 Tween60，其 HLB 值达到了 17.3，用其制备的微乳稳定性最好。

表 3-7　不同乳化剂 HLB 值及其对乳化液稳定性的影响

乳化剂	乳化剂的 HLB 值	乳化液稳定性（mL/mL）
T20	9.4	0.36
T40	16.2	0.79
T60	17.3	0.84

（二）助乳化剂

以 Tween60-甜小茴香油微乳体系，乳化剂：助乳化剂的比例选择 2:1。不同的助乳化剂形成的微乳区域面积不同，形成的微区域面积为

正辛醇＜无水乙醇＜正乙醇＜正丙醇＜正丁醇

如图 3-10 所示，说明助乳化剂链长太短或太长都不利于形成微乳。

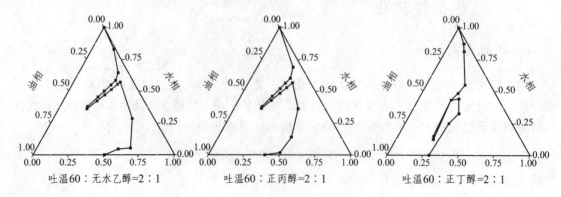

吐温60：无水乙醇=2:1   吐温60：正丙醇=2:1   吐温60：正丁醇=2:1

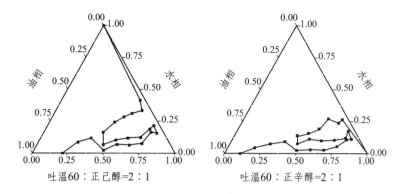

图 3-10　用不同助乳化剂制备的甜小茴香油微乳拟三元相图

表 3-8　助乳化剂链长对微乳区面积的影响

助乳化剂	无水乙醇	正丙醇	正丁醇	正乙醇	正辛醇
微乳区面积（%）	26.21	36.49	54.65	27.58	17.14

（三）乳化剂与助乳化剂比例

以 Tween60 为乳化剂，以无水乙醇、正丁醇为助乳化剂，按乳化剂：助乳化剂=2：1，1：1，1：2（w/w），精密称取后混合均匀，作为混合乳化剂溶液，考察不同乳化剂与助乳化剂配比（Km 值）对甜小茴香油微乳形成的影响，如图 3-11、表 3-9 所示。结果显示，不论是以无水乙醇还是以正丁醇作为助乳化剂，当乳化剂：助乳化剂比例=2：1时，微乳区域面积较大。

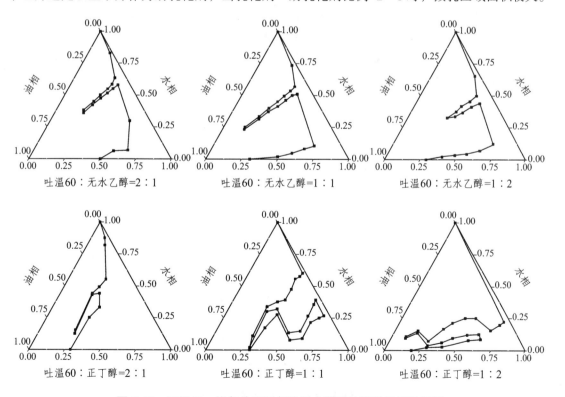

图 3-11　不同 Km 值条件下制备的甜小茴香油微乳拟三元相图

表 3-9　乳化剂和助乳化剂比例对微乳区面积的影响

乳化剂+助乳化剂	微乳区面积（%）		
	2∶1	1∶1	1∶2
Tween60 + 无水乙醇	26.23	25.65	24.97
Tween60 + 正丁醇	54.65	40.40	26.02

（四）最佳温度

在 20℃、30℃、60℃下，按上述条件制备甜小茴香油微乳，置于试管内进行密封，定期进行外观和形态的考察。

当微乳样品分别置于 20℃、30℃ 和 60℃ 下，恒温 3 h，未出现分层、絮凝的现象；将三种微乳样品在 5 000 r/min 转速下，离心 30 min，未出现分层、絮凝现象。结果表明：温度对微乳形成的影响较小，但考虑到助乳化剂的挥发性及温度对其溶解性的影响，所以选择 30℃ 作为甜小茴香油微乳的制备温度。

二、性能表征

（一）类型鉴别

取相同体积的甜小茴香油微乳，分别加入油溶性染料苏丹红Ⅲ（苏丹红Ⅲ加无水乙醇配制）和水溶性染料亚甲基蓝溶液（亚甲基蓝加蒸馏水配制）各两滴，静置，观察两种染料在微乳中的扩散速度，发现蓝色扩散速度大于红色，说明上述方法制备的甜小茴香油微乳是水包油型（O/W）微乳。

（二）粒径分布

采用激光光散射法测得的 O/W 型甜小茴香油微乳 98%（v/v）的液滴粒径分布在 8～40 nm，平均粒径为 22 nm，如图 3-12。

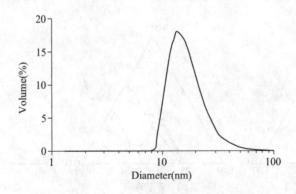

图 3-12　O/W 型甜小茴香油微乳的粒径分布图

（三）超微结构

由透射电镜照片可以看出，制备得到的 O/W 型甜小茴香油微乳的粒子较圆整，具有较好的形态，其粒径分布在粒径范围为 10 ~ 40 nm 的微乳液滴个数约占总微乳液滴个数的 93.5%。由此可见，采用激光光散射法测得的微乳粒径分布和显微镜观察到的微乳粒径分布基本吻合。

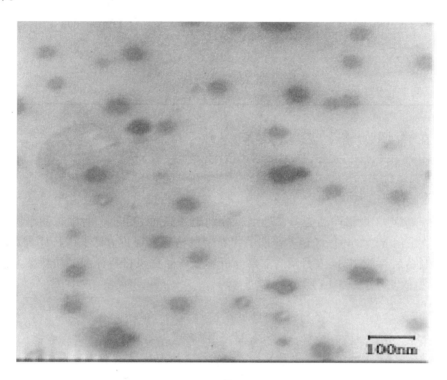

图 3-13　O/W 型甜小茴香油微乳的超微结构

（四）包封率

甜小茴香油为混合油状物质，其主要致香成分是茴香脑。因此，选用茴香脑作为甜小茴香油的标记物进行 GC 分析其微乳材料的包封率。

包封率的计算式为：

$$包封率（\%）= 1 - \left(\frac{微乳样品中标记物峰面积}{参照样品中标记物峰面积} \right) \times 100$$

经对 10 组甜小茴香油微乳包封率进行测算，其包封率均在 82%以上，平均包封率为 84.12%，符合微乳的制备要求，达到了在卷烟中应用的条件。

（五）理化指标

经测定，制备的甜小茴香油微乳理化指标如表 3-10 所示。

表 3-10   甜小茴香油微乳的理化指标

理化指标	结　果
外观	澄清
水溶性	溶解分散在水中
微乳类型	O/W 型
相对密度（25℃）	1.037 0±0.008 0
折光率（25℃）	1.432 5±0.008 0
甜小茴香油载量（%）	15.0±1.0
30℃ 时包封率（%）	75 ~ 85
粒径（nm）	≤50

三、在卷烟加香的应用效果

（一）感官评价

以某品牌卷烟 M 规格产品为参比卷烟，分别制备添加了甜小茴香油、甜小茴香油微乳的卷烟样品，采用 YC/T 497-2014《卷烟中式卷烟风格感官评价方法》进行评价。评价时间分别是样品制备后存放 1 月、6 月后，主要分析卷烟样品在风格特征和品质特征方面的变化情况。具体评价结果如图 3-15 所示：

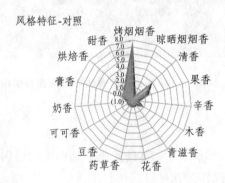

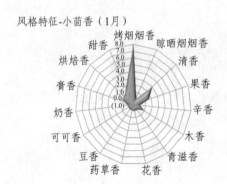

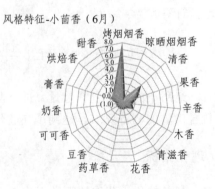

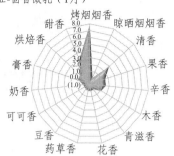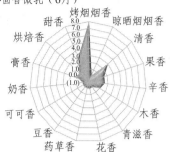

图 3-14 添加了甜小茴香油、甜小茴香油微乳卷烟样品风格特征

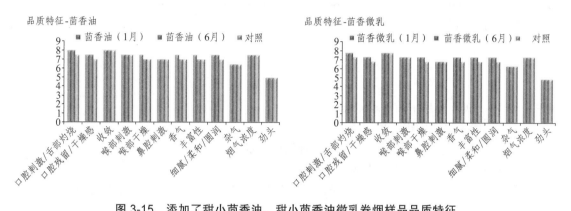

图 3-15 添加了甜小茴香油、甜小茴香油微乳卷烟样品品质特征

由感官评价结果可知；添加了甜小茴香油的卷烟 M，其甜香、辛香香韵明显增强，香气更为透发，香气量较为丰富，舒适性也有所改善；对于直接添加茴香油的卷烟样品随着存放时间的增加，其甜香和辛香香韵有所衰减，品质特征指标较为稳定；对于添加了茴香微乳的样品，其风格特征、品质特征指标相对比较稳定。

（二）烟气释放

以茴香脑为标记物计算甜小茴香油的损失率。在实验设定的烘丝工艺参数下，甜小茴香油的损失率为 68.82%，而甜小茴香微乳的损失率为 34.31 %。由于在不同的分析环节，所采用的萃取溶剂量不同，如在烘丝环节为 50 mL，在烟气总粒相物处理环节为 20 mL，逐口分析测定为 10 mL，因此为了简化处理结果，实验设计在加内标（正十七烷）时，加入了相同浓度不同体积的内标溶液，以保证所有萃取液中内标（正十七烷）在萃取液中的浓度完全一致，但是甜小茴香油标记物（茴香脑）的峰面积需按照萃取溶剂的量进行溶剂用量的校正，经过校正，按下式计算甜小茴香油的整支烟的转移率（T）。

$$T = \frac{M_3 \times I_2 \times 20}{I_3 \times M_2 \times 50} \times 100\%$$

式中：M_2——烟丝样品中茴香脑的峰面积；

I_2——烟丝样品中内标的峰面积；

M_3——烟气总粒相物样品中茴香脑的峰面积；

I_3——烟气总粒相物样品中内标的峰面积。

根据仪器分析结果，计算得到甜小茴香油整体转移率（T），结果如表 3-11 所示。

表 3-11　甜小茴香油烟气整体转移率

项目	甜小茴香油样品	甜小茴香油微乳样品
烟丝样品中茴香脑峰面积	68 4756	759 442
烟丝样品中内标峰面积	5 871 627	6 458 790
烟气总粒相物样品中茴香脑峰面积	353 292	265 481
烟气总粒相物样品中内标峰面积	6 458 759	5 795 783
甜小茴香油的烟气转移率（%）	18.76	15.58

同理，用下式计算甜小茴香油的逐口烟气的转移率（T）。

$$T = \frac{M_4 \times I_2 \times 10}{I_4 \times M_2 \times 50} \times 100\%$$

式中：M_2——烟丝样品中茴香脑的峰面积；

I_2——烟丝样品中内标的峰面积；

M_4——逐口烟气总粒相物样品中茴香脑的峰面积；

I_4——逐口烟气总粒相物样品中内标的峰面积。

根据仪器分析结果，计算得到甜小茴香油逐口转移率（T），结果如表 3-12 所示。

表 3-12　甜小茴香油烟气逐口转移率

项目		甜小茴香油样品	甜小茴香油微乳样品
烟丝样品	茴香脑峰面积	684756	759442
	内标峰面积	5871627	6458790
烟气总粒相物（第一口）	茴香脑峰面积	56437	54400
	内标峰面积	6166653	5673321
	转移率（%）	1.57	1.63
烟气总粒相物（第二口）	茴香脑峰面积	122805	87611
	内标峰面积	6900909	5888836
	转移率（%）	3.05	2.53
烟气总粒相物（第三口）	茴香脑峰面积	117309	86428
	内标峰面积	6412801	5899777
	转移率（%）	3.14	2.49
烟气总粒相物（第四口）	茴香脑峰面积	118187	71627
	内标峰面积	6111399	5622487
	转移率（%）	3.32	2.17
烟气总粒相物（第五口）	茴香脑峰面积	101927	80400
	内标峰面积	6588399	6061327
	转移率（%）	2.65	2.26

项目		甜小茴香油样品	甜小茴香油微乳样品
烟气总粒相物（第六口）	茴香脑峰面积	91049	70557
	内标峰面积	6777334	6235147
	转移率（%）	2.30	1.92
烟气总粒相物（第七口）	茴香脑峰面积	56545	61015
	内标峰面积	6175564	5681519
	转移率（%）	1.57	1.83
总转移率（%）		17.60	14.83

根据抽吸 1～7 口茴香脑在烟气总粒相物中的转移情况，为进一步分析甜茴香油及其微乳在卷烟烟气中释放的均衡性，将第 2～4 口作为前半段、第 5～7 口作为后半段，对前半段和后半段烟气中茴香脑的转移率数据进行单因素方差分析，分析结果见表 3-13、3-14。

表 3-13　甜小茴香油样品前半段与后半段茴香脑转移率方差分析

差异源	SS	df	MS	F	P-value	F crit
组间	1.490	1	1.490	9.239	0.038	7.709
组内	0.645	4	0.161			
总计	2.135	5				

表 3-14　甜小茴香油微乳样品前半段与后半段茴香脑转移率方差分析

差异源	SS	df	MS	F	P-value	F crit
组间	0.236	1	0.236	5.189	0.085	7.709
组内	0.182	4	0.045			
总计	0.418	5				

由方差分析结果可知，对于甜小茴香油样品，前半段与后半段茴香脑转移率的方差为9.24，大于临界值，说明前半段与后半段茴香脑的转移率有显著差异，从数据上来看，前半段的累积释放率要高于后半段；对于甜小茴香微乳样品，虽然前半段的累积释放率要高于后半段，但方差为5.18，小于临界值，说明前半段与后半段茴香脑的转移率没有显著差异，微乳样品茴香脑的释放较直接添加甜小茴香的样品要均衡一些。

第四章　微胶囊

微胶囊技术研究大约开始于 20 世纪 30 年代，取得重大成果是在 50 年代。在 40 年代末 D E Wurster 首先采用空气悬浮法制备微胶囊，并成功运用到药物包衣方面。50 年代初美国 NCR 公司的 B K Green 发明了用相分离凝聚法制备含油明胶微胶囊，并用于制备无碳复写纸，在商业上取得了极大成功，由此开创了以相分离为基础的物理化学制备微胶囊的新领域。50 年代末到 60 年代，人们开始研究把合成高分子的聚合方法应用于微胶囊的制备，发明了许多以高分子聚合反应为基础的用化学方法制备微胶囊的专利，其中以界面聚合反应的成功最为引人注目。70 年代微胶囊制备技术的工艺日益成熟，应用范围也逐渐扩大。近 20 年来，微胶囊技术有了很大的进展：一些新型的壁材不断被开发，例如具有疏水性的改性淀粉；利用蛋白质和碳水化合物产生 Millard 反应，制成具有抗氧化作用的壁材；脂质体微胶囊的开发和应用。一些新颖的微胶囊技术不断涌现，纳米粒与纳米微胶囊的制备技术及其应用不断成熟；高压微胶囊技术，超临界流体喷雾干燥技术等。微胶囊的应用范围也日益扩大，在医药、食品、农药、饲料、化妆品、涂料、油墨、黏合剂、纺织等行业得到了较广泛的应用。还有一些微胶囊技术尚未工业化，但是其中有些技术是很有前景的，相信随着科技的发展和研究的深入，在不久的将来可以实现工业化。

第一节　概　述

一、定义

微胶囊（Microcapsules）是指一种具有聚合物壁壳的微型容器或包装物。微胶囊技术（Microencapsulation）是将固体、液体或气体物质包埋、封存在一种微型胶囊内成为一种固体微粒产品的技术，这样能够保护被包裹的物料，使之与外界不宜环境相隔绝，达到最大限度地保持原有的香味、性能和生物活性，防止营养物质的破坏与损失[24]。

微胶囊粒子的大小一般都在 5～200 μm 范围内，不过在某些实例中这个范围可以扩大到 0.25～1 000 μm，微胶囊壁厚度通常在 0.2～10 μm 范围内。

微胶囊可呈现出各种形状，如球形、肾形、粒状、谷粒状、絮状和块状等。囊壁可以是单层结构，也可以是多层结构；囊壁包覆的核心物质可以是单核的，也可以是多核的。

微胶囊内部装载的物料称为芯材，外部包囊的壁膜称为壁材（或称包囊材料）。芯材可以是单一的固体、液体或气体，也可以是固液、液液、固固或者气液混合体等。在食品工业上，作为芯材的物质有生理活性物质、氨基酸、维生素、食品添加剂等。对一种微胶囊产品来说，合适的壁材非常重要，不同壁材在很大程度上决定着产品的物化性质。选择壁材的基本原则是：能与心材相配伍但不发生化学反应，同时还应具备适当的渗透性、吸湿性、溶解性和稳定性等。食品工业中使用的微胶囊壁材还应具安全卫生要求。食品工业中可使用的壁材有植物胶、多糖、淀粉、纤维素、蛋白质、蜡与类脂物等。随着科技的进步又出现了一些新的壁材，如梭甲基淀粉、烯基玻拍酸淀粉等。

微胶囊具有改善和提高物质表观及其性质的功能，具体包括以下几个方面。

（1）液态转变成固态。

液态物质经微胶囊化后，可转变为细粉状产物。虽然在使用上它具有固体特征，但其内相仍然是流体，因而能够很好地保持液相的性能，该性质在某些场合特别有用。如微胶囊化可使液态反应物变得"易于使用"，并且可在指定的时间，使微胶囊破裂而令其发生反应。

（2）改变重量或体积。

物质经微胶囊化后其重量增加，也可由于制成含有空气或空心胶囊而使物质的体积增加，这样可使高密度固体物质经微胶囊化后转变成能漂浮在水面上的产品。

（3）降低挥发性。

易挥发物质经微胶囊化后，能够抑制挥发，因而能减少食品中的香气成分的损失，并延长储存时间。

（4）控制释放。

物质经微胶囊化后，能够抑制挥发，亦可逐渐释放出来。如果要使所有的囊芯物质即刻释放，一般采用机械方法，如加压、揉破、毁形、摩擦，也可在加热状态下燃烧或熔化；或者采用化学方法，如酶的作用、溶剂及水的溶解、萃取等方法破坏囊壁来实现。另外，在芯材中掺入膨胀剂或应用放电或磁力的电磁方法也能使其即刻释放。

微胶囊芯材的逐渐释放，在医药、食品、农药和化肥中得到广泛应用。如将一种水溶性芯材与另一种非水溶性壁材进行微胶囊化，芯材向外部水相释放时，将受渗透和溶解两种作用的影响。因此可通过选择合适的壁材，也可通过调节囊壁的厚度、硬度和囊壁的层次结构以及胶囊的大小来控制芯材释放的速率。

（5）隔离活性成分。

微胶囊具有保护芯材物质，使其免受环境中高温、氧、紫外线等影响的作用。此外，由于微胶囊化后隔离了各成分，故能阻止两种活性成分之间的化学反应。两种能发生反应的活性成分，其中之一是经微胶囊化后，再与另一种成分混合，这样便可将它们分隔开来而不发生反应，当需要时将微胶囊压毁，两种活性成分便相互接触，反应即可发生。

（6）良好的分离状态。

微胶囊呈高分散状态，便于应用。比如，在等量浓度下，其黏度较低；它能以粉末状态使用等。

二、结构

微胶囊的两个基本组分是内部的囊芯和外部的囊壁。囊壁也称为壳、载体或膜，是将芯材从环境中隔离开的材料，这种隔离是通过壁材的薄膜将芯材的小液滴分开实现的。

胶囊的粒径范围从纳米到毫米，按照大小可分为三类，大胶囊——毫米，微胶囊——微米，纳米胶囊。根据结构又可以分为多种不同形式的微胶囊。在形式最简单的微胶囊中，囊芯是球形的，并且被一层均一厚度的囊壁包围着，芯材也可以是不规则的，囊壁具有不均一的厚度。在同一个胶囊中，也可以镶嵌着几种不同类型的芯材或同一种芯材的很多个液滴存在于一个连续的囊壁中。芯材可以以任何一种物理状态存在，固体、液体、气体或一种组合状态，如液体中悬浮固体、固体中分散固体、液体中分散液体或固体中分散液体。囊壁可以由具有相同或不同组分的材料构成。对于食品来说，壁材通常来自可食用成壁聚合物，如碳水化合物或蛋白质。

微胶囊的形成有以下几种形式：O/W，W/O，O/W/O，W/O/W 等，形成的微胶囊主要有以下几种结构：

图 4-1　微胶囊的结构示意图

三、类型

按照壁材与芯材性能的不同，可以将微胶囊按用途主要可分为下列几种类型[25]：

（一）缓释型

该种微胶囊的壁相当于一个半透膜，在压力差或浓度差存在的条件下，可使芯材物缓慢穿过囊膜以延长芯材物质的作用时间。根据壁材来源不同，可分为天然高分子缓释材料，如明胶、羟甲基纤维素及合成高分子缓释材料。对于合成高分子缓释材料，按其生物降解性能的不同，又可分为生物降解型和非生物降解型两大类。

（二）压敏型

此种微胶囊包裹了一些待反应的芯材物质，当压力作用于微胶囊超过一定极限后，胶囊壁破裂而流出芯材物质，由于环境的变化，芯材物质产生化学反应而显色。

（三）热敏型

由于温度升高使壁材软化或破裂而释放出芯材物质，芯材物质由于温度的改变而发生分子重排或几何异构产生颜色变化。

（四）光敏型

当微胶囊的壁材破裂后，由于照射光的波长不同，芯材中的光敏物质选择吸收特定波长的光，发生感光而产生相应反应或变化。

（五）热膨胀型

该种微胶囊的壁材为热塑性的高气密性物质，而芯材为易挥发的低沸点溶剂，当温度升高到高于溶剂的沸点时，溶剂气化而使胶囊膨胀，冷却后胶囊能够维持膨胀后的状态。

总之，从广义上来讲，任何一种包裹了一定物质的类似小型容器的物质形态都可称之为微胶囊。所以除上述五种类型外，对于微乳浊液、脂质体及表面活性剂胶束也可称之为微胶囊。

四、壁材

理想的微胶囊化壁材应具备以下性质：

（1）分散、乳化及稳定乳化液的能力。

（2）良好的成膜性：在食品加工、储存中，将芯材密封在其结构之内，可最大限度地与外界环境相隔绝。

（3）在适当条件下溶解并释放芯材。

（4）不与芯材发生反应。

（5）良好的操作性，如易溶于水或乙醇等食品工业中允许采用的溶剂，高浓度下具备良好的流变性质，在干燥或其他脱溶剂条件下，可完全施放加工中采用的溶剂，低吸湿，无味。

（6）来源充足，价格低廉。

表 4-1 列出了一些常用壁材，但是没有一种壁材能同时满足以上所有条件。在实际应用中，它们往往与其他壁材，或者抗氧化剂、表面活性剂、螯合剂等联合使用。

表 4-1　微胶囊技术中常用壁材种类

碳水化合物	变性淀粉、麦芽糊精、玉米糖浆、环糊精、蔗糖、乳糖、茁霉多糖、纤维素、胶体、葡聚糖
蛋白质	明胶、大豆蛋白、乳清蛋白、酪蛋白酸钠、谷蛋白、肽、麦醇溶蛋白、鸡蛋清蛋白、血红蛋白
脂类	石蜡、蜂蜡、硬脂酸甘油酸酯、单甘酯、甘油二酯、油、脂肪、氢化油、卵磷脂

（一）碳水化合物

1. 变性淀粉

淀粉在结合风味物的能力方面表现出十分有趣的现象。一方面，直链淀粉的螺旋结构能包埋住风味分子，形成稳定的复合物；另一方面，淀粉没有疏水基团，缺乏乳化芯材的能力。只有通过化学改性，引入疏水基团的一些变性淀粉方可应用于微胶囊中。例如，美国国民淀粉与化学公司的 CAPSULE 就是已实现商品化的、分别用于香料和油脂微胶囊化的变性淀粉[26]。

变性淀粉是微胶囊技术中应用最为广泛的壁材之一，可用于香料和油脂的微胶囊化，这与其良好的使用性质是分不开的。使用变性淀粉形成的乳化液，颗粒细小，稳定性高。变性淀粉溶液黏度很低，可以采用较高的进料浓度，从而降低芯材在喷雾干燥中的损失，提高喷雾干燥得率。

2. 麦芽糊精和玉米糖浆

麦芽糊精和玉米糖浆均由淀粉部分水解制得，其结构为 D-葡萄糖通过 α-1，4 糖苷键连接而成。葡萄糖当量（DE）值小于 20 时，称为麦芽糊精。如果 DE 值大于 20，则称为玉米糖浆。麦芽糊精和玉米糖浆的性质以及在微胶囊中的应用情况十分相似，故将其并为一起进行讨论。

麦芽糊精和玉米糖浆溶解度高，黏度低，吸湿性小，制成的产品流动性好，而且它们是所有微胶囊壁材中最便宜的，货源充足稳定，这都是好的微胶囊壁材所应有的性质。

另一方面，麦芽糊精和玉米糖浆表面活性较低，几乎没有乳化能力，只有在高浓度下，提供一定的黏度来稳定乳化液，形成的乳化液粗材，颗粒较大。麦芽糊精和玉米糖浆的成膜能力也较差，制备的产品对芯材的保留率较低，尤其是玉米糖浆，通常情况下对风味物的保留率只有 65%左右。因此，麦芽糊精和玉米糖浆作为微胶囊壁材时，常常与其他乳化性质较好的组分（如乳清蛋白、明胶、酪蛋白酸钠、阿拉伯胶等）配合使用，或同时加入乳化剂（蔗糖醋，卵磷脂等）、稳定剂（黄原胶等），以有效的保护芯材，此时，麦芽糊精或玉米糖浆往往是作为填充剂来使用的。

3. 环糊精

环糊精是由筛选过的微生物（如 B. macerans 和 B. circullans）生产的。这些微生物具有环糊精糖基转移酶，可将部分水解的淀粉转化为含有 6 个（α-）、7 个（β-）或者 8 个（γ-）葡萄糖单体的环状糊精。这些葡萄糖单体互相连接，形成具有一定刚性的环，环内空腔具有特定的直径和体积。极性羟基指向环的外侧，使得环的外表面、顶部和底部呈亲水性。环的内部存在大量的碳氢键、碳碳键、醚键，无亲水性的羟基，所以内部呈疏水性。正是由于环糊精内腔的疏水性，使得具有合适大小、形状的疏水性分子可以通过疏水相互作用与环糊精结合，形成稳定的配合物。研究表明，β-环糊精可与分子质量在 80～250 的香味成分形成包合物，而几乎所有的天然香料、香味成分都在此范围内。β-环糊精在有水的情况下，可通过分子包埋方法与一些疏水物质形成分子微胶囊，并从溶液中析出，得到的产品无味，芯材和壁材结合紧密。

环糊精可与风味物形成稳定的包合物，从而提高风味物的稳定性。环糊精包埋的香味物质显示出控制性释放。例如，大蒜油气味浓烈，使其应用范围受到限制，而与环糊精复合后，可在加工过程中保存其风味，直至进入口腔之后才得以释放。

天然色素，如胡萝卜素、类黄酮，也可以用环糊精复合物予以稳定。形成包合物后，色素的颜色可被改变，或者被遮蔽，或者被强化。环糊精复合物还可保护其他组分不受氧气、光、热、水分的干扰。比如 α-环糊精对亚油酸，EPA 进行包埋后，能大大提高其抗氧化性。化学改性可改变环糊精及其分子包埋产品的性质，如溶解度等。

4. 胶体

（1）阿拉伯胶。

阿拉伯胶与变性淀粉一样，也是微胶囊技术中传统壁材之一。它被视为天然原料，是从生长于中非北部半沙漠地带的阿拉伯树的树皮切口中流出的油珠滴生产的。阿拉伯胶是一种复杂的非均匀多糖，由 D-普糖醛酸、L-鼠李糖、D-半乳糖和 L-阿拉伯糖组成，并含有5%的蛋白质。正是这部分蛋白质使阿拉伯胶具有一定的乳化能力，形成稳定的乳化液。另外，阿拉伯胶易溶于水，其溶液黏度较低，可使用 45%～60% 的进料浓度。

传统上选择阿拉伯胶作为风味物的微胶囊化壁材。阿拉伯胶和麦芽糊精按 2:3 复合制得的微胶囊化香料香精产品具有卓越的抗氧化稳定性。阿拉伯胶也被用于其他芯材的微胶囊化中。另外，阿拉伯胶对风味物的保护能力随胶体来源而变。新一代的西非胶混合物能更好地稳定乳化液，保护香味物质。

（2）琼脂。

又名琼胶，是复杂的水溶性多糖，由琼脂糖和琼脂果胶两部分组成。琼脂水溶性良好。小球藻琼脂曾被用于风味物的微胶囊化。

（3）海藻酸盐。

海藻酸盐在食品中应用广泛，包括微胶囊技术。据报道，水溶性海藻酸盐可包埋液体，形成胶囊。黏稠的高脂食品也可用海藻酸钙微胶囊化。

（4）卡拉胶。

卡拉胶是从角叉菜等红藻类植物中提取的海藻多糖的总称，是一种线性的半乳聚糖，结构中含有硫酸基。分子质量一般在 5×10^5 左右，分子结构中含有双螺旋体，在热水中能溶解，在冷水中只膨胀不溶解。

5. 蔗糖

蔗糖可作为微胶囊壁材，是因为它具有以下性质：（1）快溶于水，形成清澈溶液；（2）热稳定性好；（3）价格低廉；（4）货架寿命很长。在喷雾干燥法微胶囊化中，蔗糖包埋的乳脂具有较好的物理性质。在冷冻干燥法中，碳水化合物保存风味的能力大小为：

$$蔗糖 > 麦芽糖 > 乳糖 > 葡萄糖 > 葡聚糖 \text{ T-10}$$

在挤出法中，蔗糖与麦芽糊精是最主要的壁材。共结晶法使用的微胶囊化壁材也是蔗糖。在共结晶前，蔗糖必须由单一、纯态的晶体改变为微小、不规则的附聚状态，以增加空腔和表面积来结合芯材。

6. 乳糖

作为微胶囊壁材，乳糖保护芯材不受外界影响的能力受乳糖形态的影响。随着乳糖由无定形转变为结晶态，微胶囊包埋风味物损失增加，油脂氧化加剧。

7. 纤维素

纤维素已用于一些水溶性食品成分，如甜味剂和酸味剂的微胶囊化。纤维素还可用于酶或细胞的微胶囊化。

8. 脱乙酰壳聚糖

脱乙酰壳聚糖为壳聚糖碱性水解的主要产物，是由 N-乙酰-2-氨基-2-脱氧-D-葡萄糖 β-1，4 糖苷键组成的含氮多糖。脱乙酸壳聚糖可与带相反电荷（平衡离子）的一些化合物反应，形成凝胶粒或凝聚胶束，因此可应用于风味物、营养物质和药物的凝聚法微胶囊化，并具控制释放性能。改变脱乙酰壳聚糖和（或）其平衡离子的类型，可以改变这些凝聚胶束的通透性。

9. 茁霉多糖

茁霉多糖（Pullulan），又名短梗霉多糖，是出芽短梗霉利用糖发酵产生的胞外多糖。其基本结构为葡萄糖经两个 α-1，4 糖苷键连接成麦芽三糖，麦芽三糖再经 α-1，6 糖苷键聚合成链状聚麦芽三糖。

茁霉多糖最引人瞩目的性质是其良好的成膜性。由茁霉多糖制成的膜具有良好的阻气性和阻油性。用茁霉多糖包埋的 EPA 乙酯或亚油酸甲酯具有良好的抗氧化性。

（二）蛋白质

与阿拉伯胶等亲水胶体相比，蛋白质尚未被广泛地应用于微胶囊技术中，然而，根据蛋白质分子的某些性质，如双亲性质、高分子量、溶解度、黏度、成膜性等，可以预期许多蛋白质也可作为壁材应用于微胶囊技术中。

1. 明胶

明胶是最常用的微胶囊壁材之一。它是由胶原蛋白衍生而得的水溶性蛋白，具有良好的成膜性，可形成热可逆凝胶。

明胶的等电点随着制备方法而变，因此常常用于凝聚法生产微胶囊产品。明胶可以通过加入硫酸钠或硫酸铵（单凝聚法），或与阿拉伯胶、海藻酸钠、卵磷脂混合（附凝聚法）制备微胶囊产品。明胶也常用于喷雾干燥法制备微胶囊产品。

2. 大豆蛋白

大豆蛋白是植物蛋白中营养价值最高的，尤其是赖氨酸含量特别高。大豆蛋白中主要是球蛋白，分子量在 10 万以上，等电点在 4.2~4.6。以沉降系数（S）来分大豆蛋白可分为 2 S，7 S，11 S 和 15 S 四个部分，其中 7 S 和 11 S 占到 70% 左右。一般来说，大豆蛋白具有较好的乳化能力、胶凝能力和持水、持油能力。不过，随商品种类不同，大豆蛋白的功能特性变化幅度很大。

在大豆分离蛋白、乳清浓缩蛋白和阿拉伯胶三种微胶囊壁材中，由大豆分离蛋白制备的桔油乳化液粒径最小，稳定性最高，喷雾干燥制得的产品具有良好的氧化稳定性和较慢的风味释放速率。

3. 乳清蛋白

乳清蛋白具有丰富的营养价值，以及良好的胶凝、起泡和持水能力。

4. 酪蛋白酸钠

与阿拉伯胶相比，酪蛋白酸钠与麦芽糊精复配制得的微胶囊化棕榈油具有更高的微胶囊化效率、产率和储存稳定性。

5. 水解蛋白

控制性酶解是改善植物蛋白溶解性、乳化能力、起泡能力等功能特性的方法之一。大豆蛋白水解后，其分子量降低，溶解度提高，乳化能力则随大豆蛋白的来源、水解度不同而变。谢亮等[42]曾以水解大豆蛋白制备茴香油和β-胡萝卜素的微胶囊产品。

6. 其他

麦醇溶蛋白和鸡蛋清蛋白都用于多不饱和脂肪酸（简称 PUEA）的微胶囊化。

（三）脂类

1. 蜡质

蜡质常被用于水溶性成分的微胶囊化。1980 年，石油蜡被允许用于冷冻比萨饼中香辛料风味成分的微胶囊化。

2. 卵磷脂

在相当低的温度下，卵磷脂可形成胶囊。卵磷脂被用于食品酶，如溶菌酶、胰蛋白酶的微胶囊化。当 pH 接近酶的等电点时，包埋效率达到最大。与其他物料混合，可以改变微胶囊的结构。采用脱水-反相蒸发法，用卵磷脂-胆固醇制备的微胶囊化 β-半乳糖酶，随胆固醇量升高，包埋率下降。

卵磷脂和聚乙烯的混合物被用于其他食品添加剂，如甜味剂和香精的微胶囊化。作为一种营养成分，卵磷脂也被微胶囊化，用于营养强化。

3. 脂质体

脂质体的结构中包含了许多液相空间的双层脂质。根据制备技术不同，脂质体可包含一个、几个或许多同心的双层膜，其大小由 25 纳米至几个微米。

由于脂质体可以作为药或生物活性大分子的靶载体，在过去 20 年间，医学界和药学界对脂质体进行了大量的研究和应用，现在，脂质体开始应用于食品工业，尤其是酶的包埋或固定化。

脂质体可由磷脂、半合成的磷脂或胆固醇制备。磷脂的类型、胆固醇的添加量对脂质体的稳定性有重要影响。实际上，任何物质，无论其溶解性、电性质、分子大小或其他结构特征，只要不干扰脂质体的形成，都可用脂质体进行包埋。水溶性物质可包埋入脂质体的水相，而油溶性物质包埋于油相。根据制备方法不同，脂质体可形成三种不同的结构；多层囊、小单层囊和大单层囊。

脂质体在食品行业中应用的最大问题是使用了有机溶剂，不过采用微型流化床可解决这个问题。脂质体运用的另一个问题是不能用于既溶于水、又溶于油的物料，如大多数香精香料。

第二节　微胶囊的制备及应用

一、制备技术

在食品工业中有很多种微胶囊化食品成分技术，通常由多个生产步骤构成，集中在壁材如何包裹芯材。加工过程的第一阶段，一般采用雾化器、均质机或强力搅拌器等将芯材均一地分散在壁材介质中，一旦壁材和芯材接触，壁材将被吸附、沉积或包裹在芯材的表面，最后壁材被去除，微胶囊被收集。在许多情况下，微胶囊是不稳定的，需要进一步的化学或物理加工来确保它的机械稳定性。

微胶囊的制备首先是将液体、固体或气体囊芯物质（芯材）分细，然后以这些微滴（粒）为核心，使聚合物成膜材料（壁材）在其上沉积、涂层，形成一层薄膜，将囊芯微滴（粒）包覆。这个过程称为微胶囊化。图 4-2 为制作微胶囊的一般过程。

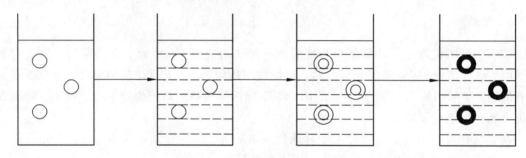

图 4-2　制作微胶囊的一般过程

微胶囊化方法的选择要根据所使用芯材的类型、敏感性，所需微胶囊的大小、释放机制，壁材的类型和性质以及微胶囊的应用等决定。依据囊壁形成的机制和成囊条件，微胶囊化方法大致可分为三类，即化学法、物理法和物理化学法。

（一）化学法

化学法，是在化学反应的基础上利用单体小分子发生聚合反应生成高分子或膜材料将囊芯包覆。化学法根据制备工艺的方法可以分为界面聚合法、原位聚合法、锐孔-凝固浴法。

1. 界面聚合法

界面聚合法就是将两种活性单体分别溶解在互不相溶的溶剂中形成两种溶液，当一种溶液被分散在另一种溶液中时，两种溶液中的单体在两种溶剂交界处发生聚合反应而成囊。例如，单体 X 是一种油溶性单体，单体 Y 是一种水溶性单体，单体 X 以小液滴的形式分散在水相中，此时向水相中加入含有单体 Y 的油相溶液，整个体系平衡被打破，在水相和油相之间发生了界面聚合，并在油相表面形成了一层聚合物薄膜（图 4-3（a））。同样，若将水溶性单体 Y 分散在油相中，向油相中加入油溶性单体 X，那么这层聚合物薄膜将会在水相表面形成（图 4-3（b））。

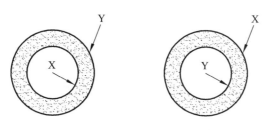

其中 X,Y 为单体，[X-Y]ₙ 为聚合物

图 4-3　形成微胶囊的界面聚合反应

2. 原位聚合法

原位聚合法，即单体和催化剂全部位于芯材液滴的外部（如图 4-4（a），（b））或内部（如图 4-4（c）），发生聚合反应而微胶囊化。在原位聚合法制备微胶囊的工艺中，液体（水、有机溶剂）或气体均可用来作为微胶囊的介质。

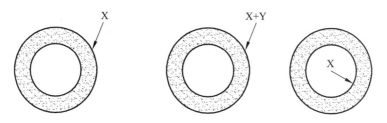

其中 X,Y 为单体，[X-Y]ₙ 和 [X]ₙ 为聚合物

图 4-4　形成微胶囊的原位聚合反应

3. 锐孔法

锐孔-凝固浴法是将化学法和物理机械法相结合的一种微胶囊方法，是以可溶性聚合物为壁材，将聚合物配成溶液，以此溶液包裹芯材并呈球状液滴进入凝固浴中，使聚合物沉淀或交联固化成为壁膜制得微胶囊。由于固化反应进行非常快，含有芯材的聚合物溶液，在加到固化剂中之前，必须预先成形。锐孔可满足这种要求，因此该法称为锐孔法。锐孔法主要应用于对非水溶性的固体粉末以及疏水性液体的微胶囊化，如药物、维生素、香料、黏合剂、催化剂、矿物油及显色剂等。在锐孔-凝固浴法中经常使用的壁材有海藻酸钠、聚乙烯醇、明胶、酪蛋白、琼脂、蜡和硬化油脂等。还可以采用一些自交联的壁材如丙烯酰胺-丁基丙烯酰胺共聚物、白蛋白、纤维蛋白原、甲基纤维素-尿醛树脂复合物等。

（二）物理法

物理法制备微胶囊的技术是通过改变条件（降低温度、加入无机盐电解质、非溶剂等）使溶解状态的成膜材料从溶液中凝聚出来，并将囊芯包覆形成微胶囊。

1. 喷雾干燥法

喷雾干燥方法是目前食品工业中使用最多的方法，关于这方面的研究深入而广泛，并有大量关于喷雾干燥的技术特点[27]、壁材性质[28]及产品应用[28-29]的报道。喷雾干燥是将分散液喷入热的干燥介质中，使其从液体状态转变为干燥的固体颗粒状态。它由形成乳状液和溶剂脱水两个步骤构成。在乳化过程中芯材和壁材之间形成了稳定的乳状液，壁材吸附到界面上，在芯材和壁材之间没有发生化学作用，通过增加聚合物溶液黏度可以提高乳状液的稳定性。脱水包括形成热的气体、液滴混合物，将液滴快速地干燥成为微胶囊。

影响喷雾干燥微胶囊化过程的主要参数是壁材的组成和干燥性质、芯材的分子量、乳状液的黏度、芯壁比率和壳层的孔隙度。在乳化过程中，由于壁材的乳化稳定性，其组成对微胶囊的质量具有重要的影响。例如对于芯材的保留率，阿拉伯胶高于麦芽糊精，这是因为阿拉伯胶具有高的乳化性质和成膜性质，能够充分吸附在芯材和分散相之间的界面上，防止干燥过程中芯材液滴的损失。芯材的分子量与扩散系数密切相关，因此对于保留率也有较大的影响。增加可溶性固形物的含量可以缩短恒速干燥阶段及降低壳层形成的时间，提高芯材的保留率，对于每一种壁材，最佳进料固形物含量是壁材的最大溶解度。在干燥液滴周围形成的壳层的孔隙度也影响着液滴的干燥时间，封闭性的壳层增加了液滴的干燥时间，而多孔性的壳层降低了壁材形成的时间。

喷雾干燥微胶囊化方法的蒸发过程可以分为两个阶段：恒速阶段和降速阶段。恒速阶段发生在液滴干燥的最初阶段，在此阶段液滴表面水分活度保持相对恒定。在降速阶段，干燥液滴表面的水分含量快速下降，干壳开始束缚水分，结果在微胶囊的内相和外相中形成水分梯度。当外相的水分含量达到 7% ~ 23%，对于大多数的风味化合物来说，已经无法渗出，但是小的可溶于水的分子仍然能够少量渗出。壳层在水分活度低于 0.9 % 时，成为一个半渗透膜，水分能够持续损失，而挥发性物质被有效地保留。在壳层形成后，干燥速率由恒速阶段的外部控制转为降速阶段的内部控制。干燥过程中挥发性物质的保留率在逐渐下降，降低的速率由水分向干燥液滴表面的扩散控制。

喷雾干燥微胶囊的优点包括货架寿命长、溶解性高、分散性好、成本低，缺点包括空的颗粒、微胶囊不均一、挥发性物质的损失、加热与氧气接触过程中芯材的氧化、产生表面油的雾化剪切效应。

2. 喷雾冷凝法

喷雾冷凝法是将芯材分散到一种液化的壁材中，再将混合物通过热的雾化器喷入到低于壁材凝固点的环境中。在喷雾冷凝中，壁材一般是蔬菜油或熔点在 45 ~ 125 ℃ 的其他材料。喷雾冷凝法主要用于包埋固体或水溶性的食品添加剂，如酶、酸味剂、硫酸铁、固体香料或水溶性维生素。通过增加温度到壁材熔点之上，芯材从微胶囊中释放出来。喷雾冷凝产品已经应用到焙烤食品、干燥的汤料混合物和其他高脂肪食品中。

3. 挤压法

挤压法是仅次于喷雾干燥法并在风味工业中最经常使用的技术，已经广泛地用于对挥发性物质和不稳定的香味成分的包埋。在挤压微胶囊技术中，壁材包埋芯材的乳状液通常被挤压进入一个热的不互溶的流体中，接着迅速冷却固化芯材液滴周围的壁材或者将乳状液挤压进入冷的溶剂或脱水的液体浴中，当浸在液体浴中时，壁材固化剂和残余风味从微胶囊的表面除去，接着条状的固化材料被破碎、分离、干燥。在挤压法中使用的壁材通常是蔗糖、淀粉的混和物。挤压法的主要优势是能够很好地保护对氧气不稳定的物质，因为在溶剂浴中脱除了表面油。挤压微胶囊的载量是很低的，大约在8%，高的载量会使产品的稳定性下降，因此挤压法的成本很昂贵，大约是喷雾干燥法的两倍。

4. 空气悬浮法

空气悬浮法，即应用流化床的强气流将芯材微粒（滴）悬浮于空气中，通过喷嘴将调成适当黏度的壁材溶液喷涂于微粒（滴）表面。提高气流温度使壁材溶液中的溶剂挥发，则壁材析出成囊。该法是一种适合包囊多种材料的微胶囊化方法，使用的包囊材料可以是溶剂、水溶液或热溶性物质。

5. 真空蒸发沉积法

以固体颗粒作为芯材，壁材的蒸气凝结于芯材的表面而实现胶囊化。

6. 静电结合法

先将芯材与壁材各制成带相反电荷的气溶胶微粒，而后使它们相遇通过静电吸引凝结成囊。

7. 溶剂蒸发法

将芯材、壁材依次分散到有机相中，然后加到与壁材不相溶的溶液中，加热使溶剂蒸发、壁材析出而成囊。

8. 包结络合物法

利用环糊精具有空腔，且内部疏水外部亲水的结构特点，将疏水性芯材通过形成包结络合物而形成分子水平上的微胶囊。

（三）物理化学方法

物理化学法制备微胶囊的技术是通过改变条件（降低温度、加入无机盐电解质、非溶剂等）使溶解状态的成膜材料从溶液中凝聚出来，并将囊芯包覆形成微胶囊。根据制备工艺可分为相分离法、干燥浴法、熔化分散冷凝法等。

1. 水相分离法

水相分离法，即由胶体间电荷的中和以及亲水胶粒周围水相溶剂层的消失而成囊的方法。水相体系中的相分离法可分为复凝聚法、单凝聚法、盐凝聚法和调节 pH 聚合物沉淀法。复凝聚法，即指在壁材分散相中含有两种以上的亲水胶体，通过调节介质 pH 等，使带异性电荷的两种胶体之间因电荷中和而溶解度降低，引起相分离而产生凝聚。单凝聚法是以一种高分子材料为胶囊囊壁材料，将囊芯物分散到囊壁材料中，然后加入凝聚剂，由于水与凝聚剂结合，致使囊壁材料的溶解度降低而凝聚出来，形成微胶囊。盐凝聚法是指把一种电解质加到聚合物的水溶液中，因引起相分离而微胶囊化。调节 pH 聚合物沉积法是利用在碱性或酸性条件下，某些聚合物变得不溶解的性质来实现微胶囊化。

2. 油相分离法

向作为聚合物囊壁材料的有机溶液中加入不溶解该聚合物的液体，引发相分离，从而形成微胶囊。有机相系的相分离法适用于水溶性或亲水性物质的微胶囊化。其微胶囊化的关键是在体系中形成可以自由流动的凝聚相，并使其能稳定地围绕在芯材微粒的周围。

3. 干燥浴法（复相乳化法）

将芯材分散到壁材的溶剂中，形成的混合物以微滴状态分散到介质中，随后，除去连续的介质而实现胶囊化。

4. 熔化分散冷凝法

当壁材（蜡状物质）受热时，将芯材分散在液态壁材中，并形成微粒（滴）。体系冷却时，蜡状物质就围绕着芯材形成囊壁而实现胶囊化。

二、表征方法

微胶囊产品的质量评价指标是优化微胶囊生产工艺的重要依据，也是正确使用微胶囊产品的前提，它直接影响到微胶囊产品的应用前景。

微胶囊包合程度是评价微胶囊的一项重要指标。微胶囊制备过程中芯材与壁材的作用机理和包合情况非常复杂，实际中微胶囊的芯材并不能完全包裹在壁材内部，香精分子会以简单的物理、化学吸附等作用力黏附在壁材表面或镶嵌在壁材中间。对于微胶囊化是否完全的检测可以用化学方法，也可以采用现代仪器进行分析。化学方法是最直观的检测方法，如在芯材中加入含变色基团的物质[30]，微胶囊化后，通过检测变色物质是否存在确定微胶囊化程度。

粒径是纳米粒子最重要的性能指标，是区分微米粒和纳米粒子的最主要因素。纳米粒子粒径的测定方法主要有电镜观察和动态激光光散射两类。

采用透射电子显微镜、扫描电子显微镜及原子力显微镜对纳米粒子进行观察，可以直观地测量到粒子的表面形貌信息、内部结构及立体形态结构。

动态散射激光纳米粒度仪，其动态光散射（Dynamic Light Scattering，DLS）原理是检测颗粒在布朗运动下产生的散射光波动与时间的关系。检测器将光信号转化为电信号，通过数字运算处理，收集粒子在体系中的扩散速度情况，即扩散系数，由系统软件可以得到粒径大小及其分布。粒径测试适用于所有能够稳定存在于溶液中作布朗运动的颗粒，主要用于分析纳米材料，包括乳液、悬浮液、蛋白质等样品的粒度分布。

DLS 技术测量粒子粒径，具有准确、快速、可重复性好等优点，已经成为纳米科技中比较常规的一种表征方法。粒子分布系数（Particle Dispersion Index，PDI）体现了粒子粒径均一程度，是粒径表征的一个重要指标。PDI 在 0.08~0.7 是适中分散度的体系，是运算法则的最佳适用范围。大于 0.7 说明体系的粒径分布非常宽，很可能不适合光散射的方法分析。理想体系的粒径分布图为正态分布曲线，PDI 数值越小说明粒子大小分布越集中，其分布图显示的峰越窄。

香精微胶囊的包埋率又称微胶囊的有效载量，是指香精在微胶囊产品中所占的比例，它是反映微胶囊应用价值的一个重要指标。测量微胶囊化产率和包埋率的重点是测得微胶囊中香精的含量，常用的方法主要有热重分析法、分光光度法等。热重分析（Thermogravimetric Analysis，TGA）是程序控温下测定样品质量变化与温度之间关系的热分析技术，具有实验快速、结果准确等特点。热重法测定微胶囊包埋率的基本原理是：游离状态的香精在常压下加热到一定温度即很快挥发；经微胶囊化的香精在较高温度下还部分保留在囊壁中，升温过程中失重缓慢，由此可分辨香精是包结状态还是游离状态。为减少其他因素干扰，需要将微胶囊和壁材同时进行热重分析，二者的失重差为香精微胶囊的包埋率。分光光度法是用适当方法将香精提取出后，在特定波长处或一定波长范围内测香精溶液的吸光度，并用标准曲线法计算微胶囊中香精含量。用吸光光度法测定微胶囊包埋率时，应先进行表面除油，即将吸附在壁材上的香精去除。常用的提取方法有离心分离法和溶剂萃取法等。

顶空固相微萃取——气质联用技术（Head Space-Solid Phase Microextraction Coupled with Gas Chromatography-Mass Spectrometry，HS-SPME-GCMS）是检测挥发性物质的常用测量方法，在食品等风味物质和香精检测中有广泛的应用。在顶空萃取模式中，被分析组分从固相中扩散穿透到气相中，之后被气相组分中含有高分子涂层的萃取头吸附。固相微萃取技术具有处理步骤少、所需样品少、无需有机溶剂、成本低等特点，可以避免对微胶囊壁材的破坏，有效减少了高分子物质和不挥发性物质的污染。

三、应用

被微胶囊化的芯材可以是微细的固体粉末，也可以是微小的液滴；既可以是各种医用的药物，食用的调味品、化妆品用的香料，也可以是颜料、农药、除草剂、化肥、胶黏剂、液晶、分子筛等；甚至还可以制成气体微胶囊。以下是微胶囊技术在一些主要领域的应用。

（一）医药领域

从 20 世纪 70 年代中期开始，微胶囊化技术已经越来越广泛地被应用于医药工业。微胶囊的控制释放和延缓释放作用，在研制口服缓释制剂与控释制剂中得到了应用，它不仅能够减少药物用量，降低副作用，而且能够最大限度地发挥疗效，方便患者。为了使那些在胃中容易分解的抗生素或酶，以及容易被胃壁吸收的解热药，不为胃的酸性条件所损害，采用在酸性条件下不溶解而在碱性条件下能够溶解的高分子将这类药物微胶囊化，可以制得肠溶性制剂，这便是人们制造 pH 响应性微胶囊的原理[32]。王剑红等[33]甚至通过控制微胶囊的球径范围，使大部分米托蒽醌微胶囊被肺毛细血管床机械性滤去，从而使药物在靶区富集，制成了肺靶向性链霉素微球。

抗肿瘤药物具有较高的生物毒性，目前广泛使用的治疗肿瘤的方法如药物化疗或放射性治疗等，均不具有选择性和靶向性。提高肿瘤药物的靶向性、浓集性和滞留性，使杀伤肿瘤细胞的效力最大，对正常细胞组织的损伤最小，是肿瘤治疗研究的方向之一。Esposito E 等[34]制成了含阿拉伯呋喃糖嘧啶（β-D-arabinofuranosylcytosine）的明胶微胶囊，与未被包覆的药物相比，微胶囊化后，药物释放的可控性、可重复性和抵抗癌细胞增殖活性的能力均有所增强，因此作为药物载体，具有良好的潜力；有人将含有丝裂霉素 C 的乙基纤维素微胶囊制成释放性注射剂，已成为癌症化疗的典型实例之一[35]；也有人将抗麻醉剂微胶囊化，用于吸毒患者的治疗[36]。

赋予微胶囊生物化学或物理化学的功能，即将微胶囊功能化，引起了人们的极大兴趣。人工脏器的研究，是将囊芯物质功能化的典型实例。1972 年，T M S Chang[37]把药用炭微胶囊化制成了人工肝脏，它以囊芯物质的吸附作用代替肝脏的解毒作用，用于急性肝功能不完全时的血液净化和由于病毒性肝炎引起的肝性脑病患者的治疗。胰脏的功能是分泌胰岛素，有人将活的胰细胞微胶囊化，封闭在凝胶中，借助细胞培养技术，使细胞在微胶囊中增殖，进而形成一种小的组织，具有了胰脏的一些功能，这个小的组织就成为人工胰脏[38]。它不仅可以将胰细胞微胶囊化，而且对所有的活细胞和微生物都可以进行微胶囊化。这种技术由于是用没有抗原性的聚合物膜将活细胞保护起来，因而避免了免疫性排斥反应，同时保持了活细胞所具有的生理活性能力。

利用微胶囊将动物红细胞的有效成分——血溶质（Hemolysate）微胶囊化，制成了人工红细胞，可以作为红细胞的代用品[39]。有人将含羊血溶质的人造红细胞与羊红细胞的氧吸收曲线相对比，两者输送氧的能力极其相似[40]；Thomson R C 等[41]将明胶微球用乳酸-羟基乙酸共聚物制备成三维可生物降解的泡沫用于骨质再生。

（二）食品领域

在 19 世纪末，就有人通过冷固化法和吸附法生产微胶囊化油脂。1945 年，美国就开始了粉末油脂研究，20 世纪 70 年代以来，日本已能批量生产多种微胶囊粉末油脂系列产品。油脂微胶囊化后，由于其稳定性好、散落性优良、便于计量使用和运输，而广泛应用于面包、冰淇淋、快餐食品、固体饮料、巧克力、糖果添加剂等多方面。随之，微胶囊化的专用油脂产品相继问世，如易挥发油溶性香味物质、高不饱和脂肪酸、鱼油、色素等。在国际上已将微胶囊技术列入 21 世纪重点研究开发的高新技术之一。20 世纪 80 年代末，我国也开始了在这一领域的研究与实践，并已建成年产 8 000 t 粉末油脂生产线投入运行。食品工业中微胶囊技术主要应用于食品配料，例如香料、甜味剂、酸味剂、脂肪、维生素、矿物质、具有生理功能的物质及热敏性物质等。尤以香料和脂肪的微胶囊化研究最为广泛，其应用涉及乳制品、饮料、糖果、焙烤食品、保健品等许多领域。其功能在于：物料形态的改变，即把液态的原料固体化，变成细微的可流动性粉末，便于使用、运输和保存，简化食品的生产工艺和开发出新型产品，防止某些不稳定的食品原辅料挥发、氧化、变质，用微胶囊化技术开发的粉末油脂是方便食品中应用最广泛的辅配原料；降低或掩盖食品中的不良气味或苦味；控制芯材的释放速度；对细胞或酶实现固定化，保持酶的活力，实现长期保存和重复使用。

1. 油脂的微胶囊化

油脂是人们日常生活和食品加工的重要物质，但油脂易氧化变质，氧化后的油脂会产生不良风味，并引起机体的氧化，从而引发癌症和人体衰老。另外，油脂的流动性差，会给调料和汤料在包装和食用时带来很大不便。经微胶囊化处理后，可将油脂制成固体粉末油脂。粉末油脂是采用特殊的手段，用一些成膜性的材料将油脂微滴包埋起来而形成的一种微胶囊化的固态粉末油脂。高效包埋的粉末油脂能够避免油脂的氧化劣变，掩盖特殊异味。粉末油脂是一种流动性良好的固态粉粒，其包装、运输和使用都很方便，而且粉末油脂易与食品原料混合均匀，使其成为性质稳定、取用方便、流动性好且营养价值高的优质原料，克服了液态油脂本身的许多缺点，因此微胶囊化的粉末油脂是当今食品行业研究的热点之一。

2. 香料香精

在食品储藏过程中，为防止香味挥发以及与其他物质反应并对热和潮湿敏感，应用微胶囊化和控释技术可使香味在食品中长期保存。如在口香糖、咖啡香料、蒜味香料组分、橙油等生产中，可提高产品香料含量，延长释放时间，有利于包囊香料储存，防止氧化。一般应用明胶、阿拉伯胶、羧甲基纤维素、乙基纤维素、糊精、麦麸等作为壁材，用锐孔挤压、喷雾干燥、喷雾冷却等方法制备微胶囊。在这方面也有大量的研究报道。微胶囊技术在食品及调味品方面的应用十分广泛。长期以来，人们都是将天然香辛料直接加入菜肴调味，而有些香辛料如花椒、大料等，由于本身的特性决定了它在菜肴中不能被充分利用，造成了很大的浪费，同时也给使用带来了许多不利。在科学技术突飞猛进的今天，人们对调味品提出了更高的要求，要求使用方便，易于携带，储存时间长。从香辛料中提取的挥发性油是承味主体，为了减少它的挥发氧化，多采用喷雾干燥法制备微胶囊的技术将其转变为固体粉末，如花椒油微胶囊、大蒜油微胶囊、DHA 微胶囊等。

3. 饮料方面

微胶囊技术在饮料方面的应用主要包括茶饮料、果汁、蔬菜汁及果蔬汁饮料、固体饮料及其他饮料（保健饮料、酒等）。β-CD 较适合于包埋茶汤中的儿茶素等物质，有利于茶汤原有的风味和色泽，将红茶用水经 95 ℃ 萃取后迅速冷却至 35 ℃，再用 β-CD 处理，过滤后可得澄清透明、风味良好的茶饮料。在绿茶中，加入 β-CD 可包埋芳香物质，减少其在加热杀菌中的变化和包埋臭味物质。β-CD 还可提高速溶茶香气，防止茶叶提取物乳化，有利于速溶茶赋形和防潮，延长保质期，包埋芳香物质，给茶叶调香等。

4. 甜味剂、防腐剂和抗氧化剂

微胶囊化是一种稳定食品添加剂的方法。阿斯巴甜作为一种广泛应用的甜味剂，通常将其以微胶囊的形式包裹在脂肪、油、淀粉等材料内，以防因水、高温等而带来的甜味丧失。为防止食品污染，可将柠檬酸、抗坏血酸、乳酸等胶囊化，并作为杀菌剂，起到食品防腐作用。茶多酚是一种天然的食品抗氧化剂，它还具有降血糖血脂、抗菌消炎、清除人体过量自由基、抗癌、抗衰老等一系列药理作用。但茶多酚易溶于水，难溶于油。邓泽元等进行了微胶囊油溶性茶多酚的工艺研究，通过微胶囊技术既提高了茶多酚的稳定性，以免遭外界因素的破坏，又使其适用于油溶性食品的抗氧化，扩大了使用范围。天然维生素 E 作为一种抗氧化剂，有其独特的优点，为增加其稳定性，用水包油的乳化系统对其加以乳化包囊，使其应用更为广泛、有效。

5. 糖果

在糖果生产中，用 β-CD 包埋胡萝卜素、核黄素、叶绿素铜钠、甜菜红等，对糖果进行调色，经日光照射不褪色。营养素经包埋后加入糖果中，可强化糖果营养，产品亦不会产生风味劣变、氧化酸败，并能延长保质期。用 β-CD 包埋大豆磷脂，并进行均质和喷雾干燥后加入糖果中，可明显掩盖其异味。香精经 β-CD 包埋后加入糖果中，其挥发性、热分解和氧化作用显著减慢。经微胶囊化的香精具有较大的稳定性和特殊的水溶性，制成干剂后利于生产加工。在果汁奶糖的生产中，将果汁包埋后再加入奶粉、炼乳中制成奶糖，可防止果汁中的单宁、有机酸等成分与奶中蛋白质反应而变性和降低营养价值，并能改善产品品质，提高人体对蛋白质的吸收率。

（三）烟草领域

国外对微胶囊技术在卷烟中的应用研究取得了一定的进展。美国专利 3540456、3550598 用复凝聚法将薄荷油、柠檬油、薄荷醇等微胶囊化，用于制造烟草薄片，以增加薄片的香气，改善品质；Quinn 等将丁香油微胶囊化，加入烟粉中，制成的卷烟抽吸时持续释放丁香风味，而且微胶囊受热破裂时会发出"啪、啪"的响声，给人一种听觉上的快感；美国专利 5144964 用 β-环糊精包埋香兰素、香柠檬油等香料，制备分子水平上的微胶囊，在卷烟纸制造过程中施加，燃吸时芯材的释放不仅增加了主流烟气的香味，而且给予侧流烟气令人愉快的香气；美国专利 4195645、4464434 以生物碱作囊心，外包一层可渗透的高分子材料膜，制成微胶囊用于烟草代用品中，满足人们吸烟的生理需求；采用微胶囊技术设计的烟草代用品，既可以包含燃烧过程，也可以不包含燃烧过程，将含有烟草烟气的微胶囊放入一个模拟卷烟的装置中，微胶囊破裂后，烟气进入吸烟者的口腔里，这种合成烟气为吸烟者提供了满意的香气和味道；Battard 等制备了香料（如香兰素、香豆素、烟草精油、香芹酮）与环糊精的包合物，并在卷烟纸制造过程中施加，可以将包合物与烟末、羧甲基纤维素、水一起低温下搅拌成糊状，在卷烟纸制造过程中加入，也可以将包合物粉末分散悬浮于水中，在卷烟纸制造过程中直接施加（美国专利 5479949）。

国内相关的报道比较少，雍国平等[42]分别用溶剂脱水法和相分离凝聚法将薄荷油微胶囊化，加入滤嘴和烟丝之间，评吸表明有愉快的薄荷香味，并测定了烟气粒相中薄荷油的含量；彭荣淮等[43]用复凝聚法制备薄荷醇微胶囊，并将微胶囊应用于卷烟中，评吸结果表明微胶囊较好地增强了卷烟保留薄荷醇的能力，并改进了薄荷卷烟的吸味品质；李光水[44]制备了肉桂醛、香兰素与环糊精的包合物，比较了香兰素包合物施加于烟丝、滤嘴及烟草薄片中的使用效果，采用感官评价法分析了肉桂醛包合物和香兰素包合物加香的稳定性，结果表明肉桂醛和香兰素经包合后稳定性都显著提高。国内微胶囊技术在卷烟工业中的研究尚处于起步阶段，卷烟微胶囊化过程还需要更深入地研究，这样才能真正使微胶囊化技术在卷烟工业中产业化。

第三节　微胶囊香料在卷烟中的应用

烟用香精所用的微胶囊壁材大致可以分为三种类型：天然高分子材料，半合成高分子材料和合成高分子材料。天然高分子材料具有无毒，成膜性好，稳定性好等优点。明胶、海藻酸钠、麦芽糊精、变性淀粉都属于天然高分子材料中的一种。烟用香精种类繁多，且多数为易于挥发的液态芳香物质，如何提高烟用香料的利用率和充分发挥其在卷烟中增香补香的功效，成了烟草科技人员研究的热门领域。

目前，许多烟草香味物质在卷烟生产过程中，都存在挥发性强、阈值太低、应用方式相对固定的问题，不能很好地运用到烟草配方中，而且在储存期间因增香剂的挥发逸失而导致卷烟寿命缩短。为了保证烟草香味物质在烟草储存期间避免损失，我们将高挥发性或易升华的烟草香味物质通过微胶囊包埋的手段，研制包埋烟用香精的缓释材料，它能够在吸烟状态下缓慢均匀释放出香气成分，从而起到改进卷烟主流烟气味道与品质的作用，达到持续增香的目的。本节采用明胶与海藻酸钠复合，麦芽糊精与变性淀粉复合，比较单体包材与复合包材的性能特点，考察其与四种特征香味物质香兰素、乙酸异戊酯、芳樟醇、β-紫罗兰酮的复合性，并对喷雾干燥法制备微胶囊工艺进行优化，同时考察缓释材料稳定性、特征香味物质最佳释放条件、最佳释放动力学及微胶囊在卷烟抽吸过程中特征香味物质转移率的影响。

一、制备条件优化

（一）制备方法的选择

微胶囊包埋的方法主要有喷雾干燥法、喷雾冻凝法、空气悬浮法、挤压法、包结络合法、凝聚法等。喷雾冻凝法和空气悬浮法适用于水溶性固体粉末状材料的包埋，但对芯材的要求严格；挤压法操作温度低，但需要特定的设备，不易实现；包结络合法无需特殊的设备，成本低，但该方法要求芯材分子颗粒大小一定，而且必须是非极性分子；凝聚法使用的温度高且 pH 变化大，不适合活性物质的微胶囊化。喷雾干燥法是一种常用的干燥方法，微胶囊制备的主要过程包括制备芯材和壁材的混合液，混合液可以是溶液、悬浮液、乳浊液等。在喷雾干燥过程中，芯材以悬浮或溶解的形态存在于壁材中的乳浊液，乳浊液在雾化器内被雾化成极小的液滴后，经过加热，使雾滴迅速蒸发，并在雾滴表面形成一层类似于半透膜的表面膜，最后干燥的一个个小雾滴聚集形成微胶囊粉状产品。干燥粉末产品根据实验的需要可以制成粉状、颗粒状、空心球等。在喷雾干燥过程中，虽然雾化器热空气温度很高，但是由于水是从壁材中迅速的蒸发出去，从而保证了芯材的温度低于 98 ℃，所以这种方法非常适合用于对热敏性的物质进行微胶囊化。

喷雾干燥法是香精香料微胶囊制造方法中最为广泛采用的方法，用此法生产微胶囊化香精有许多技术要点：干燥速度快，特别适合于热敏性物质的干燥；能够避免在干燥过程中造成粉尘飞扬，无需蒸发、结晶、固液分离等操作，可将液体直接干燥得到产品；产品的纯度高；得到的产品具有良好的分散性和溶解性；生产过程简单，方便操作控制，可以进行连续生产。碳水化合物，包括植物胶、淀粉及衍生物、糊精和糖类等均可作为喷雾干燥用的微胶囊壁材。为此，选用喷雾干燥法作为微胶囊的制备方法。

（二）壁材的优选

用喷雾干燥法制备微胶囊，其理想的壁材应具有乳化性好、干燥性能好、成膜性好、浓溶液黏度较低等特点。

本实验第一组缓释材料采用明胶和海藻酸钠复合。明胶是由胶原热变性或者经物理、化学降解得到的蛋白质物质，具有良好的生物相容性、生物可降解性、溶胶-凝胶的可逆转换性、极好的成膜性以及入口即化等特性。在食品蛋白质中明胶的性质与合成的聚合物的性质最相似，因此明胶膜的应用领域比较广泛，在食品和药物包装领域，可以用于方便面的调料袋、中成药的内包装等。海藻酸钠是一种由糖醛酸单体组成的线性高分子多糖，它在食品工业中除了作稳定剂、增稠剂外，已被试用作人造肠衣、食品保鲜膜等辅料，具有减缓食品水分损失和抑制微生物污染的功效。明胶可与海藻酸钠通过范德华力、氢键、疏水作用和静电作用等多种力作用。

本实验第二组缓释材料采用变性淀粉和麦芽糊精复合。变性淀粉具有浓度高、黏度低的特性，其成膜性良好，在水中有较好的乳化特性，具备了理想壁材的基本特点，但是单独以变性淀粉作为壁材，其微胶囊产品的水溶性与分散性不够理想。麦芽糊精是淀粉的水解产物，溶解性能良好，有适度的黏度，吸湿性低，不易结团，有较好的载体作用、乳化作用和增稠效果，其成膜性能好，既能防止产品变形又能改善产品外观，且极易被人体吸收，因此，许多研究大都采用变性淀粉与麦芽糊精复合作微胶囊的壁材。

在相同工艺条件下，第一组缓释材料，明胶与海藻酸钠质量比分别为 0∶100（全部使用海藻酸钠）、20∶80、40∶60、60∶40、80∶20、100∶0（全部使用明胶），实验结果如表 4-2 和图 4-5 所示。

表 4-2　第一组壁材对四种香味物质的包埋效率及其形成的乳化液稳定度

明胶∶海藻酸钠（质量比）	香兰素*		芳樟醇		β-紫罗兰酮		乙酸异戊酯	
	包埋效率（%）	乳化液稳定度（%）	包埋效率（%）	乳化液稳定度（%）	包埋效率（%）	乳化液稳定度（%）	包埋效率（%）	乳化液稳定度（%）
0∶100	76.54	62.58	78.21	63.91	74.58	68.66	73.18	65.72
20∶80	80.13	77.36	82.35	80.49	80.23	75.57	78.61	74.88
40∶60	90.02	85.77	89.73	85.34	88.33	84.61	85.59	82.21
60∶40	82.45	78.81	81.64	76.55	82.67	79.36	80.37	79.85
80∶20	80.32	75.74	79.58.	74.27	76.89	72.44	77.25	74.14
100∶0	75.37	61.46	77.63	60.08	71.52	63.25	72.43	61.05

*：为香兰素的丙二醇溶液（浓度为 10%）。

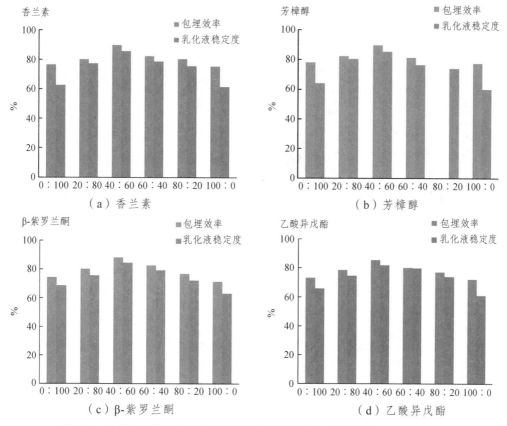

图 4-5　明胶与海藻酸钠质量比对微胶囊包埋效率和乳化液稳定度的影响

对第一组缓释材料而言，明胶比例太低时，因海藻酸钠含量过高，形成不可逆凝胶，不仅颜色过深，而且碎性大、韧性小；而明胶比例过高，微胶囊稳定性不好，这是因为海藻酸钠含量太少进而导致网络结构形成不佳。由表和图可以看出，随着明胶的量不断增加，胶囊的包埋效率和乳化液稳定度呈增长趋势，当明胶与海藻酸钠质量比为 40∶60 时达到最大值，之后随明胶含量的增加，胶囊的包埋效率和乳化液稳定度呈下降趋势。

第二组缓释材料，变性淀粉与麦芽糊精质量百分比分别为 0∶100（全部使用麦芽糊精）、20∶80、40∶60、60∶40、80∶20、100∶0（全部使用变性淀粉），实验结果如表 4-3 和图 4-6 所示。

表 4-3　第二组壁材对四种香味物质的包埋效率及其形成的乳化液稳定度

变性淀粉∶ 麦芽糊精	香兰素*		芳樟醇		β-紫罗兰酮		乙酸异戊酯	
	包埋效率 （%）	乳化液稳 定度（%）	包埋效率 （%）	乳化液稳 定度（%）	包埋效率 （%）	乳化液稳 定度（%）	包埋效率 （%）	乳化液稳 定度（%）
0∶100	70.45	81.25	74.11	83.27	64.45	80.67	75.40	79.72
20∶80	75.33	80.16	80.23	84.42	70.32	82.40	78.61	80.88
40∶60	80.12	82.33	82.54	83.34	78.33	83.79	80.54	82.12
60∶40	88.83	82.62	90.14	84.25	82.84	84.35	83.79	82.58
80∶20	82.38	82.07	85.36	82.83	80.80	84.44	81.26	78.41
100∶0	79.41	79.58	76.57	82.04	71.47	83.25	77.34	79.50

*：为香兰素的丙二醇溶液（浓度为 10%）。

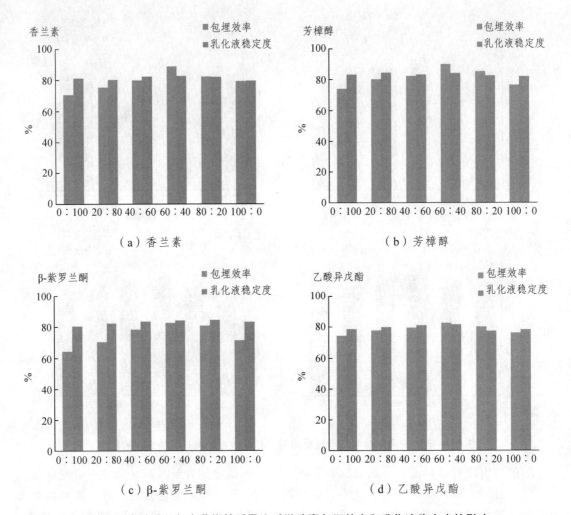

图 4-6　变性淀粉与麦芽糊精质量比对微胶囊包埋效率和乳化液稳定度的影响

由表和图可知，对第二组缓释材料而言，随着变性淀粉的量不断增加，胶囊的包埋效率呈增长趋势，但当变性淀粉和麦芽糊精质量比达到 60∶40 时，微胶囊的包埋效率达到最大，之后随变性淀粉含量的增加呈现下降趋势。同时，由实验结果可以看出，在变性淀粉和麦芽糊精的不同比例下，乳化液的稳定性变化不大。

综上所述，香兰素、芳樟醇、β-紫罗兰酮、乙酸异戊酯四种微胶囊的最佳壁材为明胶；海藻酸钠质量比为 40∶60 或变性淀粉∶麦芽糊精质量比为 60∶40 的复合物，但由于明胶属于蛋白类物质，考虑到在卷烟中添加后对感官质量影响远远大于变性淀粉和麦芽糊精，故选用变性淀粉∶麦芽糊精质量比为 60∶40 的复合物作为壁材，并开展后继微胶囊的制备及应用研究。

（三）工艺条件优化

对微胶囊制备工艺中热处理温度、搅拌程度、降温与否、均质时间因素分别进行工艺组合，根据乳液外观评价及微胶囊感官评价来确定最佳工艺组合。从表 4-4 发现，热处理温度为 60 ℃、搅拌至完全溶解、降温至室温、均质时间为 10 min 后，乳液外观及微胶囊感官的综合评价最好，下面采用此工艺条件进行相应的试验。

表4-4　不同制备工艺条件对乳液、微胶囊外观的影响

编号	工艺组合				乳液外观	微胶囊外观
	热处理温度 /℃	搅拌程度	降温与否	均质时间 /min		
1	25	完全溶解	降至室温	10	乳液分层严重、可见大量颗粒	无法制备完整微胶囊
2	60	完全溶解	降至室温	10	乳液均匀、黏度较好	流动性好、无结块
3	100	完全溶解	降至室温	10	乳液均匀、黏度较低	流动性一般、无结块
4	60	未完全溶解	降至室温	10	乳液分层严重、可见大量颗粒	无法制备完整微胶囊
5	60	完全溶解	未降温	10	乳液有少量分层、黏度较低	流动性一般、有结块
6	60	完全溶解	降至室温	5	乳液有分层、黏度较好	流动性差、结块较多
7	60	完全溶解	降至室温	20	乳液均匀、黏度较低	流动性一般、无结块

1. 香味物质与缓释材料质量比对微胶囊效果的影响

在相同的工艺条件下，变性淀粉和麦芽糊精的比例为 60∶40，特征香味物质与缓释材料的质量比分别为 1∶4、1∶6、1∶8、1∶10、1∶12、1∶14，其他条件都不变进行实验，实验结果如图4-7所示。

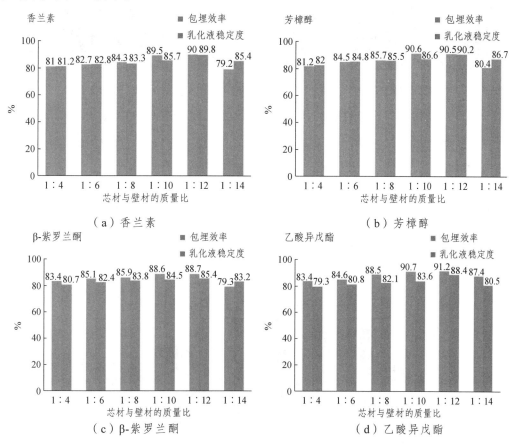

图4-7　芯材与壁材质量比对微胶囊包埋效率和乳化液稳定度的影响

由图4-7可知，就芯材与壁材质量比对微胶囊包埋效率和乳化液稳定度的影响而言，四

种特征香味物质具有相似的变化趋势，当特征香味物质与壁材质量比为 1 : 12 时，微胶囊的包埋效率最高。从图 4-7 可看出，在特征香味物质与缓释剂质量比为 1 : 4 时，微胶囊结构中出现少许凹凸现象，说明特征香味物质的含量过高，使得微胶囊表面的特征香味物质含量增加，造成包埋效率下降，同时也造成微胶囊粘连、芯材浪费；在质量比为 1 : 12 时，微胶囊结构较为致密且光滑均一；而在质量比为 1 : 14 时，过多的壁材使微胶囊的黏度过大，分散性差，同时随着壁材的相对含量不断增加，过多的壁材无法包埋特征香味物质，造成包材的浪费。

同时，通过扫描电镜发现，随着芯材和壁材的比例不断减小，乳化液的稳定性也不断在增大。但当芯材和壁材的比例太小时，乳化液的稳定性也开始下降，这是因为随着壁材的相对含量不断增加，溶液的乳化性不断增大，从而乳液的稳定性不断增大，但当壁材过多时，增大了溶液的稠度，从而乳化液稳定性下降，当芯材和壁材的质量比为 1 : 12 时，乳化液稳定性最佳（见图 4-8）。

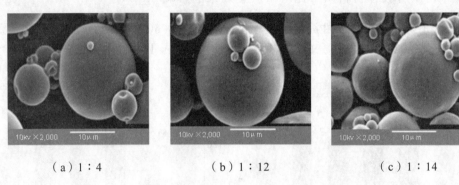

（a）1 : 4 　　　　　　（b）1 : 12 　　　　　　（c）1 : 14

图 4-8　特征香味物质与壁材不同质量比的微胶囊扫描电镜图

综合考虑包埋效率和乳化液的稳定性，最终选择的特征香味物质与壁材的质量比为 1 : 12。

2. 固形物含量对微胶囊效果的影响

在相同的工艺条件下，变型淀粉和麦芽糊精的比例为 60 : 40，特征香味物质与变型淀粉和麦芽糊精复合物质量比为 1 : 12，对固形物含量分别为 20 %、30 %、40 %、50 %、60 %的乳化液进行实验，实验结果如图 4-9。

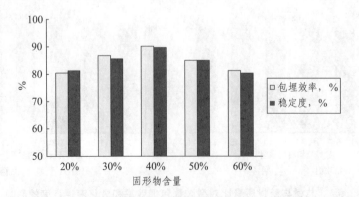

图 4-9　固形物含量对微胶囊包埋效率和乳化液稳定度的影响

由图 4-9 可以知道，随着固形物不断增加，微胶囊的包埋效率不断提高，当乳化液中的固形物含量为 40%时，微胶囊的包埋效率最高。但当乳化液中的固形物含量超过 40%时，微胶囊的包埋效率开始下降。在喷雾干燥过程中，乳化液中的固形物含量越高越有利于微胶囊缓释材料的迅速成膜，可以提高微胶囊囊壁的致密性，有助于包埋特征香味物质，减少了特征香味物质向壁材表面扩散迁移，从而提高了微胶囊的包埋效率，使最终微胶囊产品的含水量比较小，提高了特征香味物质微胶囊的质量。同时还可以减少喷雾干燥塔的能量消耗，节约能源，降低成本。因此，从这一方面考虑，喷雾干燥制备特征香味物质微胶囊希望乳化液中固形物含量越高越好。但当乳化液中的固形物含量过高时，微胶囊的黏度就会过大，使水分不易蒸发掉，也不利于液体的雾化，从而使微胶囊的包埋效率降低。

同时，通过扫描电镜发现，乳化液固形物含量在 20%时有少量鼓包，而在固形物含量为 60%时，乳化液有少量析出物及严重凹凸情况情况；在固形物含量为 40%时，乳化液较为均匀，表面也较为光滑，说明该条件下乳化液黏度及致密性较为合适，从而使得制备出的微胶囊产品的包埋效率也较高（见图 4-10）。

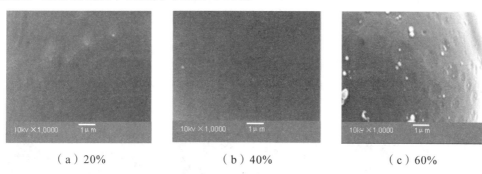

（a）20%　　　　　　（b）40%　　　　　　（c）60%

图 4-10　不同固形物含量的微胶囊乳液干燥产物扫描电镜图

最终选择乳化液中固形物的含量为 40%为最佳。

3. 进风口温度对特征香味物质微胶囊效果的影响

为了获得品质较好的特征香味物质微胶囊产品，控制喷雾干燥的工艺操作条件也是十分重要的。其中，喷雾干燥的进风口温度直接影响到特征香味物质微胶囊的干燥速率和最终产品的水分含量，同时又影响到微胶囊产品的颗粒结构、吸湿性和热敏性成分的稳定性。

在相同的工艺条件下，变型淀粉和麦芽糊精的质量比为 60∶40，特征香味物质与变型淀粉和麦芽糊精复合物质量比为 1∶12，对 150 ℃、160 ℃、170 ℃、180 ℃、190 ℃、200 ℃ 的喷雾干燥进风口温度进行了实验，实验结果如图 4-11 所示。

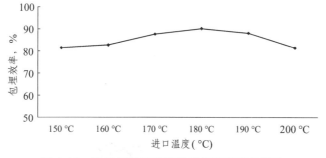

图 4-11　进风口温度对微胶囊包埋效率的影响

由图 4-11 可知，适当提高进风口的温度可以提高微胶囊的包埋效率，所以喷雾干燥塔进风口温度对微胶囊的包埋效果影响比较大（出风口温度 80 ℃）。特征香味物质微胶囊的包埋效率随着进风口温度的升高而提高，当进风口温度为 180 ℃ 时，特征香味物质微胶囊的包埋效率最大，而当进风口的温度超过 180 ℃ 时，微胶囊的包埋效率有所下降，这是因为当进行喷雾干燥，进风口温度比较低时，乳化液的蒸发能力不够、产品干燥速度比较慢，从而导致微胶囊的水分含量较高，形成的囊膜致密性和强度不够，芯材特征香味物质没有被完全的包埋好；同时容易导致特征香味物质微胶囊的流动性差，而且在喷雾干燥生产过程中容易沾壁，出现潮粉等现象，致使喷雾干燥无法进行，从而使微胶囊的包埋效率比较低。

同时，通过扫描电镜发现，复合微胶囊在喷雾干燥进风口为 150 ℃ 时，形成的微胶囊凸凹现象较为严重，导致囊膜致密性和强度不够，芯材特征香味物质没有被完全的包埋好，同时容易导致特征香味物质微胶囊的流动性差，使得包埋效率比较低；当喷雾干燥进风口温度高达 200 ℃ 时，会使形成的雾滴中的水分蒸发速度过快，进一步使微胶囊囊壁表面产生凹陷，甚至造成微胶囊表面开裂，从而大大降低微胶囊的包埋效率，使微胶囊囊壁的结构变得疏松，使特征香味物质降解损失，降低微胶囊的质量；在喷雾干燥进风口为 180 ℃ 时，形成的微胶囊表面光滑，结构较为完整致密，因此产品在此时的包埋效率也较高（见图 4-12）。

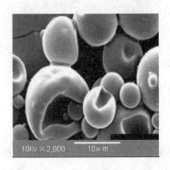 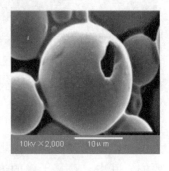

（a）150 ℃　　　　　　　　（b）180 ℃　　　　　　　　（c）200℃

图 4-12　不同进风口温度下制备的复合微胶囊扫描电镜图

综上所述，最终选择喷雾干燥时进风口的温度为 180 ℃ 时最佳。

4. 微胶囊制备工艺条件的正交优化

经过单因素实验，初步可以得到喷雾干燥法制备特征香味物质微胶囊工艺优化条件：壁材为变性淀粉和麦芽糊精（质量比 60∶40）的复合物、特征香味物质与壁材质量比为 1∶12、固形物含量为 40%、喷雾干燥的进风口温度为 180 ℃。

为了进一步优化微胶囊的制备工艺，以变性淀粉和麦芽糊精的比例（A）、特征香味物质与第一组缓释剂质量比（B）、固形物含量（C）、喷雾干燥的进风口温度（D）为关键工艺，设计了 4 因素 3 水平的正交实验。

表 4-5　微胶囊制备工艺正交试验表头设计

水平	A 变性淀粉与麦芽糊精的 比例	B 特征香味物质与壁材 质量比	C 固形物含量 （%）	D 喷雾干燥的进风口温度 （°C）
1	40∶60	1∶10	30	170
2	60∶40	1∶12	40	180
3	80∶20	1∶14	50	190

表 4-6　微胶囊制备工艺正交试验结果

试验号	A	B	C	D	包埋效率（%）
1	1	1	1	1	73.16
2	1	2	2	2	81.29
3	1	3	3	3	75.84
4	2	1	2	3	90.08
5	2	2	3	1	90.06
6	2	3	1	2	80.27
7	3	1	3	2	81.12
8	3	2	1	3	84.71
9	3	3	2	1	78.29
K1	230.29	244.36	238.14	241.51	
K2	260.41	256.06	249.66	242.68	
K3	244.12	234.40	247.02	250.63	
k1	76.76	81.45	79.38	80.50	
k2	86.80	85.35	83.22	80.89	
k3	81.37	78.13	82.34	83.54	
R	10.04	7.22	3.84	3.04	

从试验结果可知，变性淀粉和麦芽糊精的比例对特征香味物质微胶囊的包埋效率影响最大，其次是特征香味物质与第二组缓释剂质量比，喷雾干燥的进风口温度对特征香味物质微胶囊的包埋效率的影响最小，即因素的影响顺序为 A>B>C>D。得到的最佳组合为A2B2C2D3，即变性淀粉和麦芽糊精的比例为 60∶40、特征香味物质与壁材质量比为 1∶12、固形物的含量为 40%、进风口的温度为 190℃ 时，喷雾干燥得到的香兰素、乙酸异戊酯、芳樟醇、β-紫罗兰酮等特征香味物质微胶囊的包埋效率最高。

二、性能表征

（一）稳定性分析

1. 特征香味物质保留率的测定

微胶囊在储存期间受到环境因素的影响，会发生很多变化，特征香味物质保留率是评价其变化情况的最重要最常用的指标。特别对于包埋易挥发物质或者敏感特征香味物质的微胶囊，特征香味物质保留率是反映其品质最重要的指标。

特征风味物质微胶囊特征香味物质保留率的计算见下式：

$$保留率（\%）=\frac{储藏一段时间后微胶囊中包埋的的特征风味物质的含量}{制备初期微胶囊中特征风味物质含量}\times100$$

微胶囊中包埋的特征风味物质含量 = 微胶囊特征风味物质总含量 – 微胶囊表面特征风味物质含量。

2. 储存温度对微胶囊稳定性的影响

取刚制备的特征风味物质微胶囊，于试剂瓶中密封，分别置于 4 ℃、25 ℃、45 ℃。隔时取样测定微胶囊中特征香味物质保留率。以保留率对时间作关系曲线图 4-13。

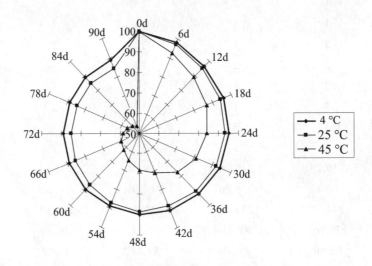

图 4-13　温度对微胶囊储存稳定性的影响

温度是影响微胶囊储存稳定性最重要的因素之一。图 4-13 为温度对特征香味物质微胶囊储存稳定性的影响，可以看出，微胶囊芯材的保留率随着温度的升高而降低。4℃ 和 25℃ 时，微胶囊芯材保留率开始阶段变化很快，之后逐渐趋于平缓，储存 90 天保留率分别为 88.81% 和 84.27%；45℃ 时微胶囊稳定性明显下降，保留率下降很快，储存 90 天保留率为 53.87%。

芯材物质通过囊壁上的微孔或半透膜进行扩散，从而释放到环境中。芯材物质受温度影响而使蒸汽压增大，使囊壁内外形成压力差，芯材物质透过囊壁扩散到环境中去，这种压力差随着温度的升高而升高；同时，温度的升高使囊壁的通透性和吸湿性增加，芯材物质的扩散和挥发性增加，因此芯材物质的保留率也随着温度的升高而降低。实验表明，微胶囊在常温以下储存很稳定。

3. 湿度对特征微胶囊稳定性的影响

湿度也是影响微胶囊储存稳定性的重要因素。湿度对微胶囊稳定性的影响主要体现在对微胶囊壁材的作用上。在高湿度的环境下，壁材的渗透性、溶胀度和机械强度等都会发生变化，芯材物质的流失或者与外界物质的反应就容易发生，微胶囊颗粒的水分含量会大大增加，微胶囊的破坏程度会大大加剧。

配制不同的过饱和无机盐恒湿液，注入干燥器内，取刚制备的特征风味物质微胶囊样品置于培养皿中铺开，放入干燥器的上部，加盖密封。将干燥器放入 25 ℃的恒温培养箱中保持温度。隔时取样测定微胶囊中特征风味物质保留率。以保留率对时间作关系曲线图4-14。本实验主要考察恒温、无包装条件下，相对湿度（RH）的改变对微胶囊稳定性的影响。实验采用的恒湿液及其相对湿度为：$MgCl_2$，RH=33%；NaBr，RH=58%；NaCl，RH=75%。温度均为 25℃。

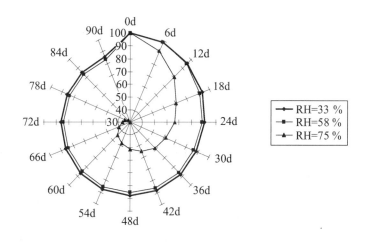

图 4-14 湿度对微胶囊储存稳定性的影响

如图 4-14 所示，微胶囊的芯材保留率随着湿度的增加而降低。相对湿度为 33%和 58%的条件下，芯材保留率变化差别不大，储存 90 天特征香味物质保留率分别为 85.27%和83.19 %。刚开始保留率变化较快，之后逐渐趋于平缓。RH 为 75%时微胶囊芯材保留率大大降低，90 天保留率只有 30.15%，基本达到释放终点，微胶囊相互黏结，品质劣变。实验表明，微胶囊在低湿条件下储存很稳定，当环境的相对湿度达到 75%时，微胶囊的保留率大大降低。

（二）理化性质分析

1. 水分的测定

水分含量是指特征香味物质微胶囊产品中含有水分的多少，一般对于粉末状的产品，水分的含量是衡量其质量的一个很重要的指标。过多的水分会使产品结块，甚至霉变。采用 105℃恒重法，按照 GB 5512-85 测定精确称取特征香味物质微胶囊产品 3 g 左右于烘箱中，105℃，干燥 2 小时，测定重量变化。并测定微胶囊特征香味物质挥发损失量，将样品损失的重量减去特征香味物质损失量，再除以微胶囊样品原重量，以百分率表示，即得样品水分百分含量。

采用喷雾干燥法制备出的以变性淀粉和麦芽糊精复合物为缓释材料的特征香味物质微胶囊，测得特征香味物质微胶囊产品的水分含量为(2.1±0.1)%，说明特征香味物质微胶囊具有良好的干燥性，非常易于保存。

2. 流动性的测定

微胶囊流动性的测量方法主要包括静态法和动态法。静态法有休止角法、壁摩擦角法、内摩擦角法和滑角法等；动态法有小孔流出速度法、记录式粉末流速计法、旋转圆筒法和旋转式黏度计法等。

选用休止角法来测定特征香味物质微胶囊产品的流动性。休止角是指在静止的平衡状态下，粉体堆积层的自由斜面与水平面所形成的最大角。休止角的测定常用的方法是固定圆锥法（亦称残留圆锥法）。将一漏斗置于铁架台上，向漏斗加入特征香味物质微胶囊粉末，然后将粉体加入到某一有限直径的圆盘中心上，直到粉体堆积层斜边的物料沿圆盘边缘自动流出为止，停止微胶囊粉末的加入，此时，粉末形成的堆与平面的夹角即为休止角。

微胶囊产品的流动性差往往会影响到微胶囊产品的应用。一般来说，休止角在30°以下说明微胶囊粉末的流动性好，在 30°～45°表明微胶囊粉末的流动性较好，在 45°～60°表明微胶囊粉末的流动性一般，而高于60°则表明微胶囊粉末的流动性差。所得的特征香味物质微胶囊的休止角为(35±2)°，表明此微胶囊的流动性较好。其中，微胶囊产品的流动性与其壁材的性质具有十分密切的关系。特征香味物质微胶囊制备中所用的壁材是变性淀粉和麦芽糊精复合物，特征香味物质微胶囊具有一定的吸湿能力，而且单层微胶囊往往具有缝隙，微胶囊颗粒表面毛糙、不光滑等，这些因素都降低了特征香味物质微胶囊产品的流动性。此外，特征香味物质在微胶囊表面的迁移也会对微胶囊产品的流动性产生影响。

3. 微观结构

扫描电镜（SEM）是以电子束作为照明源，把聚焦得很细的电子束以光栅状扫描方式照射到样品上，产生各种与试样性质有关的信息，然后加以收集和处理，从而获得微观形貌放大像的一种显微镜。目前，最好的场发射 SEM 分辨率可达 0.6 nm。从 SEM 照片可确定颗粒的尺寸、形貌及分布等材料特征。

微胶囊的表面形态对微胶囊产品的储存稳定性和机械强度等有直接的影响。表面形态一般可以通过光学显微镜或者扫描电子显微镜（SEM）观察。SEM 用于食品材料和生物材料的研究已有相当长的历史。SEM 的特点是样品制备比较简单，不需要包埋或者超薄切片，其样品制备技术已经相当成熟，但是对于微胶囊产品来说，通常的 SEM 样品制备方法往往难以成功。微胶囊产品的扫描电镜技术的复杂性表现在：

（1）微胶囊颗粒为天然聚合物，它不是导体，需要在外面涂覆导电层；

（2）微胶囊的壁材与芯材成分对电子束敏感，容易产生人工损伤；

（3）观察微胶囊内部结构时需要采用特殊的固定方式。

SEM 立体感强，常用来观测微胶囊的表面结构，如图 4-15 所示。

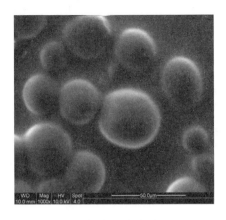 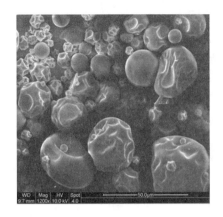

（a）液态微胶囊　　　　　　　　　（b）固态微胶囊

图 4-15　微胶囊的扫描电子显微镜图

从图 4-15（a）可以看出，液态微胶囊为球形，大小均一，表面比较光滑致密，微胶囊之间分散良好。图 4-15（b）为固态微胶囊的扫描电镜图片，可以看出喷雾干燥后微胶囊颗粒表面有凹陷，但并没有裂缝或空洞，整个表面是连续的，壁材结构具有较好的完整性和致密性。

（三）缓释性能分析

1. 释放动力学分析

模拟正常抽烟环境，设定$(N_2):(O_2)=91:9$，属于氧气供应不足的条件。此条件下，采用 TGA/SDTA851e 热分析系统（梅特勒-托利多仪器有限公司），仪器自动调零后，称取一定量的特征香味物质微胶囊产品，放入氧化铝样品盒中，温度范围为 25～900℃，升温速率为 10℃/min，载气为惰性气体（$(N_2):(O_2)=91:9$）高纯氮气，流速为 20 mL/min。在升温过程中，矢量和温度的升高变化作为温度和时间的函数被记录下来。

考察 198.02℃，427.53℃ 两个温度条件下微胶囊的释放曲线。变性淀粉和麦芽糊精复合缓释材料包埋四种特征香味物质的释放相对于未包埋而言要缓慢得多。随着时间的延长，质量相等缓释制剂（几份平行样，每份特征香味物质含量均为 1.00 g）固体中特征香味物质含量缓慢下降，释放速率也逐渐减小。缓释分为特征香味物质在固体表面的释放阶段和进入固体微孔内释放阶段。

（1）198.02 ℃ 下的释放动力学。

根据一级动力学释放行为的速率方程 $v=kc$，即

$$dc/dt=kc$$

积分后即得动力学方程为

$$\lg c=kt+A$$

若将图 4-16 中前 0～150 s 段（为特征香味物质在固体表面的释放阶段）特征香味物质浓度的对数 $\lg c$ 对释放时间 t 作图，由图 4-17 可发现，质量相等固体中特征香味物质浓度的对数与时间呈线性关系。这表明变性淀粉和麦芽糊精复合缓释材料包埋四种特征香味物质的

释放行为满足一级动力学，拟合得动力学方程为：

香兰素微胶囊：$\lg c = -0.0701\,t + 1.9972$（$R^2 = 0.9986$）；

乙酸异戊酯微胶囊：$\lg c = -0.1176\,t + 2.0288$（$R^2 = 0.995$）；

芳樟醇微胶囊：$\lg c = -0.1035\,t + 2.017$（$R^2 = 0.9971$）；

β-紫罗兰酮微胶囊：$\lg c = -0.0864\,t + 2.0174$（$R^2 = 0.9922$）。

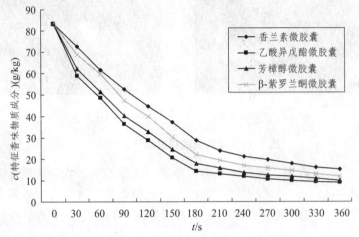

图 4-16　惰性气体氛围下（$N_2 : O_2 = 91 : 9$）四种特征香味物质微胶囊在 198.02 ℃ 的释放曲线

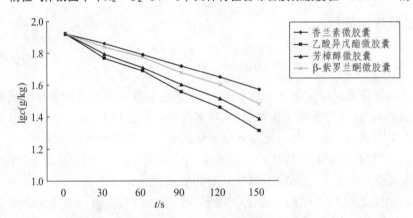

图 4-17　惰性气体氛围（$N_2 : O_2 = 91 : 9$）、198.02 ℃ 释放条件下 4 种特征香味物质微胶囊在
0～150 s 内释放的动力学方程曲线

根据二级动力学释放行为的速率方程 $v = kc^2$，即

$$\mathrm{d}c/\mathrm{d}t = kc^2$$

积分后即得动力学方程为

$$1/c = kt + A$$

若将图 4-16 中 180 s～360 s 段（特征香味物质进入固体微孔内释放阶段）特征香味物质浓度的倒数 $1/c$ 对释放时间 t 作图，由图 4-18 发现，质量相等固体中特征香味物质浓度的倒数与时间呈线性关系。这表明其释放行为满足二级动力学，拟合得其动力学方程为：

香兰素微胶囊：$1/c = 0.0051t + 0.031$（$R^2 = 0.9946$）；

乙酸异戊酯微胶囊：$1/c = 0.0072t + 0.0639$（$R^2 = 0.9942$）；

芳樟醇微胶囊：$1/c=0.0072t+0.0499$（$R^2=0.9923$）；

β-紫罗兰酮微胶囊：$1/c=0.0063t+0.0391$（$R^2=0.9938$）。

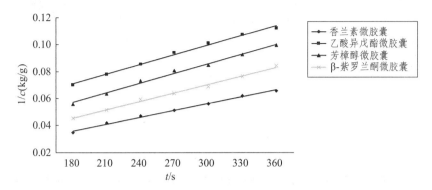

图 4-18　惰性气体氛围（N_2：O_2=91：9）、198.02 ℃ 释放条件下四种特征香味物质微胶囊在 180～360 s 内释放的动力学方程曲线

（2）427.53 ℃ 的释放动力学。

根据一级动力学释放行为的速率方程 $v=kc$，即

$$dc/dt=kc$$

积分后即得动力学方程为

$$\lg c=kt+A$$

若将图 4-19 中前 0～60 s 段（为特征香味物质在固体表面的释放阶段）特征香味物质浓度的对数 $\lg c$ 对释放时间 t 作图，由图 4-20 可发现，质量相等固体中特征香味物质浓度的对数与时间呈线性关系。这表明变性淀粉和麦芽糊精复合缓释材料包埋四种特征香味物质在 0～60 s 的释放行为满足一级动力学，拟合得动力学方程为：

香兰素微胶囊：$\lg c=-0.202t+2.1238$（$R^2=0.9999$）；

乙酸异戊酯微胶囊：$\lg c=-0.3246t+2.2315$（$R^2=0.9946$）；

芳樟醇微胶囊：$\lg c=-0.299t+2.2177$（$R^2=0.9999$）；

β-紫罗兰酮微胶囊：$\lg c=-0.2582t+2.1755$（$R^2=0.9994$）。

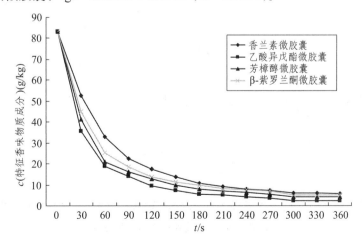

图 4-19　惰性气体氛围下（N_2：O_2=91：9）四种特征香味物质微胶囊在 427.53 ℃ 的释放曲线

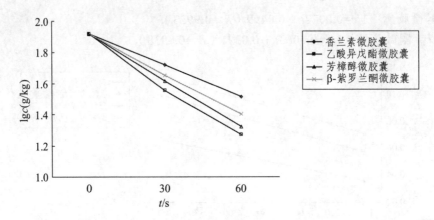

图 4-20　惰性气体氛围（N_2：O_2=91：9）、427.53 ℃ 释放条件下四种特征香味物质微胶囊在
0～60 s 内释放的动力学方程曲线

根据二级动力学释放行为的速率方程 $v=kc^2$，即

$$dc/dt=kc^2$$

积分后即得动力学方程为

$$1/c=kt+A$$

若将 90～270 s 段（特征香味物质进入固体微孔内释放阶段）特征香味物质浓度的倒数 $1/c$ 对释放时间 t 作图，由图 4-21 可发现，质量相等固体中特征香味物质浓度的倒数与时间呈线性关系。这表明其释放行为满足二级动力学，拟合得其动力学方程为：

香兰素微胶囊：$1/c=0.0155t + 0.028$（$R^2=0.993$）；

乙酸异戊酯微胶囊：$1/c=0.0317t + 0.0411$（$R^2=0.9949$）；

芳樟醇微胶囊：$1/c=0.0193t + 0.0422$（$R^2=0.9916$）；

β-紫罗兰酮微胶囊：$1/c=0.0145t + 0.0432$（$R^2=0.9924$）。

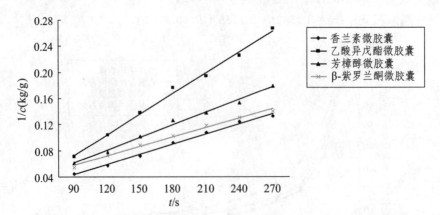

图 4-21　惰性气体氛围（N_2：O_2=91：9）、427.53 ℃ 释放条件下四种特征香味物质微胶囊在
90～270 s 内释放的动力学方程曲线

300 s 以后，壁材的孔隙率发生改变，此时释放速率与时间之间不存在线形的关系，一级反应动力学及二级反应动力学方程均不适用。

2. 释放性能分析

根据文献调研可知，对于壁材相同、芯材不同的微胶囊，其释放性能主要受介质、芯材及其浓度的影响，但在相同条件下，单一因素对不同芯材的微胶囊的影响趋势是类似的。下面以芳樟醇为例，对制备的四种微胶囊释放性能进行了研究。

（1）释放介质的影响。

准确称取特征芳樟醇微胶囊 1.0 g，置于 250 mL 锥形瓶中，精确加入 100 mL 介质（去离子水、乙醇和 1，2-丙二醇），微胶囊的浓度为 1.0 g/L，放于磁力搅拌器上低速搅拌。于不同时间取释放溶液测定芳樟醇的含量，计算释放率，绘制释放曲线。

释放介质对芳樟醇微胶囊释放性能的影响如图 4-22 所示，可以看出，芳樟醇微胶囊在去离子水中芯材的释放率远远大于在 1，2-丙二醇和乙醇中的释放率；在 1，2-丙二醇中芯材释放率稍微大于乙醇中，相差不大；以去离子水为介质时，刚开始芯材释放率变化很快，之后变化逐渐缓慢。这是因为喷雾干燥法形成的微胶囊干燥后其动力学性质和囊壁性质对湿度比较敏感，壁膜具有溶胀能力，微胶囊浸没在大量水中时，囊壁溶胀速率很快且能达到恒定，特征香味物质迁出微胶囊比较容易。由此可以看出，所制备的微胶囊较为适宜应用于卷烟加香，且即配即用较好。

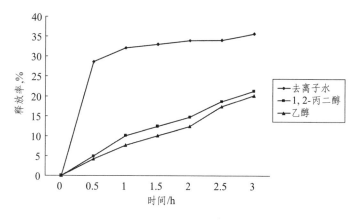

图 4-22　芳樟醇微胶囊在不同介质中特征香味物质的释放曲线

（2）浓度的影响。

准确称取芳樟醇微胶囊，置于 250mL 锥形瓶中，精确加入一定量的介质（去离子水、乙醇、1，2-丙二醇），使微胶囊的浓度分别为 0.1 g/L，0.2 g/L，0.5 g/L，1.0 g/L，2.0 g/L，5.0 g/L，用磁力搅拌器低速搅拌，于 30 min 取释放溶液测定芳樟醇的含量，计算释放率。

图 4-23 中所测是不同浓度芳樟醇微胶囊在不同介质中 30 min 芯材的释放率。可以看出，随着微胶囊浓度的增加，无论在去离子水中、1，2-丙二醇中，还是乙醇中，芯材释放率都逐渐降低。在去离子水中，微胶囊浓度为 1.0 g/L 时，30 min 释放率为 68.69 %，浓度为 5.0 g/L 时，释放率降为 19.02%。因此，可以通过浓度的改变来控制微胶囊芯材的释放。

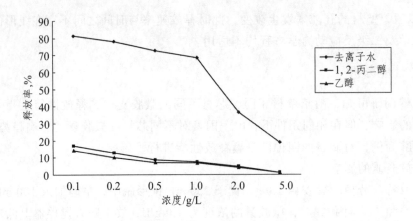

图 4-23　浓度对芳樟醇微胶囊释放性能的影响

三、在卷烟加香中的应用效果

中式卷烟具有独特的香气风格和口味特征，这不仅是我国烟叶原料资源丰富、特色叶组配方设计的集中呈现，而且也是加香加料技术有别于英式、美式、日式等卷烟的有力明证。大量事实表明，中式卷烟中常使用焦甜、辛甜、果甜、清甜类香原料，以及大量使用中国特色天然香料，使得其从嗅香到香气特征都显著区别于英式、美式、日式等卷烟，消费者在吸食的第一反应中就能分辨出来。因此，一直以来，烟用香精香料技术都是烟草行业重要的核心竞争技术之一，行业内外各相关单位在该方面做了大量的研究。

烟草是一种非常复杂的有机体，卷烟的香气和吃味来源于烟草的自然香味成分，但常常受到客观条件的影响以及化学反应的干扰，易出现波动，因此需要通过加香来弥补香味的不足，协调烟草香味，改善吃味。特别对于低焦油卷烟的设计，由于采取了一些降低焦油的措施，往往会使烟味变淡，香气不足，劲头较小，而加香技术既能弥补这些损失，又不增加焦油产生量，因此显得更为重要。卷烟加香是配方设计的一个重要环节，是卷烟工业极为重要的手段。由于许多烟用香料都存在挥发性强、易变质的问题，因此不能很好地运用到卷烟生产中。将烟用香料微胶囊化，不仅可以提高香料的稳定性，而且可以在燃吸状态下释放出香气成分，获得风味均匀的抽吸感觉。烟用香料微胶囊化对传统的卷烟添加剂而言是一次创新性变革。

以卷烟 A 叶组为实验对象，每个样品用 100 kg 原料烟叶经过储叶、切丝、烘丝环节的加工过程后，以高粱酒∶丙二醇=1∶1 作为混合溶剂，将香兰素、乙酸异戊酯、芳樟醇、β-紫罗兰酮微胶囊产品均匀分散于混合溶剂中，在卷烟加香环节（添加量见表 4-7，需现场配置香料），按占烟丝总量 0.5%的比例均匀地喷洒于烟丝上，用卷烟 A 的辅助材料制备成卷烟；分别将香兰素、乙酸异戊酯、芳樟醇、β-紫罗兰酮溶解在乙醇中，按占烟丝总量 0.5%的比例均匀地喷洒于烟丝上，以同样的方法制成卷烟；以同样未加产品的烟丝制成空白卷烟（KB）；卷烟烟支平均重量为 0.9 g，平均吸阻为 1 100 pa。

表 4-7　中试样品清单

香料名称	添加量（mg/kg）	香料名称	添加量（mg/kg）
香兰素	10	香兰素微胶囊	130
乙酸异戊酯	10	乙酸异戊酯微胶囊	130
芳樟醇	10	芳樟醇微胶囊	130
β-紫罗兰酮	10	β-紫罗兰酮微胶囊	130

（一）感官评价

1. 适宜添加量分析

以卷烟 A 叶组配方为实验对象，根据微胶囊载量计算出芯材的添加量，将香兰素、乙酸异戊酯、芳樟醇、β-紫罗兰酮等四种微胶囊以加香方式，按照一定比例施加到烟丝中，手工制备成卷烟，烟支重量控制在 0.9 g/支左右，在 RH=60%，22 ℃条件下平衡 48 小时，对样品进行对比评价，评价结果见表 4-8、4-11。

表 4-8　不同用量香兰素微胶囊的样品评吸结果

香兰素添加量（mg/kg）	香兰素微胶囊添加量（mg/kg）	评吸结果（与空白样品对比）
0.02	0.26	感官感受不到
0.05	0.65	甜香香韵有所增强，但不明显
0.10	1.30	甜香香韵明显增强，烟香较谐调
0.20	2.60	甜香香韵明显增强，烟香协调
0.30	3.90	甜香香韵明显增强，有外加香痕迹
0.40	5.20	甜香香韵明显增强，外加香气息显露

表 4-9　不同用量乙酸异戊酯微胶囊的样品评吸结果

乙酸异戊酯添加量（mg/kg）	乙酸异戊酯微胶囊添加量（mg/kg）	评吸结果（与空白样品对比）
0.06	0.78	感官感受不到
0.08	1.04	果香、甜香香韵有所增强，但不明显
0.10	1.30	果香、甜香香韵明显增强，烟香较谐调
0.12	1.56	果香、甜香香韵明显增强，烟香谐调性好
0.14	1.82	果香、甜香香韵明显增强，有外加香痕迹
0.16	2.08	果香、甜香香韵明显增强，外加香气息显露

表 4-10　不同用量芳樟醇微胶囊的样品评吸结果

芳樟醇添加量（mg/kg）	芳樟醇微胶囊添加量（mg/kg）	评吸结果（与空白样品对比）
0.03	0.39	感官感受不到
0.05	0.65	感官感受到，效果不明显

芳樟醇添加量（mg/kg）	芳樟醇微胶囊添加量（mg/kg）	评吸结果（与空白样品对比）
0.07	0.91	香气醇和透发，清香、花香、甜香特征较为明显
0.09	1.17	香气醇和透发，清香、花香、甜香特征明显
0.11	1.43	香气醇和透发，清香、花香、甜香特征明显，有外加香痕迹
0.13	1.69	加量略大，外加香气息显露

表 4-11　不同用量 β-紫罗兰酮微胶囊的样品评吸结果

β-紫罗兰酮添加量（mg/kg）	β-紫罗兰酮微胶囊添加量（mg/kg）	评吸结果（与空白样品对比）
0.01	0.13	感官感受不到
0.03	0.39	花香、甜香香韵有所增强，但不明显
0.05	0.65	花香、甜香香韵明显增强，烟香较谐调
0.07	0.91	花香、甜香香韵明显增强，烟香谐调性好
0.09	1.17	花香、甜香香韵明显增强，有外加香痕迹

从感官评价结果可以看出，对烟丝添加适量的香兰素微胶囊、乙酸异戊酯微胶囊、芳樟醇微胶囊、β-紫罗兰酮微胶囊，可以增强卷烟的特征香气，但如果用量过大，则外加香气明显，与烟香不谐调。从单一品种的用量而言，香兰素微胶囊适宜用量为 2.60 mg/kg，乙酸异戊酯微胶囊适宜用量为 1.56 mg/kg，芳樟醇微胶囊适宜用量为 1.17 mg/kg，β-紫罗兰酮微胶囊适宜用量为 0.65 mg/kg，但在卷烟调香中应根据叶组、辅助材料搭配、风格特征定位等情况来确定适宜的添加量。

2. 存储时间对感官品质的影响

采用中式卷烟风格感官评价方法分别对添加了 β-紫罗兰酮（添加量为 0.05 mg/kg，样品编号为 A）、芳樟醇（添加量为 0.09 mg/kg，样品编号为 B）、β-紫罗兰酮微胶囊（添加量为 0.65 mg/kg，样品编号为 A1）、芳樟醇微胶囊（添加量为 1.17 mg/kg，样品编号为 B1）的卷烟样品进行感官评价，评价时间分别是样品制备后存放 1 月、6 月，由于主要关注的是添加缓释材料后卷烟评吸风格特征的变化，为此仅对样品的风格特征进行了评价，评价数据见表 4-12。

表 4-12　添加微胶囊香料的卷烟中试样品感官评价

指标项	对照	A（1月）	A（6月）	A1（1月）	A1（6月）	B（1月）	B（6月）	B1（1月）	B1（6月）
烤烟烟香	8	8	8	8	8	8	8	8	8
清香	3	3	3	3	3	3.5	3	4	4
果香	1.5	1.5	1.5	1.5	1.5	2	1.5	2	2
辛香	1	1	1	1	1	1	1	1	1
木香	1	1	1	1	1	1	1	1	1
花香	0	0.5	0	1	1	0	0	0.5	0.5
奶香	0	0	0	0	0	0	0	0	0

续　表

指标项	对照	A（1月）	A（6月）	A1（1月）	A1（6月）	B（1月）	B（6月）	B1（1月）	B1（6月）
膏香	1	1	1	1	1	1	1	1	1
烘焙香	1	1	1	1	1	1	1	1	1
甜香	2	2.5	2	3	3	2	2	2	2

由感官评价结果，由图 4-24 可知；添加适宜的 β-紫罗兰酮能够明显增强卷烟的花香和甜香特征，对于直接添加 β-紫罗兰酮的样品，随着存放时间的增加，花香、甜香指标得分有所降低，对于添加 β-紫罗兰酮微胶囊的样品，存放 1 月和 6 月的样品，其香气特征指标基本没有变化；添加适宜的芳樟醇能够明显增强卷烟的清香、果香、花香特征，随着存放时间的增加，清香、果香、花香指标得分有所降低，对于添加芳樟醇微胶囊的样品，存放 1 月和 6 月的样品，其香气特征指标基本没有变化。感官评价结果表明添加了微胶囊样品的卷烟样品其感官质量较为稳定。

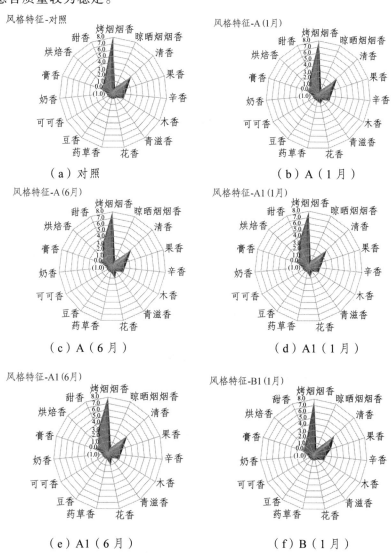

（a）对照

（b）A（1月）

（c）A（6月）

（d）A1（1月）

（e）A1（6月）

（f）B（1月）

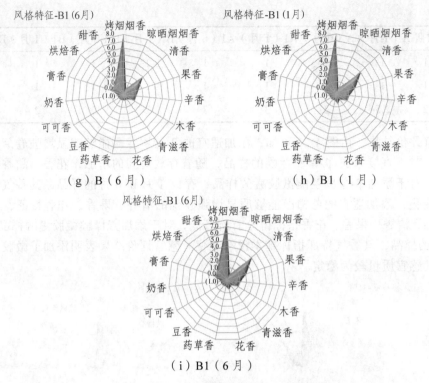

图 4-24　不同存放时间样品风格特征轮廓图

（二）烟气释放

1. 样品烟烟气分析

采用简单随机抽样方式抽取上述平衡过的各种试样烟在 RM200 型吸烟机上进行抽吸，环境温度 22 ℃，相对湿度 62%，每 60 秒抽吸 1 口，每次抽吸持续 2 s，每次抽吸体积为 35 mL，烟支平均抽吸口数为 7，采用剑桥滤片分别收集卷烟主流烟气的粒相成分。收集条件为：1 个剑桥滤片收集 20 支卷烟的烟气。

将收集粒相物的剑桥滤片折叠放入锥形瓶中，移取 40 mL 含有一定量内标（乙酸苯乙酯）的甲醇萃取液，室温下超声萃取 20 min，静置 5 min。移取 20 mL 萃取液，浓缩至 2 mL，用 0.45 μm 微孔滤膜过滤，滤液进行 GC-MS（Agilent7890-5975 气质联用仪）分析，采用离子检测（SIM）定量分析检测其中的香味成分含量。

GC/MS 条件：采用 DB-5MS（60 m×0.25 mm×0.25 μm）色谱柱，程序升温：60 ℃，以 2 ℃/min 升到 280 ℃，保留 30 min，进样口温度：270 ℃；载气：氦气；进样量：1 μL；分流比 10∶1；溶剂延迟 6 min；传输线温度：280 ℃；电离方式：EI；离子源温度：230 ℃；电离能量：70 eV；四极杆温度：150 ℃；扫描方式：SCAN 和 SIM 同时扫描。

香料转移率的计算见下式：

$$P = \frac{M - M_O}{M_e} \times 100$$

式中：P——转移率（%）；

M——样品烟主流烟气粒相物中香料的含量（μg）；

M_O——空白烟卷主流烟气粒相物中香料的含量（μg）；

M_e——试样烟添加香料的质量（μg）。

2. 分析结果及讨论

对分别添加了香兰素微胶囊、乙酸异戊酯微胶囊、芳樟醇微胶囊和 β-紫罗兰酮微胶囊的卷烟样品（对照），在恒温恒湿箱中存放 1 月、6 月后的卷烟样品，进行了烟气分析，检测了烟气中特征香味成分的含量，计算了添加未包埋香料及微胶囊香料的样品在烟气中的转移率，结果见表 4-13、4-14。

表 4-13　添加未包埋香料的样品存储 1 月和 6 月的特征香料的转移率

特征香味物质	保留时间（min）	M（μg/支）	M_O（μg/支）	M_e（μg/支）	P（%）
香兰素（对照）	38.61	4.43	2.180	9	25.01
香兰素（1 月）	38.61	4.19	2.25	9	21.56
香兰素（6 月）	38.61	3.61	2.05	9	15.12
乙酸异戊酯（对照）	7.51	0.81	ND	9	8.96
乙酸异戊酯（1 月）	7.51	0.48	ND	9	5.32
乙酸异戊酯（6 月）	7.51	ND	ND	9	ND
芳樟醇（对照）	18.89	2.24	0.55	9	18.84
芳樟醇（1 月）	18.89	1.85	0.47	9	15.36
芳樟醇（6 月）	18.89	1.48	0.59	9	9.87
β-紫罗兰酮（对照）	27.47	2.63	1.16	9	16.39
β-紫罗兰酮（1 月）	27.47	2.41	1.23	9	13.12
β-紫罗兰酮（6 月）	27.47	1.83	1.14	9	7.68

表 4-14　添加微胶囊的样品存储 1 月和 6 月的特征香料的转移率

特征香味物质	保留时间（min）	M（μg/支）	M_O（μg/支）	M_e（μg/支）	P（%）
香兰素微胶囊（对照）	38.61	4.38	2.180	9	24.51
香兰素微胶囊（1 月）	38.61	4.24	2.25	9	22.16
香兰素微胶囊（6 月）	38.61	3.98	2.05	9	21.54
乙酸异戊酯微胶囊（对照）	7.51	1.11	ND	9	12.35
乙酸异戊酯微胶囊（1 月）	7.51	1.07	ND	9	11.96
乙酸异戊酯微胶囊（6 月）	7.51	0.98	ND	9	10.88
芳樟醇微胶囊（对照）	18.89	2.17	0.55	9	17.98
芳樟醇微胶囊（1 月）	18.89	2.15	0.47	9	18.65
芳樟醇微胶囊（6 月）	18.89	2.08	0.59	9	16.59
β-紫罗兰酮微胶囊（对照）	27.47	2.71	1.16	9	17.23
β-紫罗兰酮微胶囊（1 月）	27.47	2.73	1.23	9	16.75
β-紫罗兰酮微胶囊（6 月）	27.47	2.52	1.14	9	15.36

　　从上表可知，添加未包埋香料的卷烟样品，特征香料在卷烟烟气中的转移率随着存储时间的延长均大幅度降低，存储 6 个月后样品中香兰素、乙酸异戊酯、芳樟醇、β-紫罗兰酮等特征香味物质的转移率分别比对照降低了 39.54%、100%、47.61%、53.14%；对于添加微胶囊香料的卷烟样品，特征香料在卷烟烟气中的转移率随着存储时间的延长变化幅度不大，存储 6 个月的样品四种香味物质在烟气中的转移率与对照相比分别下降了 12.12%、11.9%、7.73%、10.85%，对比添加未包埋香料的卷烟样品，微胶囊化后的香料在卷烟中的保留率有明显的提升；对于刚制备出的样品（对照）而言，添加未包埋香料与微胶囊香料的样品，特征香料在烟气中的转移率较为接近，说明经过微胶囊化后的香料在卷烟中具有较好的稳定性。

第五章　包合物

包合技术是指在一定条件下，一种分子被包嵌于另一种分子的空穴结构内，从而形成一类独特形式的络合物。这种络合物被称为包合物（Inclusion Compound）。自从 1886 年 Mylius 发现苯二酚与一些挥发性化合物的包合现象后，人们又发现了尿素包合物、去氧胆酸和脂肪酸形成的包合物、硫脲包合物、环糊精包合物等。将包合技术应用于药学领域始于 20 世纪 50 年代 Higuchi 和 Zuck[45]的药剂学研究，他们的工作说明了包合现象的固有特性，提示了将包合技术应用于药剂处方工作的重要意义。近年来，有关将包合技术应用于药物和香料研究中的报道日趋增多，包合物在制药、日化、食品、烟草等领域有着良好的应用前景。

第一节　概　述

一、定义

包合物（Inclusion Complexes）是指一种活性物质分子被全部或部分包合进入另一种物质的分子腔隙中而形成的独特形式的络合物。其中具有包合作用的外层分子称为主分子（Host Molecules），被包的内层小分子称为客分子（Guest Molecules）。主体有一较大空腔的晶格，足以容纳客体。包合物是主体分子和客体分子的弱相互作用，相互之间不涉及离子键、共价键或配位键等化学键作用，主要靠氢键和范德华力作用，所以包合作用主要是一种物理过程，其形成条件主要取决于主体分子和客体分子的立体结构和相互间作用力的大小。

包合技术目前在药剂、食品和香料领域应用广泛。药物、食品中的化学成分作为客分子经包合后，溶解度增大，稳定性提高。液体产品可粉末化，可以防止挥发性成分挥发，掩盖产品的不良气味或味道，调节释药速率，提高药物的生物利用度，降低药物的刺激性与毒副作用等。这种包合物是由主分子和客分子加合而成的。主分子具有较大的空穴结构，足以将客分子容纳在内，形成分子囊。它可以是单分子，如直链淀粉、环糊精等，也可以是多分子聚合而成的晶格，如氢醌、尿素等。客分子一般为被包合到主分子空间中的小分子物质。

二、类型

根据主分子形成的空穴几何形状，包合物可分为管道状、笼状和层状三种类型（见图 5-1）。

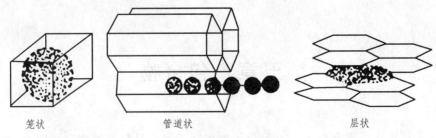

笼状   管道状   层状

图 5-1 包合物的三种类型

（一）管道状包合物

管道状包合物是由一种分子构成管状或筒形空洞骨架，另一种分子填充其中形成的。管道状包合物在溶液中比较稳定，其主分子多为环糊精、尿素、硫脲、去氧胆酸等。

1. 环糊精包合物

环糊精（Cyclodextrin，CD）是淀粉在没有水分子参与的情况下，经葡萄糖基转移酶发酵后得到的具有 α-1, 4-糖苷键连接的环状低聚糖化合物。环糊精家族包括三种主要低聚糖，即 α-CD，β-CD 和 γ-CD，这三种主要环糊精呈结晶状，均质，不具备吸湿性，为水溶性的非还原性白色结晶性粉末。其立体结构为上宽下窄、两端开口、环状中空圆筒形，孔穴的开口处呈亲水性，孔穴的内部呈疏水性。环糊精对酸不太稳定，易发生酸解，但对碱、热和机械作用都相当稳定。环糊精类包合物能使被包裹的活性物质溶解度增加、稳定性提高、挥发性降低等。

其中 α-CD 也称为 Schrödinger's α-CD 或环状麦芽六糖，具有六个吡喃葡萄糖单元，其内腔直径为 0.57 nm，外部开口端直径为 1.37 nm；β-CD 也称为 Schrödinger's β-CD 或环状麦芽七糖，具有七个吡喃葡萄糖单元，其内腔直径为 0.78 nm，外部开口端直径为 1.53 nm；γ-CD 也称为 Schrödinger's γ-CD 或环状麦芽八糖，具有八个吡喃葡萄糖单元，其内腔直径为 0.95 nm，外部开口端直径为 1.69 nm。这三种环糊精都属于天然包合物，其环状结构和不同内径大小给不同大小的客体分子提供了多种空间匹配的可能性（见图 5-2）。

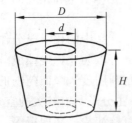

CD	D	d	H
α	1.37	0.57	0.78
β	1.53	0.78	0.78
γ	1.69	0.95	0.78

图 5-2 三种环糊精 α-CD，β-CD 和 γ-CD 的分子尺寸（nm）

经 X 射线衍射和核磁共振研究表明，β-CD 的立体结构是上窄下宽、两端开口、环状中空圆筒形，其葡萄糖基（C1）为椅式构型；β-CD 环状结构是由七个椅式构象的葡萄糖构成，七个伯醇羟基位于空洞小的一端，十四个仲醇羟基排列在空洞大的一端开口处，因此，空洞外部的入口处富有亲水性，空洞内部由碳氢键和醚键构成，即 C（3）、C（5）上的 CH-和葡萄糖苷结合的 O 原子排列在空洞内部，呈疏水性（见图 5-3、5-4）。

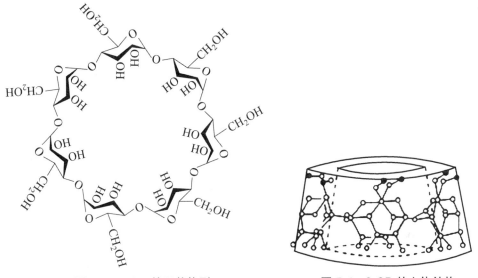

图 5-3 β-CD 的环状构型　　　　图 5-4 β-CD 的立体结构

由于 CD 是环状中空圆筒形结构，故呈现出一系列特殊的性质，能与某些小分子药物形成管道状包合物。例如：β-CD 与萘普生的包合作用。萘普生（Naproxen, Nap）是消炎、镇痛药，具有高效低毒的特点，但由于其极微溶于水，口服给药可引起胃部刺激，为了改善萘普生的溶解度及溶出效率，可制成 Nap-β-CD 包合物，以降低口服后对胃黏膜的刺激，提高治疗效果。

2. 尿素包合物

尿素包合物的主体分子是尿素，客体是六个碳原子以上的直链饱和烷烃或其衍生物，其直径为 500 pm。把客体装进管道里后，结构变得紧密，能量减小，化合物变得较稳定。图 5-5 是尿素管道状包合物的截面。

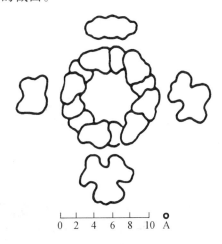

图 5-5 尿素管道的截面

上：苯（嵌不进）　　　　下：双分支分子（嵌不进）
左：正烷烃（能嵌入）　　右：单分支分子（部分能嵌入）

　　甲烷、乙烷等短分子直链烃不能与尿素形成包合物，必须至正庚烷才能开始与尿素形成包合物；羧酸类自正丁酸开始，其中具有支链的环状烷烃分子一般直径大于 500 pm，也不能被尿素包含，只有不具有支链的烷烃及其衍生物如醇、酮、醚、酯、一元及二元羧酸、胺、硝基化合物、卤化物、不饱和烃、硫醇、硫醚等能嵌到尿素的管道中而形成结构稳定的包合物。直链烃包裹在尿素晶体分子中是分离植物油中饱和脂肪酸、单不饱和脂肪酸和多不饱和脂肪酸的一个重要手段。尿素包合法的基本特点是可以把脂肪酸混合物按脂肪酸不饱和程度的差异进行分离，其显著优势在于研究设备简单、药品试剂比较便宜，并且操作方便。尿素包合法一般在较低的温度下进行，能比较完整保留其营养和生物活性，其最大优点是多不饱和脂肪酸在尿素包合物形成后，可保护双键以免受空气氧化。因此，尿素包合法越来越引起国内外研究者的重视。

　　主体和客体的物质的量比通常不是整数。例如，正辛烷与尿素的包合物比例是 1∶6.73。尿素包合物为固体，但不能用作衍生物，因为加热到尿素的熔点（135 ℃）时即分解。

　　3. 硫脲包合物

　　硫脲也能形成管道状包合物，其结构与尿素包合物十分类似，见图 5-6。二者之间的差别只是在硫脲的晶格中，管道直径为 700 pm，因此硫脲能包合较大的分子，能包合含有支链和环状的烷烃分子，如环己烷和氯仿等。直链烃由于不能将管道的空隙完全填满，结构反而不稳定。

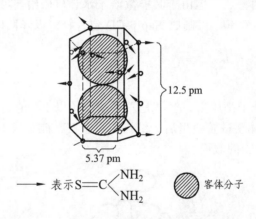

12.5 pm

5.37 pm

⟶ 表示 S=C$\begin{array}{c}NH_2\\NH_2\end{array}$　　客体分子

图 5-6　硫脲及其包合物

　　另外，还有一种碘-淀粉包合物，其主体分子是直链淀粉，以 α-D-葡萄糖为单位，通过 1，4-苷键连接组成的螺旋状结构。每六个葡萄糖分子单位组成一个螺旋圈，整个长的螺旋圈绕成一个管道，螺距 800 pm，外径 1 300～1 370 pm，填充在管道孔径中的碘不是以碘分子（I_2）的形式存在，而是碘原子以多电子大 π 键结合成链状，见图 5-7。因此碘与淀粉作用表现出特殊的颜色。

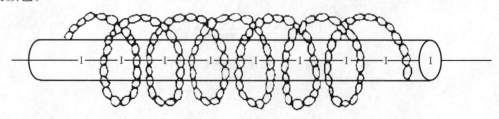

图 5-7　淀粉-碘包合物

（二）笼状包合物

笼状包合物是客体分子进入几个主体分子构成的笼状晶格中而成的，其空间完全闭合。此类包合物制备简单，一般是将主体分子溶于溶剂中，再加入客体分子使其饱和，即析出包合物结晶，形成的固态包合物较稳定，被包合的客体分子气味消失，通过加热溶解于水或把结晶研磨粉碎，可将客体分子释放。目前常见的能形成笼状包合物的主体分子是对苯二酚。三个分子的对苯二酚，可借氢键连在一起形成杯状结构，两个杯状结构一正一反，构成一个笼子，使客体分子如 $HCOOH$、CH_3OH、$CH_2=CH_2$、SO_2、O_2、CO_2、HCl、HBr、H_2S 等填充在笼子里，形成笼状包合物（见图 5-8、5-9）。

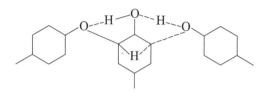

图 5-8　由三分子对苯二酚形成的杯状结构

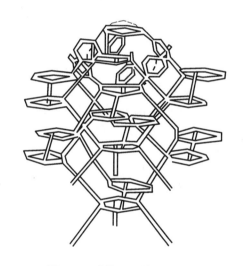

图 5-9　对苯二酚的笼状结构

笼状包合物在溶液中不稳定，溶解或受热时，笼形破裂并放出客体。笼头包合物的特点是主体与客体之间无明显的化学键，主体必须能形成笼子，笼腔的大小决定客体能否进入。

（三）层状包合物

这类包合物的主体可以是表面活性剂，与某些药物形成胶团，这些胶团结构也属于包合物。例如，采用表面活性剂月桂酸钾使乙苯增溶时，乙苯可存在于表面活性剂亲油基的层间，而形成层状包合物，其结构见图 5-10。非离子型表面活性剂使维生素 A 棕榈酸酯增溶，其结构也可认为是层状包合物。

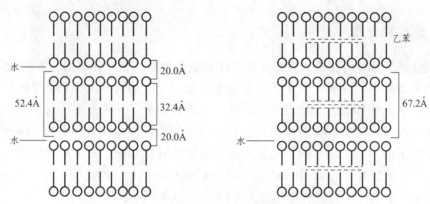

图 5-10　表面活性剂及其包合物

　　基于活性物质与无机层状化合物之间的作用，无机层状化合物系统又可分为吸附系统和插层系统。吸附系统是以层状化合物或表面活性剂插层层状化合物为基体，现在已经有吸附系统应用在农药上，并且应用效果表明此吸附系统形成具有一定缓释能力。插层系统是利用层状双氢氧化物（Layered Double Hydroxides，LDHs）的可插层性及超分子结构，将有缓释需求的医药活性试剂或农药引入其层间形成有机层状双氢氧化物，即新型的医药或农药缓释剂型。但是，此类缓释剂型的研究迄今仍集中于插层 LDHs 的组装及缓释性能的初步研究，而有关插层 LDHs 结构与性能之间内在联系的报道却极少。

　　许多香料（如薄荷醇等）在卷烟制造、储存以及抽吸期间易挥发或散失，或因储存时温湿度变化而使香气大量损失。另外，低焦油卷烟因焦油降低带来的香味淡化等，都会使消费者不能获得满意的体验。Bavley 等[46]提出了包合物加香技术，即由主体物和客体物（香料）形成包合物，包合物内的香料在正常温度下稳定，只在温度升高（如卷烟燃吸）时才从包合物内释放。包合物的形式一般为 AB_n，其中 A 为主体物，它具有一定的孔隙或空洞晶格；B 为香料客体物，其分子直径小于主体物的空隙。当包合物形成时，进入孔隙的香料分子与主体物之间不形成化学键，而通过范德华力使香料稳定。只有在卷烟燃吸时，因包合物破裂香料才会从包合物中释放且不改变其结构。主体物的种类很多，通常是一些具有"管道"或"笼"形晶格的物质，如尿素、脱氧胆酸、氢醌和淀粉类等。客体物通常是一些挥发性强的香料，如薄荷醇、兰烯、茴香脑等。其中，最为重要的一类主体分子是环糊精（CD），目前绝大多数文献报道的包合物都是以环糊精为主体分子。下面就以环糊精为例，重点介绍环糊精包合物的制备、结构、性质和应用研究。

三、环糊精包合物

　　1891 年 Villiers 发现了环糊精，目前它已经发展成为超分子化学最重要的主题[47]。我国环糊精的研究始于 20 世纪 70 年代末，许多研究单位先后开展了环糊精生成酶和制备环糊精的研究工作。到目前为止，β-环糊精已工业化规模生产。世界环糊精的年产量超过 1 000 吨，β-环糊精的价格也从 1970 年的 2 000 美元/kg（只作精细化学材料出售），降到现在的几美元/kg。最近又开发出反应性 β-环糊精，可望在纤维纺织工业中开发其应用途径。

　　环糊精化学在过去二三十年内获得了突飞猛进的发展。作为一种简单的有机大分子，环糊精能够与范围极其广泛的各类客体，比如有机分子、无机离子、配合物甚至惰性气体，通过分子间相互作用形成主-客体包合物。环糊精及其衍生物是主-客体化学的重要研究对象，作为主体的环糊精与作为客体的过渡金属配合物作用形成的包合物，也称为第二配位层化合物（Second Sphere Coordination Compound）。此外，环糊精在药物、香料和调味剂的增溶、改性及其分子包装方面，已向世人展示了广阔的应用前景。与客体分子形成包合物是环糊精最重要的性质之一，所谓"包合"就是主体与客体通过分子间相互作用，完成彼此间的识别作用，最终使得客体分子部分或全部嵌入主体内部的现象。

各种环糊精和修饰环糊精不断问世并投入市场，为开拓新的应用领域提供了可能。环糊精化学基础研究最早设计的范围包括：催化高选择性反应、类酶催化反应和不对称催化反应。随着技术科学的发展，各种手段不断推陈出新，学科间的交叉渗透也为深入研究环糊精化学创造了条件。同时新的应用领域也应运而生：在生物技术中应用环糊精，能保护酶不受体系中有毒物质的侵害，达到提高收率的目的；环糊精和修饰环糊精作为药物载体，从研究论文、专利发表的数量来看居于首位；在工业应用方面，长期以来环糊精主要用在食品添加剂、制备即时调味品以及包合香精和化妆品成分；环糊精和修饰环糊精在水溶液中能够通过自集组建成高结构化、均一的超分子聚集体，也叫机械互锁化合物。从最近几年的研究结果可得到惊人的发现，由环糊精构筑的轮烷和索烃提供了迷人的拓扑形态，这些超分子体系可能在纳米技术中应用，通过对它们的研究可以获得如何从人们生活的宏观世界去描绘分子的微观世界的办法。这一领域的研究历史虽然不长，但极具魅力，目前虽仍处于基础研究阶段，却极有希望开发出新材料。

（一）环糊精的结构和性质

环糊精（Cyclodextrin，CD），是一类由D-吡喃葡萄糖单元通过 α-1，4-糖苷键首尾相连而形成的水溶性环状低聚多糖。目前环糊精已经成为超分子化学最重要的主体分子之一，研究较多且具有实用价值的环糊精有 α，β 和 γ 三种，分别含有六、七和八个葡萄糖单元（见图5-11）。

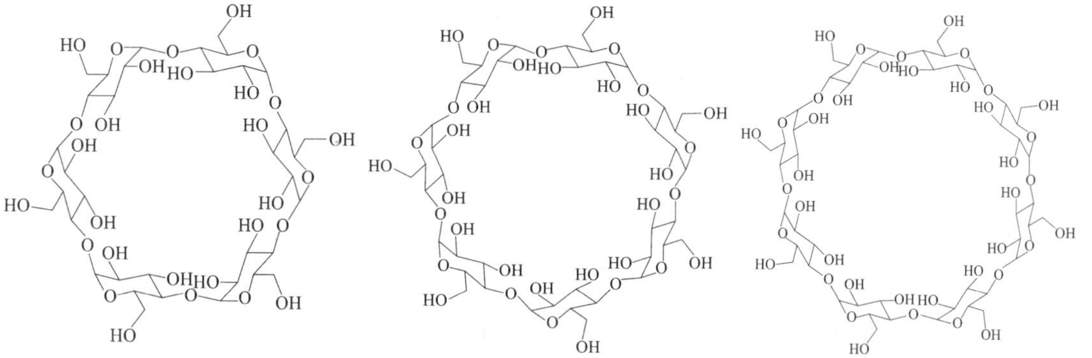

图 5-11　α-环糊精，β-环糊精、γ-环糊精的化学结构

环糊精中的 D-吡喃葡萄糖单元采用未扭转的椅式构象，分子呈现一种锥形的中空桶状结构，腔体高度约为 0.78 nm，腔体内径随着葡萄糖单元数目的增加而增大。空腔内氧原子的非键合电子指向中心，使空腔内具有很高的电子云密度，具有路易斯碱的性质。环糊精分子中 C_6 位的伯羟基位于锥体外侧的窄口部分，C_2 和 C_3 位的仲羟基位于锥体外侧的宽口部分，这些羟基使得环糊精外壁具有亲水性；而位于空腔内部的 C_3 和 C_5 上的氢原子覆盖了糖苷键的氧原子，使环糊精的空腔内部表现出疏水性。"内腔疏水、外部亲水"是环糊精最重要的特征之一。

（二）环糊精包合物分类

环糊精具有疏水性内腔，而且腔内呈手性的微环境，能够与许多有机分子、无机离子、高聚物和生物分子等形成主-客体包合物。根据腔体的大小，环糊精可以选择性地键合分子或离子并形成稳定的超分子结构，这一特性使得环糊精作为超分子主体、药物载体在化学、生物学、药学等众多领域中得到了广泛应用。

1. 与小分子的包合

环糊精可以与大量的小分子化合物发生包合作用，如非极性的脂肪族分子、极性的胺或酸性化合物和一些溶剂分子如水、甲醇等。具有不同空腔尺寸的环糊精，能与之形成包合物的客体分子也不一样。如空腔尺寸较小的 α-CD，适合包合疏水性脂肪族和单环芳烃（苯、苯酚等）及其衍生物、偶氮苯及其衍生物等；β-CD 能与较大的萘环形成稳定的包合物，也可与筒状或球状的分子，如二茂铁、环状二烯的过渡金属配合物、金刚烷、胆固醇等形成稳定的包合物；γ-CD 一般与富勒烯或蒽环类的大尺寸客体分子形成包合物。

2. 与聚合物的包合

环糊精能与小分子形成包合物，当遇到尺寸匹配的聚合物时，同样能够形成稳定的包合物。轮烷是将一个或多个环糊精单元穿在一个具有一定长度的线状分子上，再用大体积的分子将该线形分子封端而形成超分子体系，而对于未封端的包合物则称为准轮烷。客体为线性聚合物的包合物，由于具有多个环糊精分子，通常称为聚轮烷。线性高分子与环糊精包合后，若未进行封端，则称为假聚轮烷或准聚轮烷。

在聚轮烷的研究领域中，Harada 研究组做出了杰出的贡献。他们首次发现，α-CD 和 PEO 在水溶液中形成的包合物以结晶沉淀的形式析出。XRD 研究结果表明，α-CD 按头-头或尾-尾方式紧密排列并贯穿在聚合物链上形成管道形的聚（准）轮烷结构，如图 5-12 所示[48]。进一步的研究发现，M_n=400~1000 的 PEO 均能与 α-CD 形成结晶性包合物，其形成速率与 M_n 有关，M_n=1000 的 PEO 形成包合物的速率最快；分子量低于 2000 的 PEO 与 α-CD 包合得到结晶性沉淀，分子量大于 2000 时则形成凝胶。β-CD 可以被聚丙烯、聚丙二醇（PPO，PPG）贯穿，形成包合物；尺寸较大的 γ-CD 则可与聚二甲基硅氧烷、聚甲基乙烯基醚、聚异丁烯形成包合物。这种尺寸匹配性不仅能决定环糊精包合客体分子的类型，还决定包合分子的数量，如空腔尺寸较大的 γ-CD 可以同时包合两根聚合物分子链（PEO，PEI）。表 5-1 归纳出能与常用的三种环糊精适配并发生包合作用的聚合物客体分子的类型。

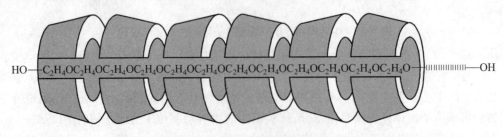

$$HO-C_2H_4OC_2H_4OC_2H_4OC_2H_4OC_2H_4OC_2H_4OC_2H_4OC_2H_4OC_2H_4OC_2H_4OC_2H_4O\text{||||||||||}-OH$$

图 5-12　α-环糊精与 PEO 形成包合物

表 5-1 能与环糊精发生包合作用的聚合物客体分子的类型[49]

环糊精类型	包合的聚合物类型
α-CD	聚氧化乙烯、聚己内酯、聚赖氨酸、聚乙烯亚胺、聚丁二烯、尼龙6、聚四氢呋喃、聚二氧戊环、寡聚乙烯、聚己二酸丙二醇、聚己二酸丁二醇酯
β-CD	聚氧化丙烯、聚异丁烯、聚二甲基硅氧烷、尼龙6、聚四氢呋喃、聚二氧戊环、聚苯胺、聚三亚甲氧醚
γ-CD	聚氧化丙烯、双股聚氧化乙烯、聚异丁烯、聚二甲基硅氧烷、聚乙烯醇、聚二氧戊环、聚甲基乙烯醚、双股聚乙烯亚胺、聚己二酸丙二醇酯、聚己二酸丁二醇酯

第二节　环糊精包合物的制备与应用

一、包合机理

一般认为，在包合物的形成过程中，主要驱动力来自相邻环糊精之间的氢键作用、主-客体分子的尺寸匹配和疏水作用，同时还存在范德华力、高能水的释放、色散力和静电作用用等多种弱的相互作用力。包合物中客体分子的疏水部分在环糊精的疏水性空腔中的特定位置以达到最大限度的接触，而亲水部分为了与溶剂及环糊精的羟基形成最大接触面而尽可能地留在包合物的外层。

环糊精与聚合物形成包合物后通常有结晶粉末和水凝胶这两种主要存在形式。当穿入聚合物后，环糊精通过相互间的氢键作用，以一定的方式排列堆积，形成包合物。由于形成氢键而消耗了羟基，环糊精由亲水性转变为疏水性，包合物由于疏水作用力相互聚集形成沉淀；当聚合物分子链段较长时，环糊精从聚合物两端穿入聚合物分子链中，与部分链段发生包合作用后形成氢键堆积，被包合的部分则形成物理交联点，导致凝胶的发生，阻止了环糊精的继续穿入。

二、制备技术

尽管制备环糊精包合物的方法很简单，然而对不同的客体，应选择适合的条件和方法，没有一个通用的方法适合所有的包合客体。实验室和工业生产中最常用的制备方法主要有共沉淀法、饱和水溶液法、逐步滴加法、超声波法、研磨法等。

（一）共沉淀法

共沉淀法，即搅拌或振荡含CD的溶液与客体分子或其溶液的混合物，这是比较常用的方法。含CD的溶液可以是冷的、热的、中性的、碱性的、酸性的，根据客体分子的性质而定。将计算好配比的主客体加到一起，在升高温度（60~80℃）下强力搅拌，以使主客体均达到饱和溶液。然后将溶液冷却至室温，在室温下搅拌8~16 h，然后放冰箱（3~5℃）存放一夜。因CD包合物在冷却过程中会从均相溶液中结晶析出，可用沉降法或用玻璃漏斗过滤，收集包合物晶体。晶体产物可以在空区中自然干燥或冷冻干燥、喷雾干燥等方法。

共沉淀法的优点是制得的环糊精包合物纯度高、质量好；不足之处是要消耗大量的有机溶剂，还有可能生成环糊精溶剂包合物。

（二）饱和水溶液法

饱和水溶液法也称为重结晶或沉淀法，当在溶液中制备 CD 包合物时，其包合反应在水溶液中的速度一般较快，但这只适用于亲水性低、难溶于水的客体化合物，而对亲水性高、水溶性好的客体化合物的包合能力却很弱，达到平衡需要很长的时间。因此，有时根据情况也可以使用含有有机溶剂的水体系，尤其是当客体分子是疏水的或其熔点高于 100 ℃ 的，不能很好地分散在 CD 的水溶液中，就用有机溶剂来溶解客体分子。先将 β-CD 制成饱和水溶液，加入客分子药物，对于水不溶性药物，可先溶于少量有机溶剂，再注入 β-CD 饱和水溶液，搅拌直到成为包合物为止。用适当方式（如冷藏、浓缩、加沉淀剂等）使包合物析出，再将得到的固体包合物过滤、洗涤、干燥即可。

（三）逐步滴加法

逐步滴加法与上述方法类似。将计算好配比的客体分子单独溶解于适当的溶剂中，逐步滴加到不断搅拌的、均匀的 CD 溶液中。由于在滴加客体物质的过程中，可能会引起客体物质的细小沉淀，所以需要更长时间和更剧烈的搅拌，至少搅拌 20 h 左右。

（四）超声波法

超声波法是 β-CD 饱和水溶液中加入客体分子药物后用超声波进行强度很大的搅拌，得到的固体利用如上的方法进行处理。

（五）研磨法

研磨法是将 β-CD 加入水研匀，加入客体分子药物（水难溶性者，先溶于少量有机溶剂中），置研磨机中进行机械搅拌，几小时后得到糊状产物，过滤后洗涤干燥即得。

三、表征方法

客体分子进入环糊精疏水性空腔内，受到空腔内非极性场的束缚，其理化性质会发生明显变化，如光学性质、热力学、电化学、溶解度等。通过仪器检测这些变化可确定包合物的形成及作用机理。研究环糊精包合物一般在固态和液态中进行。检测固态包合物的手段有：X 射线衍射、差热分析、薄层色谱、红外光谱和固体核磁共振等。对于溶液中主客体分子的相互作用，可用吸收光谱、荧光法、核磁共振、微量量热、圆二色谱等表征。包合物的表面结构通常用扫描电子显微镜观察。对于环糊精与聚合物形成的包合物，通常用 ^{1}H NMR、^{13}C CP/MAS NMR、热分析法、X 射线衍射和扫描电子显微镜等方法对结构进行表征。

（一）核磁共振法

核磁是检测包合物形成的一个重要手段，能够直接检测主客体分子中各原子的变化。在固态分析技术中通常采用交联极化机械角自旋（CPMAS）技术的 ^{13}C-NMR 谱分析环糊精包合物的结构。通过谱图上主体环糊精峰的分裂状态确认样品是否为包合物。此外，固体核磁谱图能够同时提供包合物的化学量比、晶体的不对称单元以及包合前后空腔内水分子的含量及它们所处位置等信息。

固体与溶液中的 NMR 不同，质子和碳核之间存在强核间偶极耦合。在溶液中由于构象平均，在环糊精谱线上只有 6 条线，每条线都对应一个不等的碳核。但在固态中，由于空间障碍和堆砌效应，构象被锁定，化学上等价的碳原子在晶体上可能是不等的，因此在 ^{13}C CP/MAS 谱上每一个化学等价的核将出现多重谱线，可以表征晶体最小重复单元的结构，也可以根据分裂情况分析结构性质。

对于 α-CD 与 PEO 的固态包合物，当 α-CD 在没有包合 PEO 时处于低对称构象状态，其中与构象拉紧的葡萄糖残基相连的 C_1 和 C_4 共振，在 ^{13}C CP/MAS 谱图上 98、80 ppm 处呈现明显的裂峰，当与 PEO 形成包合物时，这些峰都变为单峰，可进一步证明 PEO 穿过 α-CD 空腔，并使之恢复成接近圆形构象。

（二）X 射线粉末衍射

X-射线粉末衍射技术是测定固体包合物的形成及包合物纯度的重要手段。当客体分子是液态时，自身不产生任何衍射峰，但与环糊精形成包合物后则为粉末晶体，在衍射图上会出现特征峰，因此很容易确定固体包合物的形成。当客体分子本身是晶体时，形成包合物后，出现新的包合物晶体的特征衍射峰，其自身和环糊精的特征峰都消失。如果主、客体是简单的物理混合，则在衍射图上会同时出现两者的特征峰。

（三）热分析

热分析是使用最早的方法之一，有热重分析（TGA）和差示扫描量热（DSC）两种。TGA 是用于测定程序升温下，样品的质量变化（失重）和变化速率，可以用于区别样品是包合物还是混合物，以及在样品中客体分子处于包合状态的百分数。DSC 是通过测定程序升温时样品的放热和吸热速率，判定样品在升温时释放出的成分及熔融和分解温度。对于可结晶的客体分子，DSC 谱图上有晶体熔融峰，被包合后由于穿在环糊精空腔内部，阻碍了其结晶，故包合物的 DSC 曲线图中不再出现客体分子的结晶熔融峰。

（四）质谱法

质谱以其高效、快速、灵敏等独特优点在研究非共价主客体相互作用中起着越来越大的作用。随着"软电离"技术的发展，许多液相结合行为在质谱中可以得到很好的维持，但电离时很容易在气相中形成非特异性复合物。为消除这些非特异性复合物的干扰，需要仔细控制质谱的操作条件和溶液的浓度。虽然质谱法研究非共价复合时可能存在溶液中与气相中主客体相互作用不一致的情况，有时还可能在气相中形成非特异性复合物，但是，质谱法快速、灵敏，对样品的要求不苛刻，而且样品消耗量少，有望成为研究主客体相互作用的主要工具。

四、包合模式

环糊精与客体分子可以形成二元、三元及多元包合物，包合物的化学计量比通常通过等摩尔连续变化法[50-51]和 Benesi-Hildebrand 方程[52-53]求得。近年来大多数文献所报道的能形成稳定包合物的主客包合比一般为 1：1，然而也发现了其他形式的包合比存在。

（一）1：1（CD：客体）的包合模式

陈亮等[54]通过荧光光谱、1H NMR、13C NMR 等技术对诺氟沙星与 β-CD 的相互作用进行了研究，证明诺氟沙星与 β-CD 形成了包合物，并且诺氟沙星的亲水部分羧基从 CD 空腔的较宽边进入空腔，从窄边钻出空腔，疏水部分被包在 β-CD 空腔中（见图 5-13）。这种构型可使诺氟沙星在 β-CD 空腔中具有比较紧密的配合。实验中得到的诺氟沙星与 β-CD 形成 1：1 包合物的信息也可以用来模拟诺氟沙星与蛋白质的相互作用。

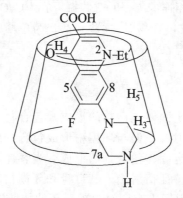

图 5-13　β-CD-诺氟沙星包合物结构示意图

（二）1：2（CD：客体）的包合模式

朱晓峰等[55]用微量热法研究了 β-CD 与十二烷基硫酸钠（SDS）的包合作用。SDS 分子具有亲水部分和疏水部分，疏水部分容易进入 β-CD 的空腔，而其亲水部分则处于 β-CD 端口的亲水环境中，与其端口葡萄糖单元的 2-，3-或 6-羟基存在氢键作用。微量热滴定结果表明：SDS 以两个分子和 β-CD 结合，SDS 的亲水端带负电荷，由于同种电荷的相互排斥作用，两个 SDS 分子在 β-CD 中的位置应尽可能反向（图 5-14）。这种包合可使体系的能量最低，包合物的结构最稳定。

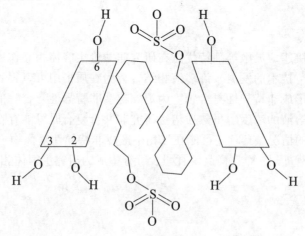

图 5-14　β-CD 与十二烷基硫酸钠包合物的结构示意图

（三）2∶1（CD∶客体）的包合模式

赵晓斌等[56]通过研究 β-CD 与胆红素（BR）包合物的紫外可见光谱结构及 X-射线粉末衍射图，判定 β-CD 能与 BR 进行包合作用（见图 5-15），这种作用力包括范德华作用力以及疏水作用力等，同时还必须考虑两者分子尺寸的匹配。这些研究结果为 β-CD 或其他环状低聚糖用于生物医学工程领域提供了理论依据。

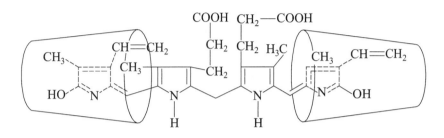

图 5-15　β-CD-胆红素包合物结构示意图

（四）2∶2（CD∶客体）的包合模式

张勇等[57]用荧光光谱法研究了 α-溴代萘（α-BrNp）在 β-CD 水溶液中与 β-CD 的相互作用。实验结果表明，这一相互作用所引起的体系荧光光谱的变化反映了两个 1∶1 的 α-BrNp-β-CD 包合物分子可以在一定的条件下进一步形成一种 2∶2 的重叠包合物。包合机理如下：当 β-CD 与 α-BrNp 形成 1∶1 包合物后，两个 1∶1 的包合物分子还可以头对头的方式进一步重叠包合形成一种 2∶2 重叠包合物（见图 5-16）。因为当萘分子进入 β-CD 空腔而形成包合物时是以"赤道接近"的方式进入 β-CD 的空腔的，再者由于 α 位上溴原子的空间位阻效应，α-BrNp 不会被 β-CD 的空腔完全包合，仍有一部分裸露在空腔外，当两个相似的这类分子的裸露部分相遇时，因极性相似相互重叠形成重叠包合物而使两个 α-BrNp 在部分重叠的基础上进一步受到两个 β-CD 空腔的保护。

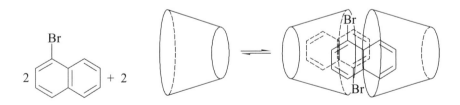

图 5-16　α-BrNp-β-CD 包合物的结构示意图

（五）3∶1（CD∶客体）的包合模式

雍国平等[58]根据 DSC 和 XRD 分析结果证实了 β-CD/胆固醇包合物的结构模型。因胆固醇分子的疏水性部分的环戊氢化菲骨架较大，在形成包合物时只能从 β-CD 的宽口端（伸碳羟基环带）进入 β-CD 内腔，而 C$_3$ 上的羟基则从 β-CD 的窄口端伸出，并与伯碳羟基形成氢键。被 β-CD 包合部分骨架的胆固醇分子仍存在较大的疏水性部分，该部分的环戊氢化菲骨架及烃链也必须从第 2 个 β-CD 分子的宽口端进入内腔（尺寸匹配性取向），因胆固醇分子的长度为 2.0 ~ 2.3 nm，两个 β-CD 分子不能完全包合胆固醇分子，则剩余的烃链将被第 3 个 β-CD 分子包合。根据 XRD 分析结果，β-CD 分子应采取"头头"排列方式，因此，胆固醇分子的较小，烃链部分可从窄口端进入 β-CD 内腔，从而最终形成图 5-17 所示的包合物结构模型。

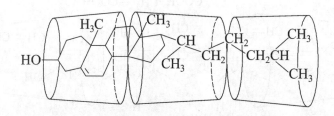

图 5-17　β-CD 与胆固醇包合物的结构示意图

（六）2∶1∶2（CD∶客体∶客体）的包合模式

Vincent C 等[59]采用荧光法研究了改性剂叔丁基化合物对甲醇/水溶剂中 β-CD/pyrene 包合过程的影响。随着不同改性剂的引入，β-CD/pyrene 的形成常数发生变化，由于改性剂的共存效应形成了 β-CD/pyrene/TB-modifier 三元包合物（见图 5-18）。形成三元包合物的主要驱动力有：改性剂的叔丁基基团与 β-CD 空腔的疏水作用力，连接在叔丁基部分的官能团与 β-CD 端口的羟基之间的氢键作用以及与本体溶液（甲醇/水）之间的氢键作用。改性剂对包合过程的影响取决于这三种力之间的相互平衡，而这些作用力间的相互平衡反过来又依赖于改性剂的化学结构。

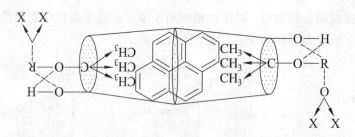

图 5-18　β-CD /芘/叔丁基-改性剂三元包合物的结构示意图

（七）2∶2∶1（CD∶客体∶客体）的包合模式

Kamitor[60]发现 γ-CD、12-冠-4 与 K$^+$ 可以形成 2∶2∶1 型包合物（见图 5-19），其晶体结构中两个 γ-CD 各自包合一个冠醚，K$^+$ 被两个冠醚上下夹住，CD 与 CD 之间通过二级羟基彼此形成氢键使得整个分子趋于稳定。

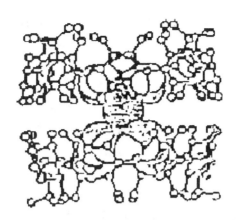

图 5-19 β-CD、12-冠-4 与 K+形成 2：2：1 型包合物的晶体结构

五、应用

环糊精是迄今所发现的类似于酶的理想宿主分子，并且其本身就有酶模型的特性，因此，在催化、分离、食品以及药物等领域中，环糊精受到了极大的重视和广泛应用。由于环糊精在水中的溶解度和包结能力，改变环糊精的理化特性已成为化学修饰环糊精的重要目的之一。近年来，包合物在化学、医药等方面的应用取得了很大的进展，如在药剂学方面，可以应用包合物来增加药物的稳定性，除去药物的刺激性和恶臭，使油状药物固形化，分离提纯中药的化学成分等。

（一）医药

环糊精能有效地增加一些水溶性不良的药物在水中的溶解度和溶解速度，如前列腺素-CD 包合物能增加主药的溶解度从而制成注射剂。它还能提高药物（如肠康颗粒挥发油）的稳定性和生物利用度，减少药物（如穿心莲）的不良气味或苦味，降低药物（如双氯芬酸钠）的刺激和毒副作用，以及使药物（如盐酸小檗碱）缓释和改善剂型。

例如，9-氧化樟脑为一种强心药，其性质极不稳定，结晶在空气中常温放置一天便被氧化失效，因而在药物制剂的保存和应用上造成了很大困难。后来发现，将它与硫脲形成包合物后，其产物的性质稳定，不易被空气氧化失效，可在室温储存一年（40 ℃ 贮存 6 个月）而无变化。又如在分离提纯中药方面，也有独特作用。下面以提纯山道年为例。土荆芥油中除有效成分山道年外，还含有多种杂质，若从土荆芥油中分离山道年，过去采用分馏法，分离出的成分，纯度不高，在高温时容易分解，若采用形成硫脲包合物的方法进行分离，就可避免上述缺点。

（二）分析化学

环糊精是手性化合物，它对有机分子有进行识别和选择的能力，已成功地应用于各种色谱与电泳方法中，以分离各种异构体和对映体。环糊精在电化学分析中能改善体系的选择性。

（三）日用化工

环糊精与表面活性剂一起用到洗发剂及厨房清洗剂中可以减少表面活性剂对皮肤的刺

激；利用环糊精还可以去除织物上的油渍；在染色工艺中，使用环糊精能够显著降低染料的初始上染速率，提高匀染性及纤维的着色量。

（四）环保

环糊精在环保上的应用是基于其能与污染物形成稳定的包络物，从而减少环境污染。其特有的分子结构可用于生物法处理工业废水。另外，空气清新剂可通过添加环糊精，达到缓慢释放气体分子、延长香味持续时间的作用。

（五）农业

拟除虫菊酯是一类非常重要的杀虫剂，利用环糊精可以解决其不溶于水，需消耗大量的有机溶剂的问题。这是解决拟除虫菊酯污染环境的有效途径。含不饱和脂肪酸的鱼饲料，用环糊精将脂肪酸包合，可防止其扩散入水。

（六）食品

利用环糊精的疏水空腔生成包络物的能力，可使食品工业上许多活性成分与环糊精生成包合物，来达到稳定被包络物物化性质，减少氧化、钝化光敏性及热敏性，降低挥发性的目的，因此环糊精可以用来保护芳香物质和保持色素稳定。环糊精还可以脱除异味、去除有害成分，如去除蛋黄、稀奶油等食品中的大部分胆固醇；它可以改善食品工艺和品质，如在茶叶饮料的加工中，使用 β-环糊精转溶法既能有效抑制茶汤低温浑浊物的形成，又不会破坏茶多酚、氨基酸等赋型物质，对茶汤的色度、滋味影响最小。此外，环糊精还可以用来乳化增泡，防潮保湿，使脱水蔬菜复原等。

（七）香料工业

环糊精在香料中的各种应用大多是以稳定化为目的的，香料特别是挥发性强的香料在烘烤、浓缩或杀菌等过程中由于加热会使大部分挥散掉。另外，可以将调配香料中的高挥发性成分和由于加热易氧化的成分与其他成分分开，并将前者以环糊精包合，制成热稳定性高的调和香料。另外，经环糊精包合的香料可以起到缓释作用。例如，β-环糊精包合香茅油与洗衣粉混合，不仅在水中定量释放香味，而且减少了表面活性剂对皮肤的刺激。

1. 提高香料的稳定性

利用环糊精的特殊结构将香料分子包藏，减少了香料分子与空气和基质等环境因素的接触，保护了不稳定香料而又没有改变其化学性质，增加了香料分子在高温中的稳定性以及抗氧化和紫外线分解能力。

鲁晓风等[61]研究了 β-环糊精包合香兰素的方法，用 X-射线衍射和红外光谱对包合物的结构进行了表征，用紫外分光光谱证实了香兰素与 β-环糊精之间形成了包合物，其包合比为 1∶1，通过差热分析证明包合反应使香兰素具有很好的抗氧化性、热稳定性，并具有缓释效果。

雍国平[62]研究了 β-环糊精对薄荷素油的包合作用，微胶囊能将液体薄荷素油转变成固体粉末香料，从而有效地阻止了薄荷素油的挥发。并于 2003 年，对薄荷醇的二次包埋进行了研究。制备薄荷醇的 β-环糊精一次包合物后，再用阿拉伯胶和麦芽糊精对其进行二次包埋，并用分光光度法研究了温度和储存时间对二次包埋物中薄荷醇稳定性的影响。结果表明，二次包埋物在环境温度下和较长的储存时间内是比较稳定的。

李柱等[63]以 β-环糊精为主体，对苯甲醛、柠檬烯、正辛醇、芳樟醇进行了包合试验，通过比较四种香料、香料混合物及香料环糊精包合物的红外光谱图，证明了香料单体与 β-环糊精之间发生了相互作用。通过对四种包合物的 DSC 扫描，发现包合物提高了香料单体对高温的耐受能力。

何进等[64]利用生成 β-环糊精包合物考察了大蒜油的稳定性，实验证明，在光、热、湿等因素影响下，包合物中的大蒜油含量没有明显变化，而混合物中大蒜油含量明显下降，说明大蒜油包合后，增加了对光、热、湿的稳定性，同时还降低了大蒜油的挥发性。

2. 增加香料的水溶性

大多数香料分子是有机物，水溶性差，利用生成 β-环糊精包合物，可使香料分子随 β-环糊精的溶解而溶解，进而增加香料的溶解度，提高非水溶性物质的溶解度。

3. 控制香料的释放

邓一泉、刘夺奎等[65]研究了 β-环糊精接枝到棉织物上的包合性。首次合成了柠檬酸-β-环糊精衍生物，并将其应用于接枝棉织物的研究。然后对接枝后 β-环糊精进行香料包合，使棉织物上的环糊精形成香料微胶囊。由于香料微胶囊对香料具有缓释控制作用，当微囊中的香料释放完后，还能吸收包合空气中甲醛等有异味的物质，因此还具有除臭作用。

第三节　环糊精包合物在卷烟中的应用

将环糊精包合的香精香料应用于卷烟中，可以克服湿度、pH、压力等外界因素的影响，其作用主要表现在：保护香味物质避免直接受热、光和温度而引起氧化变质；避免有效成分因挥发而损失；有效地控制香味物质的释放；提高储存、运输和应用的方便性。

李光水等[66]采用正交实验制备了环糊精与香兰素和肉桂醛包合物，利用紫外分光光度法、X-射线粉末衍射、DSC 及 NMR 研究了包结特性及结构特征，给出了可能的包合物结构模型，采用紫外光谱研究了香兰素与 β-CD 包合物的稳定常数；采用荧光光谱研究了香兰素与 β-CD 的包合作用；采用非等温热重法研究了 β-环糊精和香兰素的包合物的热分解动力学，分析了影响包合物热稳定性的因素及热分解动力学机理；初步探讨了香料包合物在卷烟加香中的应用效果；将包合物施加于烟丝、烟草薄片及卷烟配方中，有增香、除杂及改善余味的作用，而且具有较好的稳定性。

姬小明、苏长涛等[67-70]用饱和水溶液法制备了 β-环糊精和 β-紫罗兰酮的包合物，通过 ¹HNMR 和 DSC 方法证实了包合物的生成，采用 IR 法确证了包合物的结构，并进行了包合物的热分解动力学分析和卷烟加香试验。结果表明：包合物的热稳定性较 β-紫罗兰酮高，其内在结合力主要是范德华力，同时包合物还具有提高卷烟烟气的香气质和香气量，降低刺激性和改善余味的作用；进一步的稳定性试验表明，β-紫罗兰酮香料经环糊精包合后稳定性增加。下面以 β-环糊精和 β-紫罗兰酮的包合物为例介绍环糊精包合物的制备、性质及其在卷烟中的应用。

一、制备条件优化

用饱和水溶液法,根据实验要求称取一定量的 p-环糊精加水制成 60 ℃ 下的饱和溶液,恒温。另取等摩尔的 β-紫罗兰酮溶于少量乙醇中(溶媒加入量为整个反应体系的 20%),不断搅拌下加入 β-环糊精溶液中,维持 60℃ 继续搅拌 6 h。然后在 5 h 内缓慢降至 5℃,抽滤,依次用少量水、乙醇洗涤,在 40℃ 真空干燥箱中烘干,于冰箱中冷冻保存。

为优化制备工艺,选择以下四个因素进行正交试验;① β-环糊精和 β-紫罗兰酮的投料比(质量比)分别为 1∶2、1∶1 和 2∶1;② 搅拌时间;3 h、6 h 和 9 h;③ 包合温度;50℃、60℃ 和 70℃;④ 溶媒;0、20 % 和 40 %(无水乙醇占整个反应体系体积百分比)。

正交试验结果(见表 5-2)表明,包合温度对包合物形成的影响最大,其次为投料比和包合时间,溶媒加入量的影响最小。最佳工艺条件为:投料比 1∶1,搅拌时间 6 h,包合温度 60℃,溶媒加入量为整个反应体系的 20%。

表 5-2　包合物正交试验结果

试验号	投料比	搅拌时间/h	包合温度/℃	溶媒加入量/%	包合率/%
1	1∶2	3	70	20	81.50
2	1∶1	3	50	0	82.12
3	2∶1	3	60	40	83.93
4	1∶2	6	60	0	89.79
5	1∶1	6	70	40	83.24
6	2∶1	6	50	20	81.92
7	1∶2	9	50	40	79.37
8	1∶1	9	60	20	88.34
9	2∶1	9	70	0	76.51
Ⅰ	250.66	247.55	243.41	248.42	
Ⅱ	253.70	254.95	262.06	251.76	
Ⅲ	242.36	244.22	241.25	246.54	
R	11.34	10.73	20.81	5.22	
i	83.55	82.52	81.14	82.81	
ii	84.57	84.98	87.35	83.92	
iii	80.79	81.41	80.42	82.18	
R	3.78	3.58	6.94	1.74	

β-环糊精、β-紫罗兰酮、β-环糊精和 β-紫罗兰酮的混合物、包合物的 IR 分析结果(见表 5-3)表明;在 3418,1 658 cm^{-1} 频率处包合物谱图和混合物谱图具有明显差异,证明有包合物形成。混合物谱图中的 6 个谱峰都可以在 β-环糊精和 β-紫罗兰酮谱图中找到,包合物的谱峰数减少,峰强变弱,峰形变宽。在包合物中,β-紫罗兰酮羰基的特征峰 1 675 cm^{-1} 向低波数位移至 1 658 cm^{-1} 处,且峰强度降低,说明该部分可能被包合,双键伸缩振动受到了限制,羰基很可能插入到了 β-环糊精的空腔中。

表 5-3 β-环糊精、β-紫罗兰酮、混合物、包合物 IR 谱峰

β-环糊精	β-紫罗兰酮	混合物	包合物
3 394		3 430	3 418
2 927	2 958（肩峰）		
	2 924	2 927	2 923
	2 867（肩峰）		
	1 675	1 675	1 658
1 635	1 619		
	1 361	1 380	
	1 252		
1 080		1 082	1 082
1 030		1 030	1 030
	985		

表 5-4 是 β-紫罗兰酮与包合物中的 β-紫罗兰酮部分 ^{1}H NMR 谱峰归属对比，从表中数据可知：在包合物中，客体分子 β-紫罗兰酮的质子化学位移 δ 全部移向低场，表现为去屏蔽效应，Δδ 值的变化同样证明紫罗兰酮与环糊精已形成了包合物。

表 5-4 β-紫罗兰酮与包合物 1H NMR 谱峰归属

归属	β-紫罗兰酮 δ	包合物 δ	Δδ
CH$_3$（s，3H，H-6″）	0.856	0.883	0.027
CH$_3$（s，3H，H-6′）	0.930	1.006	0.076
CH$_2$（m，2H，H-5′）	1.244	1.295	0.051
CH$_2$（m，2H，H-4′）	1.472	1.496	0.024
=CHCH$_3$（s，3H，CH$_3$）	1.569	1.644	0.075
CH$_2$（m，2H，H-3′）	2.045	2.108	0.063
COCH$_3$（s，3H，CH$_3$）	2.259	2.294	0.035
=CH（d，1H，H-3）	6.051	6.103	0.052
=CH（d，1H，H-4）	6.559	6.623	0.024

二、性能表征

包合物的包合比及稳定常数是决定环糊精包合性质的重要参数。环糊精包合物的包合比及包合常数的测定方法，主要有光谱法、色谱和热分析法。

（一）包合比的测定

环糊精与客体分子形成包合物，其包合比是表征包合物包合性质的一个重要参数，与包合平衡常数也密切相关。一般在水溶液中，以 1∶1 的包合比占优势，但是在晶态，确切组成的包合物很少存在。环糊精对客体分子的包合实质就是类似形成配合物，因此可以利

用等摩尔连续变化法和摩尔比法测定包合物的包合比。在包合物与客体分子的紫外吸收波长一致的情况下，可采用相溶解法：使水中客体分子过饱和，与环糊精包合后，以水溶液中客体分子的浓度对环糊精浓度作图，得到相溶解度曲线。若相溶解度图为线性，则说明包合物的化学计量比为 1∶1，由相溶解度曲线的斜率求出包合平衡常数。还可以用荧光法以及差示扫描量热法等方法测定包合比，最常用的测定包合比的方法是紫外法和荧光法。

（二）包合常数的测定

包合常数（稳定常数）K 值能够对包合平衡做出定量描述，K 值大小反映了环糊精与客体分子形成包合物时结合力的强弱。环糊精包合常数的测定方法主要有紫外-可见分光光度法、高效液相色谱法、核磁共振法、荧光法、圆二色谱法等。

（三）液相中 β-紫罗兰酮与 β-环糊精包合反应热力学

1. β-紫罗兰酮标准曲线

在波长为 299 nm 处分别测定 β-紫罗兰酮标准溶液的吸光度，得到 β-紫罗兰酮标准工作曲线的一元线性回归方程：

$$y=0.0606x+0.35$$

相关系数 $R^2=0.998\,6$。

2. 溶液中 β-紫罗兰酮与 β-环糊精包合反应热力学

对于 1∶1 的包合体系，存在 Hildebrand Benesi 关系式：

$$[G]_T/A=1/K_{CD-G}\cdot[CD]_T\cdot\varepsilon+1/\varepsilon$$

式中：$[G]_T$ 和 $[CD]_T$ 分别为 β-紫罗兰酮和 β-环糊精的总浓度，ε 为摩尔吸光系数，K_{CD-G} 为包合物的稳定常数。

将上式以 $[G]_T/A$ 对 $1/[CD]_T$ 作图，由直线的斜率和截距可得包合物在 20℃、30℃、40℃ 和 50℃ 的稳定常数。配制 5.0×10^{-5} mol/L 的 β-紫罗兰酮溶液多份（30% 乙醇溶液为溶剂），分别加入不同浓度（2.5×10^{-3}、5.0×10^{-3}、7.5×10^{-3} 和 1.0×10^{-2} mol/L）的 β-环糊精水溶液，于不同的温度（20℃、30℃、40℃ 和 50℃）下搅拌，待包合平衡后（6 h）在 299 nm 处（加入低浓度的 β-环糊精水溶液对最大紫外吸收位置几乎没有影响）测定体系的吸光度。

表 5-5 为不同温度时包合物的吸光度。根据表中数据，以 $1/[CD]_T$ 为横坐标，β-紫罗兰酮浓度与对应吸光度的比值为纵坐标，分别作出不同温度下的回归曲线（见图 5-20）。由图看出，$[G]_T/A$ 对 $1/[CD]_T$ 呈良好的直线关系，表明溶液中 β-环糊精与 β-紫罗兰酮包合物的最佳物质的量的比为 1∶1。由直线的斜率和截距可得包合物在 20℃、30℃、40℃ 和 50℃ 的稳定常数分别为 1.11×10^{11}，1×10^{11}，7.14×10^{10}，4.48×10^{10}。由此可见，随温度升高水溶液中 β-紫罗兰酮与 β-环糊精包合物的稳定常数降低，这表明包合过程为放热反应。

表 5-5 不同温度时包合物的吸光度

1/[CD]$_T$	20° C	30° C	40° C	50° C
100	0.386	0.453	0.588	0.845
133.33	0.373	0.424	0.518	0.726
200	0.352	0.395	0.460	0.578
400	0.318	0.326	0.350	0.383

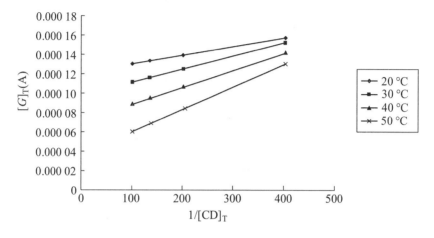

图 5-20 [G]$_T$/A 对 1/[CD]$_T$ 的关系图

根据关系式：$\ln K = -\Delta H/RT + \Delta S/R$，以 β-环糊精与 β-紫罗兰酮包合体系的 $\ln K$ 对 T^{-1} 作图，由直线的斜率和截距以及关系式 $\Delta G = -RT\ln K$，可得包合体系的表观 ΔH，ΔS 和 ΔG 值（30 ℃ 时）分别为 -58.6、-114.6 和 -2743 kJ/mol。在 β-环糊精包合过程中，仅疏水作用力对应着正的 ΔS 及正的或较小的负 ΔH 值（以熵变控制为主）。显然，在 β-紫罗兰酮与 β-环糊精包合体系中，疏水作用力对包合反应几乎不起作用。ΔH 和 ΔS 的值为负，这是因为包合过程的推动力主要是范德华力（$\Delta H < 0$，$\Delta S < 0$，以焓变控制为主），即 β-紫罗兰酮与 β-环糊精包合体系中，范德华力起主导作用。

3. 包合物的热稳定性

由 β-环糊精、β-紫罗兰酮及其混合物、包合物的 TG 曲线和 DSC 分析图（见图 5-21）看出：

（1）β-紫罗兰酮在室温与 150 ℃ 之间有一个小的失重，失重量 12.65%，在 125 ~ 270 ℃ 有一个明显的失重，失重量 85.65%，最大吸热峰在 224.1 ℃。

（2）β-环糊精在室温与 120 ℃ 之间有一个小的失重，失重量 12.33%，在 300 ~ 350 ℃ 有一个较大的失重过程，失重量 57.77%，在 296.1 ℃ 出现了最大吸热峰。

（3）包合物在室温与 200 ℃ 之间有一个较小的失重，失重量 5.04%，第一失重温度均比纯 β-紫罗兰酮或纯 β-环糊精的高，而且其失重量均比二者低，说明在室温至 200 ℃ 范围内包合物比这二者稳定；在 260 ~ 350 ℃ 有一个明显的失重，失重量 77.29%，最大吸热峰在 329.8 ℃，第二失重温度和最大吸热峰温度均比纯 β-紫罗兰酮的高，与纯 β-环糊精的接近，而且其失重量也比 β-紫罗兰酮的低，这说明在 260 ~ 350 ℃ 范围内包合物比 β-紫罗兰酮稳定，与纯 β-环糊精的接近。

（4）β-紫罗兰酮与 β-环糊精的混合物有 3 个失重段：在 50 ~ 158 ℃ 有 31.37% 的失重量，在 158 ~ 275 ℃ 失重量为 38.14%，在 275 ~ 500 ℃ 的失重量为 25.91%，最大失重率出现在 201.1 ℃；而包合物仅有 1 个较大的失重段（200 ~ 500 ℃），最大失重率出现在 329.8 ℃，明显处于较高的温度。

这说明此包合物并非是 β-紫罗兰酮与 β-环糊精的简单混合，而是形成了包合物，稳定性也得到了提高。

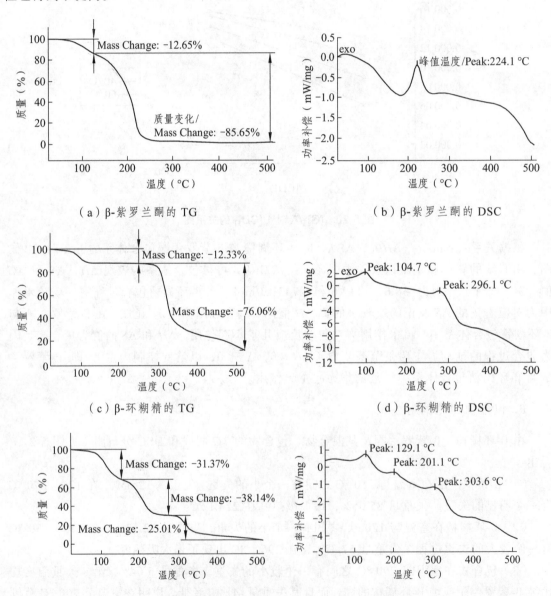

（a）β-紫罗兰酮的 TG

（b）β-紫罗兰酮的 DSC

（c）β-环糊精的 TG

（d）β-环糊精的 DSC

（e）β-环糊精和 β-紫罗兰酮混合物的 TG

（f）β-环糊精和 β-紫罗兰酮混合物的 DSC

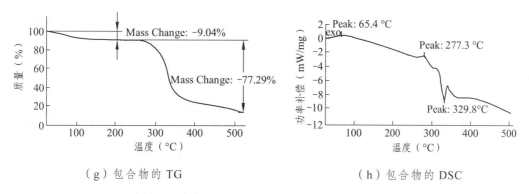

（g）包合物的 TG　　　　　　　　（h）包合物的 DSC

图 5-21　β-环糊精、β-紫罗兰酮及其混合物、包合物的 TG 曲线和 DSC 分析图

三、在卷烟加香中的应用效果

称取 0，0.25 g，0.50 g，0.75 g 包合物，用 8 mL 95%乙醇溶解，溶液用喉头喷雾器分别均匀喷洒在 50 g 烟丝上，加未加包合物的烟丝样品放在温度(22±1)°C 和相对湿度 (60±2)%的恒温恒湿箱中平衡 48 h，用卷烟器分别将加香和未加香的烟丝制成烟支，再平衡 48 h。然后由具备资质的卷烟评分专家评吸。其中，加 1%包合物的卷烟平衡后放入冰箱中保存。每隔 1 个月取样评吸，评吸 3 次。

包合物加香稳定性：把 10%的包合物按 1%的投料比对烤烟型配方烟丝进行加香，烟丝在恒温恒湿箱：(22±1)°C，相对湿度 65%中平衡 48 h 后制成卷烟，放入冰箱中保存。每个月取样 1 次进行评吸，共 3 次，以评价包合物在卷烟中的稳定性，以只添加 β-紫罗兰酮的卷烟处理为对照。

（一）包合物的加香效果

评吸结果（见表 5-6）表明，与对照相比，添加包合物的烟香增加，其中，添加量为 1%的加香效果最佳。这说明，β-紫罗兰酮包合物加入烟丝后对卷烟感官质量有一定的促进作用，添加适量的 β-环糊精与 β-紫罗兰酮的包合物，可与烟香相协调，去除杂气，香气质量和余味都有所改善。

表 5-6　烟丝中添加包合物的卷烟评吸结果

添加量（%）	评析结果
对照	烟气粗糙，木质气、杂气重，余味欠舒适
0.5	烟香略增加，香气质中等，杂气有，余味尚舒适
1.0	烟香明显增加，香气质较好，杂气有，余味较舒适
1.5	加香感略重，口感稍有不适，加香略显露，与烟香不协调

（二）包合物的加香稳定性

评吸结果（见表 5-7）表明，包合物加香的卷烟放置 3 个月的评吸总分、香气质、香气量基本没变化；而以 β-紫罗兰酮直接加香的对照组在 3 个月后总分下降 1.6，香气质稍变差，香气量有所下降。说明 β-紫罗兰酮被 β-环糊精包合后可以降低 β-紫罗兰酮的氧化，延缓香气的释放，具有一定的香料缓释性能，利用 β-环糊精包合技术能够提高卷烟存放期的稳定性。β-环糊精无毒性，生产成本较低，而且对人没有明显的毒副作用，它可在人体内被胃酸和胃酶分解，因此 β-环糊精可以作为一些烟用香料的包合材料。

表 5-7　烟丝中添加包合物的卷烟放置 3 个月的评吸结果

	放置时间（d）	香气质	香气量	浓度	杂气	刺激性	余味	总分
包合物加香	0	7.0	7.5	7.5	7.5	6.0	7.0	62.5
	30	7.0	7.5	7.5	7.5	6.0	7.0	62.5
	60	7.0	7.5	7.4	7.5	6.0	7.0	62.4
	90	7.0	7.4	7.4	7.5	6.0	7.0	62.3
直接加香[②]	0	7.0	7.5	7.5	7.5	6.0	7.0	62.5
	30	6.9	7.3	7.3	7.5	6.0	7.0	62.0
	60	6.9	7.2	7.3	7.3	5.8	7.0	61.5
	90	6.6	7.0	7.3	7.3	5.8	6.9	60.9

注：① 劲头、燃烧性和灰色均分别为 6.5，6.5 和 7.0；② 烟丝添加 1% 紫罗兰酮。

　　总的来说，相比较在食品等行业的应用，环糊精包合技术在烟草中的应用研究仍较少。调香技术是卷烟的核心技术之一，香味是卷烟可接受性的一个重要方面，也是体现卷烟产品风格的重要特征和标志。为保证所设计的卷烟香气丰满、厚实、谐调并具有特定的风格，必须注重对卷烟进行加香。但许多烟用香料易挥发、易氧化或遇到光热易分解，影响香料的使用效果，因此研究有效的加香方式，防止香味物质的散失，减少香料在卷烟燃吸时的释香不均匀性，是提高卷烟品质的重要方面。环糊精与某些香料分子形成包合物不仅可以提高香料分子的水溶性，还可以增加香料分子的稳定性，提高香料分子的可用性，从而达到增香的目的。环糊精独特的疏水性分子空腔结构及其所形成的包合物具有的特殊结构和性能，可以包合许多易挥发易氧化的香料客体分子并改进其对光、热及环境的稳定性，从而增加了香料添加剂在食品、化妆品及卷烟等领域中的使用价值，提升了产品质量。因此，采用环糊精包合物来提高香料的稳定性并增强留香能力将是烟草工业研究的热点课题。

第六章 介孔材料

材料是人类生活和生产的物质基础，是人类认识自然和改造自然的工具。可以这样说，自从人类一出现就开始了对材料的使用。材料的历史与人类史一样久远，可见材料的发展对人类社会的影响是极其深远的。材料也是人类进化的标志之一，任何工程技术都离不开材料的设计和制造工艺，一种新材料的出现，必将支持和促进当时文明的发展和技术的进步。20 世纪 70 年代，人们把信息、材料和能源作为社会文明的支柱。80 年代，随着高技术群的兴起，又把新材料与信息技术、生物技术并列作为新技术革命的重要标志。现代社会，材料已成为国民经济建设、国防建设和人民生活的重要组成部分。

第一节 概 述

一、定义

人们通过观察和实验，对孔材料的认知从最初的天然沸石到合成沸石，再从合成低硅沸石到合成高硅沸石，直到现在的硅铝沸石分子筛、硅磷铝沸石分子筛，再到有机金属化合物（MOFs）。前面几种都属于无机孔材料，有机金属材料则属于有机孔材料，但是 MOFs 同样是基于对无机孔材料的研究基础上得到的。多孔材料由于其大的比表面积，独特的孔结构等特点，在多相催化、吸附等众多领域得到了广泛应用。

据国际纯粹和应用化学联合会（IUPAC）对无机孔性材料的分类（见表 6-1），通常把一些孔径大于 50.0 nm 的固体（如多孔凝胶与多孔玻璃）定义为大孔材料（Macroporous），把孔径位于 2.0~50.0 nm 的固体定义为介孔材料（Mesoporous），把孔径小于 2.0 nm 的固体定义为微孔材料（Microporous Materials）。

表 6-1 多孔材料分类

种类	孔径/nm	特 征	实 例
微孔材料	0.2~2	结晶化骨架结构，水热稳定性高，孔径分布窄	天然沸石，A、X、Y 型分子筛，ZSM-5，TS-1
介孔材料	2~50	有序或者无序孔道，高比表面积及孔体积	MCM-41，SBA-15
大孔材料	50~1 000	孔径较大	多孔玻璃、陶瓷

分子筛（Molecular Sieve）是另一个描述多孔材料的术语。实际上，分子筛一词是为了描述一类具有选择性吸附性质的材料而由 McBain 于 1932 年提出的，它应当是以选择性吸附为特征的。值得注意的是，现在文献中常把微孔材料和介孔材料统称为分子筛而不顾及

它们到底有没有筛分某种分子的能力，如很多介孔材料也常被称作介孔分子筛。

根据材料的结构特征，多孔材料可以分为两类：无定形、次晶和晶体。最简单的鉴定是应用衍射法，尤其是 X 射线衍射，无定形固体没有衍射峰，而次晶没有衍射峰或只有很少几个宽衍射峰，结晶固体能给出一套特征衍射峰。无定形和次晶材料在工业上已经被使用多年，例如，无定形氧化硅胶和氧化铝硅胶，它们缺少长程有序（可能是局部有序的），孔道不规则，因此孔径大小不是均一的且分布很宽。次晶材料虽含有许多小的有序区域，但孔径分布也较宽。结晶材料的孔道是由它们的晶体结构决定的，因此孔径大小均一且分布很窄，孔道形状和孔径尺寸能通过选择不同的结构来很好的得到控制。

微孔材料（Microporous Materials）可以根据本身孔径与分子直径大小的匹配程度来控制分子的出入，故又被称为分子筛材料（Molecular Sieves）。大量微孔孔道的存在造就了较大的比表面积（300 ~ 1 000 m²/g），增加了流动相与孔道结构的接触面，从而提高了材料的催化、分离等性能。事实上，沸石分子筛在自然界中大量存在，但直到 1950 年末，Mobil 实验室发现催化反应可以在分子筛孔道内进行后，才使这类材料得到迅猛发展[71]。最著名的分子筛是 Mobil 实验室发明的 Zeolite 材料，一种具有大量通过孔道和笼腔等相互连通的微孔晶体硅铝酸盐材料。该材料具有高比表面积和孔径分布窄的结构特点，其孔径一般在 0.2 ~ 2 nm，并可以通过离子交换等后处理方法对其孔道进行改性，微调孔道结构及其化学、物理特性，以适应在不同催化反应、分离过程等领域中的应用。但是该材料的制备方法从根本上限制了其孔径的大小，这一点又限制了它们只能用于涉及小分子的应用，而有机大分子或生物大分子很难在其孔道内扩散和传输，使其不能够适合于大分子化合物的分离、催化反应等方面的应用。所以，制备孔径较大的多孔材料一直是材料化学研究者梦寐以求的。

有序介孔和大孔材料是材料家族中的新成员，它们是二维尺度上高度有序的系列材料，具有成千上万（甚至上千万）个孔径均一的孔排列有序，可为无机材料或有机高分子材料。无机固体介孔和大孔材料可以是有序的或是无序，它们被广泛应用在吸附剂、非均相催化剂、各类载体和离子交换剂等领域。有序介孔分子筛已经成为最常见的介孔材料。它们是以表面活性剂形成的超分子结构为模板，利于溶胶-凝胶工艺，通过有机物和无机物之间的界面定向导引作用组装成一类孔径在 1.5 纳米至 30 纳米、孔径分布窄且有规则孔道结构的无机多孔材料。

介孔材料具有规则的介孔（2 ~ 50 nm）孔道，很大的比表面积和孔道体积，这是介孔材料的特点与结构优势。另一方面，介孔孔道由无定型孔壁构筑而成，因此，与微孔分子筛相比，介孔材料具有较低的热稳定性与水热稳定性。由于窄的孔径分布，规则的孔道排列以及组成的灵活性等特点，介孔材料可以作为良好的催化剂和催化剂载体应用于大分子催化反应。另外，介孔材料也是研究介孔吸附的模型化合物；介孔材料可以用来分离生物大分子；在微电子和光学应用等方面，介孔材料也可以是良好的主体。因为介孔孔道的限制，客体分子可以高度分散并与主体材料相互作用，一些新颖的为体相材料所不具备的性质很可能被开发出来。由于研究的时间尚短，介孔材料的应用在很多方面还处于探索阶段，但前景还是乐观的。大孔材料由于孔径过大，已经不具有筛分分子的能力，所以一般不称之为分子筛。

二、模板

介孔材料的合成主要有两类模板：软模板和硬模板。软模板一般是表面活性剂，介孔的形成是由于表面活性剂的自组装结构导向生成的，它受到合成体系各组分的影响很大。硬模板通常是采用具有一定孔道结构的材料为模板，最终介孔材料的结构只由模板材料的结构决定。

（一）软模板

最早有序介孔材料的合成是采用长链的烷基季铵盐为阳离子表面活性剂，接着陆续有研究小组报道利用其他的表面活性剂来合成介孔材料，扩大了介孔材料的合成体系，如：阴离子表面活性剂、非离子表面活性剂、嵌段共聚物与混合模版剂等。

1. 阳离子表面活性剂

阳离子表面活性剂是最早被使用的介孔模板剂，由于该系列表面活性剂与带负电荷的无机物种之间存在较强的静电相互作用，很容易合成出具有高度有序的介孔材料。目前应用最广泛的是CnTMAB/C系列的阳离子表面活性剂，合成材料的介孔材料孔壁一般比较薄，热稳定性能有待提高。再有采用 Gemini 型双头的阳离子表面活性剂[[C$_{12}$H$_{25}$N$^+$(CH$_3$)$_2$(CH$_2$)$_2$N$^+$(CH$_3$)$_2$C$_{12}$H$_{25}$]·2Br$^-$能合成出高质量的 MCM-48 介孔材料[72]。

2. 阴离子表面活性剂

在碱性条件下，阴离子表面活性剂由于与无机硅酸盐物同带负电荷，两者之间不存在相互结合的作用力，致使阴离子表面活性剂一直没有被用来导向介孔氧化硅材料的合成。Che 等利用一种共结构导向剂，铵/胺的硅烷偶联（APTES/APS）将阴离子表面活性剂与阴离子硅酸盐物种连接起来[73-74]。如图 6-1，结构导向剂与阴离子表面活性剂有静电作用力，同时它的硅酸脂部分能够与无机物发生水解聚合，将硅酸盐物种与阴离子表面活性剂连接起来。在这一过程中，APTES/APS 起到一个共模板的作用，辅助阴离子表面活性剂实现了介孔材料的导向合成。当然，阴离子表面活性也可单独作为导向剂来合成介孔材料，但是需要结合带正电荷的无机前驱物，一般用来合成一些金属氧化物的介孔材料（A1$_2$O$_3$，Ga$_2$O$_3$和 SnO$_2$）。

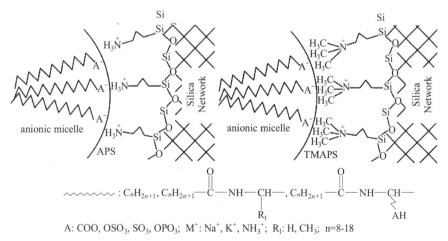

图 6-1　合成介孔二氧化硅的阴离子型表面活性剂和结构导向剂静电作用示意图

3. 非离子表面活性剂

非离子表面活性剂主要是一些长链胺类或醚类[75-76]，但是由于它们与无机前驱物之间的作用力较弱使得该体系的自组装能力较差，很难形成长程有序的介孔结构。例如，Pinnavaia 用烷基胺（$C_{12}H_{25}NH_2$）为模板合成出了孔壁较厚、二次堆积的介孔材料。

4. 嵌段共聚物

Stuck 研究小组用嵌段共聚物 P123（$EO_{20}PO_{70}EO_{20}$）作为表面活性剂，合成出了具有二维六方结构的有序介孔材料：SBA-15 介孔材料，开启了有机两亲性聚合物作为模板剂来合成介孔材料[71-78]的序幕。通过采用具有不同聚合度的嵌段共聚物（如：F108，F127 等）还能够合成出具有不同孔径和结构的其他介孔材料。

5. 混合模板剂体系

对于混合模板剂体系来说大致可以分为两类：

（1）疏水填充剂-表面活性剂。

由于表面活性剂的两亲性质，使得表面活性剂在水溶液中能自组装形成中心排水外部亲水的胶束。当体系中加入具有疏水性质填充剂后（常用 TMB/TIPB 以及具有疏水性质的脂/醚类等），因相似相容原理，疏水性的填充剂会存在于胶束疏水部分，即胶束的中心，这样从胶束的内部将胶束尺寸扩大了，导致最后合成的介孔孔道也被扩大。所以疏水填充剂常被用作扩孔剂来扩大合成介孔材料孔径的尺寸。例如：TIPB 被用作 SBA-15 的扩孔剂，实现了在 10 ~ 26 nm 范围内均一孔道的调节，甚至能到 50 nm（虽然此时孔径分布不太均一）。

（2）两亲性填充剂-表面活性剂。

由于填充剂自身的两亲性使得它常常能穿插在表面活性剂形成的胶束栅栏层中。这种情况下，填充剂的类型与大小会很大程度的改变胶束的形成，对模板剂/硅酸盐物种的介孔结构的形成也有很大的影响。常见的两亲性填充剂，如：醇、两亲表面活性剂、烷基醚类与脂等等。例如：Ryoo 小组在 P123 体系中加入了丁醇合成出了孔径在 4 ~ 12 nm 的 $Ia\bar{3}d$ 介孔结构[79]。Lu 研究组用 CTAB 和氟碳表面活性剂体系合成出了空心球和椭球体纳米棒介孔结构[80-81]。

（二）硬模板

采用硬模板法通常是用以合成通过软模板法难以直接合成出来的物种的介孔结构。一般是在模板材料的孔道中填满另一物种，在处理掉模板后，即得到与模板形貌一致，但孔道结构完全反相的材料，所以硬模板法也常被称为反相复制法。常用的模板一般是采用具有 3D 孔道结构的介孔材料，这样才能确保在除掉模板后新的骨架不至于坍塌。例如 MCM-48，KIT-5 与 KIT-6 等。例如：以 KIT-6 为模板合成了 Fe_2O_3 与 Co_3O_4 的介孔材料。特别的，对于介孔材料 SBA-15，虽然它具有二维六方的孔道结构，但是它的介孔孔道之间有微孔连接，经反相复制后，连接的微孔被复制下来，支撑了整个结构，复制后的材料也展示了二维六方的结构，如：CMK-3。与 SBA-15 具有相同孔道结构的 MCM-41 则不同，由于孔道间没有微孔连接，反相复制后就只能生成棒状的材料，没有二维六方的结构，如：C-41。

三、类别

根据介孔材料骨架化学组成不同，可将其分为硅基和"非硅"组成两大类。就硅基介孔材料而言，即构成骨架的成分是二氧化硅，又包括纯硅的和掺杂有其他元素的两大类材料。和微孔沸石分子筛的研究发展历史一样，最初的介孔材料的研究也是从硅酸盐和硅铝酸盐开始的。最著名的介孔分子筛材料当属以 MCM-41、MCM-50 为代表的系列材料。Kresge 等[82-83]采用季铵盐为模板剂，在水溶液中直接应用硅源物质作用合成了介孔材料，该方法工艺简单，对原料要求不高，制备的材料结构有序性高，性能稳定，因此，该材料一经报道，立刻引起材料化学界的广泛关注，使得对这类材料的研究迅猛发展。通过使用不同的模板剂和硅源，采用不同的合成条件和合成手段，具有新颖结构、优越性能的介孔材料的合成层出不穷。

对于硅基介孔材料而言，由于骨架由氧化硅组成，虽然具有少量的弱酸中心，对某些酸催化反应具有一定的效果，但是对其他绝大多数催化反应，并没有明显的催化作用，不能充分发挥介孔材料的结构上的优越性。因而，在不破坏介孔结构的前提下，通过向介孔孔壁上掺杂或镶嵌等方式来合成含杂原子的介孔分子筛，增加了酸中心的数量和强度，同时也改善了介孔材料其他多方面的性能，如骨架稳定性、亲/疏水性质、表面缺陷浓度、选择催化能力及离子交换性能等，大大拓展了介孔材料的应用范围。

非硅介孔材料最早由美国加州大学的 Stucky 研究小组开始，现在研究此类材料的科研团体遍布全世界，并已经取得了丰硕的成果[84]。现在已得到许多种类的"非硅"介孔材料，包括金属掺杂的介孔材料、各种介孔金属氧化物、介孔硫化物、介孔磷酸盐、介孔金属、介孔碳等。

（一）金属掺杂的介孔材料

由于介孔材料的孔壁为无定形，与微孔材料比较，许多过渡金属离子更易于被导入介孔材料的骨架。杂原子掺杂的 MCM-41 和 SBA-15 备受关注。能部分替代 MCM-41 型介孔分子筛骨架硅原子的杂原子有很多，常见的有：B，Ga，Cu，Fe，Co，V，Mn，Sn，Cr，Mo，W，Zr，Nb 等。M-AlMCM-41（M=Cu，Zn，Cd，Ni 等等）也可以直接合成。由于含钛分子筛在催化领域的重要地位，钛掺杂的介孔材料的研究开始较早，成果也多，堪称为介孔材料掺杂的典范。不同孔道结构的钛掺杂介孔材料，如 Ti-MCM-41、Ti-MCM-48，Ti-HMS，Ti-SBA-15 均已被成功地合成出来。钛掺杂的介孔材料改善了以往微孔钛硅酸盐催化剂的催化环境，打破了微孔无机骨架的尺寸限制，为催化有机大分子底物提供了可能性。由于它们的介孔结构易于使反应物分子接触孔道内部的活性位点，因此在大分子烯烃等氧化反应中显示出优越的选择氧化活性。这种类型的介孔材料在某些有机大分子的选择氧化反应中表现出 TS-1 所无法比拟的催化活性。这些掺杂成分的引入往往使介孔分子筛材料具有良好的催化活性，但元素的掺杂量较低（<5 mol%），而且掺杂后材料的热稳定性以及有序度都有所下降。近年来，人们倾向于向酸性介质下合成的 SAB 系列（SBA-1，SBA-2，SBA-3，SBA-15）氧化硅基体上掺杂不同的金属离子，特别是二维立方（空间群 Pm_3n 的 SBA-1 介孔分子筛，如在 SBA-1 中掺杂 V 和 Mo，Al，Co）等。由于二维立方结构的介孔分子筛孔道交叉相通，参与反应的分子不容易堵塞孔道，因而相对于二维六方的分子筛，

更有催化应用前景。

（二）金属氧化物介孔材料

1994 年，Stucky 小组报道了非硅介孔材料的合成，这些材料由于热稳定性较差，在除去模板的过程中孔道结构容易坍塌，不能得到脱除模板剂后的有序介孔材料。1995 年，Antonelli 和 Ying 等利用金属有机物前驱体在模板剂溶液中水解，以磷酸盐为稳定剂，合成了具有六方结构的介孔 TiO_2，这是第一次报道的具有较好孔道结构的非硅介孔材料。此后他们用配位体作辅助模板，成功地合成了 Nb_2O_5，Ta_2O_5 等介孔材料。

由于氧化铝在作为催化剂载体方面与氧化硅相比具有更高的水热稳定性、化学及机械稳定性、价格低廉、不同的等电荷点，易于装载不同的金属物种等优点，人们很早就开始尝试合成介孔氧化铝。介孔氧化铝由于具有高的比表面积、孔径分布窄及可调变的特性，可望在催化领域发挥更大的作用。Davis 等成功地合成了热稳定性达到 8 000 C、平均孔径为 2 nm、比表面积为 710 m^2g^{-1} 的介孔氧化铝材料。Cebrera 等以长链烷基阳离子表面活性剂为模板，通过自组装过程合成出热稳定性高达 900 ℃的介孔氧化铝，并且孔径的大小通过调节反应物的配比可在 3.3 ~ 6 nm 调变。

（三）硫化物介孔材料

相对于金属氧化物介孔材料，金属硫化物的介孔材料研究比较少。事实上，介孔硫化物独特的物理性能，使该材料在半导体器件、光学器件等方面具有重要的理论和实际意义。Sayar 等系统地报道了介孔硫化物的合成[85]，如 Mo，W，Co，Fe，Zn，Ga，Sn，Sb 等金属硫化物，发现上述硫化物均易于形成层状结构。

上述这些材料都是在模板剂的引导下，利用模板剂阳离子、S^{2-}、金属阳离子 M^+ 之间的静电作用力，通过自组装形成的。由于在硫化物中，硫离子与金属阳离子的作用力比氧化物中氧离子与金属阳离子的作用力弱得多，所以其骨架结构不够紧凑，骨架结构的稳定性也就差得多，当表面活性剂除去时，往往会导致介孔结构的坍塌，这些缺点都大大限制了它们的实际应用。

（四）硅酸盐介孔材料

在 MCM-41 问世不久，人们就开始尝试将介孔二氧化硅的合成方法扩展到磷酸铝介孔材料。Fyfe 等[86]用季铵盐为模板剂，采用溶胶法制备了一系列介孔层状磷酸盐材料。Ozin 等[87]在非水溶剂体系中利用四甘醇和癸胺为模板剂，也合成了介孔磷酸铝。Sayari 等[88]以直链脂肪胺为模板剂，通过液晶模板途径合成出具有层状结构中间相的介孔磷酸铝。但是这些层状介孔相结构的热稳定性较差，除去模板剂后，层状介孔结构就会坍塌。

（五）介孔碳材料

介孔碳是最近发现的一类新型非硅介孔材料，具有大的比表面（可高达 2 500 m^2g^{-1}）和孔容（可达到 2.25 cm^3g^{-1}），由于其良好的导电性、对绝大多数化学反应的惰性，易通过煅烧除去，与氧化物材料在很多方面具有互补性，可望在催化、吸附、分离、储氢、电化学等方面得到应用，受到了高度重视。

介孔碳的制备通常采用硬模板法，选择适当的碳源前驱物如葡萄糖、蔗糖乙炔、中间相沥青等，通过浸渍或气相沉积等方法，将其引入介孔氧化硅的孔道中，在酸催化下使前驱物热分解碳化，并沉积在模板介孔材料的孔道内，用 NaOH 或 HF 溶掉 SiO_2 模板，即可得到介孔碳。合成介孔碳时，一般选择二维孔道的分子筛作模板。如果模板是二维孔道，如 MCM-41，由于其直孔道相互没有连通，则在除去模板的过程中，介孔碳的结构会发生坍塌。但是，由于二维孔道的 SBA-15 孔壁上有微孔，因此也可以用作复制稳定结构介孔碳的硬模板。用 SBA-15 为模板时，可以得到两种不同结构的介孔碳材料：一种是碳前驱物完全充满 SBA-15 的孔道形成的具有二维六角排列的碳纳米棒阵列 CMK-3；另一种只是在 SBA-15 的孔道内壁沉积上一定厚度的碳，除去二氧化硅无机墙壁后得到同样具有二维六角排列的碳空心管阵列 CMK-5，CMK-5 仍然保持着 SBA-15 的有序性。

第二节　介孔材料的制备及应用

一、形成机理

关于介孔材料的形成一直存在一定的争论。起初 Mobil 公司在解释 MCM-41 的形成时提出了"液晶模板"机理（Liquid Crystal Template）[89]，随后这个机理被加以修正，同时又提出了一些可能的其他机理，如 Davis 提出的"棒状胶束组装"机理[90]；Stucky 提出的"硅酸液晶"机理[91]和"协同自组装"机理[92]。

（一）液晶模板机理

Mobile 公司的科学家们根据介孔分子筛的微观结构（透射电子显微镜得到的图像和从 X 射线得到的数据）和表面活性剂在水中生成的溶致液晶相似的特点，提出了液晶模板机理，认为介孔分子筛的合成是以表面活性剂的不同溶致液晶相为模板而得到的。其示意图如图 6-2 所示。

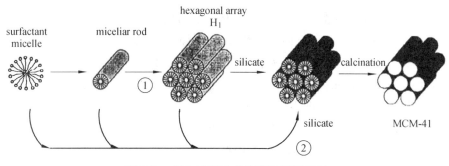

图 6-2　介孔材料形成的液晶模板机理

该机理的核心是认为液晶相或胶束作为模板剂。他们认为，介孔分子筛的形成可能按两种途径进行：一种是表面活性剂首先在溶液中形成棒状胶束，规则地排列成为六角结构的液晶相，当加入无机硅源物种后，无机硅聚阴离子就沉积在六角棒状胶束的周围，从而形成以液晶相为模板的有机-无机复合物（图 6-2 途径①）。另一种可能的情况是，加入硅源使得表面活性剂胶束同它们之间发生相互作用，通过自组装形成六角结构的介孔分子筛（图 6-2 途径②）。这一机理简单直观，尤其是途径②能够合理的解释介孔相的形成过程和 MCM-41s 的孔道结构，以及有机添加剂对孔道结构影响等实验现象。但随着对介孔材料研究的不断深入，就逐渐显示出 LCT 的局限性，特别是对某些后来发现的实验现象更是无法解释，甚至存在矛盾。

（二）棒状自组装机理

Davis 等利用原位 ^{14}N 核磁共振技术，对表面活性剂浓度大于棒状胶束形成的临界浓度时的介孔材料合成过程进行了分析，断定在合成过程中溶液里不存在表面活性剂的液晶相，从而否定了液晶模板机理中途径①发生的可能，而途径②也不完全准确。他们认为，硅酸根离子的引入对液晶结构的构成至关重要，硅源物质与随机分布的有机棒状胶束通过库伦力相互作用，在其表面形成 2 至 3 分子氧化硅层，然后，这些有机-无机棒状胶束复合物通过自组装作用形成长程有序的六方排列结构。随着反应时间的延长、温度的升高，使得硅醇键能够进一步缩合，使得棒状胶束自发地组装并进行结构调整，从而获得长程有序的介孔材料（见图 6-3）。反之，如果反应时间较短，则硅醇键不能充分缩合，棒状胶束无法进行充分的结构调整，这样得到的介孔分子筛材料的长程有序性就不是很好，但材料的比表面积仍然非常高，这与很多实验事实一致。

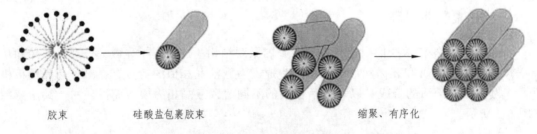

胶束　　　　硅酸盐包裹胶束　　　　　　　　缩聚、有序化

图 6-3　棒状自组装示意

然而，这种机理不能够解释 MCM-41 具有很长的孔道，因为在溶液中不存在那么长的棒状胶束。事实上，在合成条件下的表面活性剂溶液中，表面活性剂的聚集方式除棒状外，更多的是由球形胶束组成，因此，如果胶束周围有二氧化硅，那么胶束自发聚集在一起生成六角相的 MCM-41 外，还应该生成其他的相。另外，此机理还不能够很好的解释立方相 MCM-48 和层状相的 MCM-50 的生成。MCM-48 可以看成是一些具有相等长度的短棒交叉而成，而在表面活性剂溶液中，棒状胶束的长短是不一样的。低浓度的表面活性剂溶液中也不存在生成 MCM-50 所需的板状胶束。因此，此机理只能解释某些特殊合成条件下合成介孔材料的实验事实。

（三）协同作用机理

Stucky 基于大量的实验事实，并吸收其他模型中的某些观点，总结了协同作用机理。该机理认为，有机-无机物种之间的协同自组装形成了长程有序的介孔结构。硅酸盐多聚体阴离子同阳离子表面活性剂的亲水基团在有机-无机界面发生相互作用，无机层的电荷密度随着硅酸盐的缩聚发生变化，导致表面活性剂疏水链的紧密堆积。有机-无机物种之间的电荷密度匹配控制着表面活性剂-无机物复合物的排列。随着无机物种的缩聚，无机层的电荷密度发生变化，最终转化成有机-无机复合物。复合物的最终结构取决于无机物种的缩聚程度和表面活性剂-无机物种组装的电荷密度匹配。按照这种理论，电荷密度的匹配对自组装作用和最终产物的结构起决定作用，并由此推断出有机-无机物间相互作用的几种方式，如静电吸引力、氢键作用力、共价配位键等。Stucky 的机理能够解释介孔分子筛合成中的诸多实验现象，经过不断完善，具有一定的普遍性，并在一定程度上能够指导合成实验。因此，目前是一种广为接受的介孔分子筛的形成机理，其示意图如图 6-4 所示。

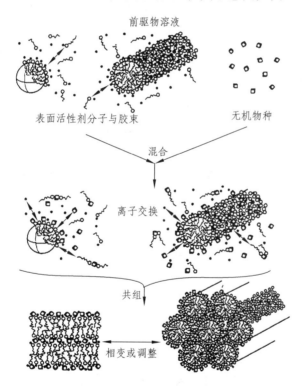

图 6-4　协同作用机理示意图

上述机理比较清晰地说明无机前驱体同有机模板剂之间的相互作用在介孔结构分子筛的形成过程是一个非常关键因素，是整个结构形成过程的主导，寻找到适合的无机/有机组相互作用，意味着发现新的合成途径。虽然每个关于介孔分子筛形成的机理都有强有力的实验数据来支持，每一种机理又都能解释一些实验现象，但是由于介孔材料的合成过程比较复杂，影响因素众多，目前还没有一个机理能够解释所有的实验现象，建立一个完整的介孔材料的合成机理还有待于进一步研究。此外，以上各种合成机理虽然是在研究氧化硅介孔材料的过程中归纳发展起来的，但也可以推广应用于非硅组成的介孔材料的合成。

二、制备技术

1992 年，研究者采用水热法首次合成出介孔材料，在此基础上人们对介孔材料的合成方法进行了大量的研究工作，合成方法从水热法发展到室温合成和微波合成，所采用的模板剂由最初的阳离子表面活性剂发展到阴离子表面活性剂和非离子表面活性剂等。其主要目的都是为了简化合成方法，降低合成成本和提高介孔材料的（水）热稳定性，并且使所合成的介孔材料具有不同的性能等。

（一）合成方法

1. 水热合成法

1992 年，Beck 等首次采用水热法合成出 MCM-41 介孔材料。所用的模板剂为 $C_nH_{2n}(CH_3)_3NBr$(n=8，9，10，12，14，16)，硅源为 Na_2SiO_3，晶化温度为 100～150 ℃，晶化时间为 1～10 天。晶化后所得固体在 N_2 保护下于 540 ℃ 焙烧 1 h，然后在空气中 540 ℃ 焙烧 6 h，即得 MCM-41 介孔材料，其孔径为 1.5～10 nm。模板剂 $C_nH_{2n}(CH_3)_3NBr$ 中 n 的改变可以调变孔径大小。在此基础上人们又进行了有关介孔材料的合成工作。Tanev[93]等采用中性模板剂进行了介孔材料的合成，证实了介孔材料的合成是在中性原始胺胶束（S^0）和中性无机前驱物（I^0）氢键的相互作用基础上形成的。通过 S^0I^0 途径也进行了氧化铝等其他介孔氧化物的合成。周春晖[94]等研究硅源对全硅 MCM-41 结构的影响表明，采用不同的硅源，硅酸钠和正硅酸乙酯均可得到 MCM-41 介孔结构的材料，产物具有六方结构。并且，相对于硅酸钠作硅源，由正硅酸乙酯而合成的 MCM-41 介孔材料脱除模板剂的温度较低，同时骨架有较多的 H-O-H，Si-O 基团，因而可具有更好的催化和吸附性能。在此基础上研究人员进行了介孔材料的改性工作，袁志庆[95]等以十六烷基二甲基溴化铵（CTAB）为模板剂，正硅酸乙酯为硅源，硫酸氧钒为钒源，原料的摩尔比 Si：CTAB：V：H20=1：0.2：x：100（x=25～200）。设定温度下晶化一定时间，所得固体产物过滤，洗涤至中性后，100 ℃下干燥过夜。半成品按前面方法培烧即得钒硅介孔材料。Lee[96]等用水热法合成出几种含钒、铝、硅的 MCM-41，经表征发现，钒、铝以单原子形式分布在骨架上，并且 V 和 A1 掺入后，使比表面在一定程度上减小。

2. 温和条件合成法

在水热反应合成 MCM-41 的同时，人们又进行了温和条件下合成 CM-41 的研究工作。Setoguchi 等[97]利用阳离子表面活性剂作模板剂，硅酸钠和 SiO_2 胶体等无机硅作硅源，在室温下合成出了 MCM-41 介孔分筛，并且研究表明，强酸性条件有利于形成大比表面积和孔容的介孔 SiO_2 材料。He 等[98]首次在室温条件下合成含 Fe 的 MCM-41 介孔材料，用 ESR 和 Mossbouer 谱证实了 Fe 进入了骨架结构。罗根祥等[99]也进行此方面的研究工作，其合成方法是按一定的比例将 CTAB 和四甲基氢氧化铵溶于水中，加入硅酸钠，完全溶解后滴加定量的盐酸，搅拌均匀后入 $FeCl_3$ 水溶液，75℃下回流 16h 过滤、洗涤、干燥、焙烧得 Fe-MCM-41 介孔材料。魏红梅等[100]进行了室温强酸介质下合成 MCM-41 介孔材料研究。其合成步骤如下：将一定量的氢溴酸（HBr）溶入蒸馏水中，再入一定量的 CTAB，在室温或指定温度下搅拌均匀后，逐滴加入一定量 TEOS，TEOS 迅速水解产生白色沉淀。搅拌一定时间后，再静止老化、洗涤、干燥、焙烧即可。结果发现，在室温附近，温度较高时样品的 XRD 谱图的 100 衍射峰亦相应较高，半峰宽较窄，且在室温时已合成出 MCM-41 介孔材料，并且所需时间比高温水热合成短，最佳反应时间为 3 h。以上诸方法都合成出了有序性好的介孔材料，但是所合成出的介孔材料的最大缺点是水热稳定性低，这大大限制了介孔材料在某些领域的实际应用。因此介孔材料水热稳定性的提高，一直是人们努力解决的问题。

（二）孔径控制

研究者对介孔分子筛的拓扑结构、孔径大小、孔道形状等的开发和设计尤为关注，其中调变孔径大小是合成和应用介孔分子筛的重要方面之一。增大介孔分子筛孔径的大小，不仅可以扩大它对金属氧化物、金属团簇等大分子、大体积功能基团选择入孔的范围，而且为载入到孔内的离子或原子簇提供了较大的空间，有利于反应物和溶剂分子在孔道中的扩散；同时调节孔径大小可以更大范围地实现分子级别的筛分，也可以更大限度地发挥其在催化裂解大分子石油馏分中的应用潜能。

介孔分子筛的孔径大小很容易在 2.0～10.0 nm 范围内调整，可以通过以下几种不同方法达到目的：

（1）改变表面活性剂分子中的烷基长度，介孔分子筛的孔径大小与所用表面活性剂分子的烷基链的链长有关，其孔径随着表面活性剂分子碳链长度的增加而增大。使用季按盐表面活性剂 $C_nH_{2n+1}NBr(n=8，10，12，14，16，18)$ 可分别合成出孔径在 1.8～3.8 nm 的介孔分子筛 MCM-41，并且碳数每增加 1，孔径增加 0.22 nm。但实际上由于表面活性剂的溶解度随着碳链长度的增加而降低，因此受溶解度的限制，较长链的季按盐表面活性剂并不是合成介孔分子筛的最优模板。并且 $n>20$ 的季按盐表面活性剂的碳链容易发生弯曲，使非极性基的长度减小，有效堆积体积参数增大，从而形成低比表面曲率的层状介孔材料。实验证明，通过改变碳数所能达到的孔径上限是 4.5 nm。

（2）在表面活性剂胶团中加入增溶疏水性有机分子，可以改变胶团的大小和形状，明显增大介孔分子筛孔径。通过添加 1，3，5-三甲苯（TM）或直链烷烃等非极性分子可将介孔分子筛的孔径扩大到 8 nm。这种扩孔效应的主要原因是：在表面活性剂水溶液中加入的非极性有机物质由于发生了增溶作用而使胶束胀大。1，3，5-三甲苯分子渗透进胶团中心的疏水部分使棒状胶束的表观直径增大，胶团的体积也随之增大，可溶性无机物种再经分子组装过程缩合在胶束表面，从而形成孔径增大的介孔分子筛。在一定的孔径范围内随着 1，3，5-三甲苯浓度的增加孔径呈线性增加。添加一种有机物仅是在有限的范围内扩孔，Blin 等[101]发现共用癸烷、三甲苯作膨胀剂扩孔可调节孔径至 9 nm。

（3）采用后处理扩孔技术，Sayari 将在低温下（如 70 ℃）制得的 MCM-41 样品置于其母液中，并在 150 ℃下老化 1～10 d 后，其孔径逐渐增加，最大可达 7 nm。制备条件如反应时间、反应温度、溶液组成、pH 以及焙烧条件等也影响孔径的大小。另外近年来又发展出了一些新型模板技术调变孔径的方法。Pinnavaia [102]等以聚环氧乙烯（PEO）为表面活性剂，采用中性模板机理 SI 合成途径，制备出孔径在 4.1～7.9 nm 的 MSU 系列介孔分子筛。Pinnavaia 等[103]运用超分子组装技术，以非离子型双子胺 Gemini 表面活性剂 $C_nH_{2n+1}NH(CH_2)_2NH(n=10，12，14)$ 为模板剂，合成出囊胞外形的孔径为 20～1400 nm 的 MSU-G 介孔分子筛。

三、表征方法

（一）扫描电镜

利用扫描电镜对材料进行研究是最为基本也最为重要的手段之一，它以图像观察为主，通过电子束轰击试样表面后，与试样相互作用从而产生了背散射电子、二次电子和特征 X 射线，然后对这些信息进行处理便可得到试样的表面形貌及成分分布情况等。当然，电子束与试样的作用还可产生俄歇电子和阴极发光等，但这不属于扫描电镜研究范围。SEM 仪器一般由电子光学系统、试样室、计算机控制系统、扫描显示系统及真空系统等组成，配备有能谱仪和波谱仪的扫描电镜不但能进行形貌观察而且还可进行微区的成分分析；配备有电子背散射衍射后还能进行材料微区结构、显微结构和晶体取向的研究。

（二）透射电镜

利用透射电镜不仅可以在高倍下观察物相形貌，而且还可以得到电子衍射花样。透射电镜主要由电子枪、照明系统、偏转系统、放大和成像透镜系统、图像记录系统等组成。电子衍射的基本原理为布拉格方程，当波长为 λ 的单色平面电子波以一定的入射角 θ 照射到晶面间距为 d_{hkl} 的平行晶面组时，各晶面的散射波同位相加强的条件是满足布拉格方程：

$$2d_{hkl}\sin\theta = n\lambda$$

为简单起见，衍射级数只考虑 $n = 1$ 的情况，即方程变为

$$2d_{hkl}\sin\theta = \lambda$$

对于单晶而言，电子衍射花样相当于放大了的倒易点阵面，衍射斑点规则排列。对于多晶样而言，衍射花样为不同半径的同心衍射环。

要得到真实清晰的透射电镜照片，样品的制备是极为关键的一步，一般有解理分散法、电解抛光减薄法、离子轰击减薄法、聚焦离子束法和超薄切片法等。

（三）物相分析

材料的组织形貌结构通过电镜可直接得到，而材料中各物相的结构则需要借助于 X 射线衍射分析。它不仅可以确定材料的物相组成，而且能估算出相对含量，也就是可基本完成物相的定性和定量分析，不过少于 1%含量的建议不要试图从 XRD 中找出来。若能配备有高低温附件，还可进行相变研究。每种物质都有其特定的晶格类型和晶胞尺寸，在晶胞中所属的原子位置也是一定的，因此对应着确定的衍射花样。通过衍射花样上各线条的位置可计算出晶面间距，再根据相对强度，并借助与标准 PDF 卡片的比对从而确定物相。

（四）小角度衍射

SAXS 称为 X 射线小角散射或小角 X 射线散射，是当 X 射线作用于被测样品时，若样品内部在纳米尺度范围内存在密度不均匀，则会在小角度区域内出现散射 X 射线。刘培生[104]等认为广角 X 射线衍射关系着原子尺度范围内的物质结构，而 SAXS 则相应于尺寸在零点几纳米至近百纳米区域内电子密度的起伏。也就是说，纳米尺度范围的微粒子或孔隙也可

产生小角衍射现象。通过 SAXS 可以表征介孔材料的介孔结构、空间群归属、有序度等。

（五）差热和热重分析

差热分析法是在程序控制温度下，测量物质物理性质与温度关系的一类技术。当试样发生任何物理或化学变化时，所释放或吸收的热量使试样温度高于或低于参比物的温度，从而相应地在差热曲线上可得到放热或吸热峰。

DTA 可用于成分分析，如无机物、有机物、药物和高聚物的鉴别和分析以及它们的相图研究；可用于稳定性测定，如物质的热稳定性、抗氧化性能的测定；可用于化学反应研究，如固-气反应研究、催化性能测定、反应动力学研究、反应热测定、相变和结晶过程研究；可用于材料质量测定，如纯度测定、物质的玻璃化转变和居里点、材料的使用寿命测定；可用于环境监测，如研究蒸汽压、沸点易燃性等。

热重法是在程序控制温度下，测量物质质量与温度关系的一种技术。TG 能准确地测量物质的质量变化及变化的速率，不管引起这种变化的是化学的还是物理的。

（六）比表面积

材料的比表面积是单位体积或单位质量所具有的表面积，前者称为体积比表面积，后者称为质量比表面积。通常情况下，质量比表面积用得最多。BET 气体吸附法是在 Langmuir 单分子层吸附理论的基础上，由 Brunauer，Emmett 和 Teller 三人建立并发展起来的。这里基于三点假设：第一，吸附是多分子层的，并且不一定完全铺满单层后再铺第二层；第二，第一层的吸附热为一定值，但与以后各层的吸附热不同，第二层以上的吸附热为相同的定值，即为吸附质的液化热；第三、吸附质的吸附与胶附只发生在直接暴露于气相的表面上。

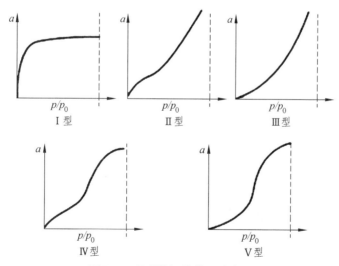

图 6-5 吸附等温线的五种类型

图 6-5 为经典的五种类型等温吸附线，称为 BDDT 分类。吸附等温线在一定程度上可反应孔结构特征。1985 年，在 BDDT 的五种分类基础上，IUPAC 提出了吸附等温线的六种分类，如图 6-6 所示，进一步对吸附等温线进行了补充和完善。

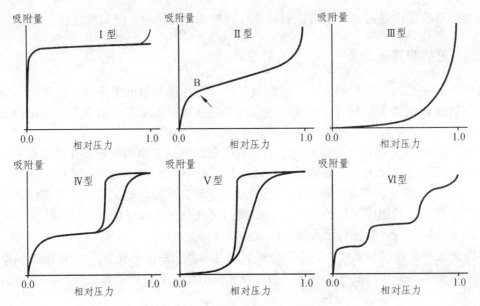

图 6-6　吸附等温线的六种类型

类型 Ⅰ 表示吸附剂具有微孔；类型 Ⅱ 与类型 Ⅲ 表示吸附剂具有大孔，但前者吸附质与吸附剂间存在较强的互相作用，而后者存在较弱的相互作用；类型 Ⅳ 是有着毛细凝结的单层吸附情况，存在的滞后环表明存在介孔；类型 Ⅴ 是多层吸附情况，也存在介孔；类型 Ⅵ是表面均匀的非多孔吸附剂上的多层吸附。

类型 Ⅳ 和类型 Ⅴ 均存在毛细凝结现象，存在介孔，IUPAC 进一步将其细化为四种，如图 6-7 所示。

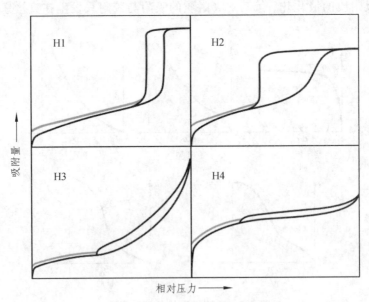

图 6-7　IUPAC 四种滞后环的分类

H1 型，滞后环较狭窄，吸脱附曲线几乎是竖直方向且近乎平行。这种情况多出现在通过成团或压缩方式形成的多孔材料中，这样的材料有着较窄的孔径分布；H2 型，滞后环比较宽大，脱附曲线远比吸附曲线陡峭。这种情况多出现在具有较宽的孔径和较多样的孔型分布的多孔材料当中；H3 型，滞后环的吸附分支曲线在较高的相对压力下也不表现出极限吸附量，吸附量随着压力的增加而单调递增。这种情况出现在具有狭长裂口型孔状结构的片状材料当中；H4 型，滞后环也比较狭窄，吸脱附曲线也近乎平行，但与 HI 不同的是两分支曲线几乎是水平的。

BET 测试时常用的吸附质为氮气，对于具有很小比表面积的样品则用氪气，而且在液氮或液态空气下进行吸附可有效避免化学吸附的干扰。

（七）动态 pH 测试

相分离伴随溶胶凝胶法制备块体多孔材料时，pH 直接影响体系凝胶过程，因此对体系的动态 pH 监测极为重要。根据 pH 的变化及凝胶时间的记录，可得到较为准确的体系的等电位点，便于对整体溶胶凝胶过程及凝胶促进剂作用原理的分析。

（八）远红外辐射率

红外线属于电磁波的一部分，波长位于 8 ~ 14 μm 的被称为远红外线。远红外辐射能力用比辐射率表示：

$$\varepsilon = M / \sigma T^4$$

其中：M 为物体辐射能，单位为 W/m^2；σ 为常数，单位为 $Wm^{-2}K^{-4}$；T 为黑体绝对温度，单位为 K。比辐射率 ε 越大，表明物体发射远红外越强，其辐射能越大。黑体的比辐射率 ε 为 1，是理想的发射物体。

四、应 用

（一）化工领域

介孔材料是微孔材料发展的必然结果。它的开放骨架，2 ~ 50 nm 的孔径给催化反应提供了物质传输的路径。介孔氧化硅材料本身是不具有催化氧化能力的，常常需要对其修饰、催化剂负载或是直接使用具有催化性能的非硅介孔材料来催化反应。由于介孔材料具有高的比表面积使得负载的催化剂或具有催化性能的官能团，能够高度分散且具高承载量的存在于孔道中，进而大大提高了催化效率。例如：Inumaru 小组[105]首先对介孔材料的孔道烷基化，再进行无机活性物质 $H_3PW_{12}O_{40}$ 的组装，由于在疏水的环境中质子酸展示了很好的活性，所以该组装体对于脂的水解反应展示了很高的催化性能。Rhijn 等将硫酸修饰在有序介孔材料的孔道里，将组装体用于缩合与醋化反应的催化，展现高效的催化性能[106]。通过 MOCVD 的方法将[Pd（η^3-C_3H_5)（η-C_5H_5）]沉积到介孔材料上，并将材料用于 Carbon-Carbon Coupling 反应的催化中，催化剂展示了很好的稳定性，较单纯的催化剂材料的催化活性也有所提高[107]。钛掺杂的介孔材料 Ti-MCM-41 在烯丙醇的环氧化中也同样展现了高效的催化性能[108]。不仅如此，钛掺杂的介孔材料在苯酚氢化、光催化降解苯酚等反应中也有很好的应用。还有很多过渡金属 Cr、V, Co, Mn 及贵金属 Pt, Mo, Ru 等掺杂的介孔材料在催化反应中的应用也很广泛。金属氧化物介孔材料则更加直接显示出了这种功能化材料与介孔结构结合的优势。

介孔材料可调的孔径，均一的孔径分布使它在物质的吸附与分离上也表现出众。以

KIT-5 为模板合成的介孔碳材料具有 5.2 nm 的孔径和 15 nm 的笼结构，能够吸附、分离茶成分：咖啡因、儿茶酚与单宁酸。根据材料的尺寸效应实现一步将三种成分分离[109]。对 MCM-48 的膜进行有机/水相（EA/H_2O，MEK/H_2O 与 EtOH/H_2O）的分离研究，并通过对孔道的硅烷化修饰，能得到不同的分离组分[110]。

（二）生物医药领域

酶是一种最常见的生物催化剂，能够高效的催化各种生物化学反应。酶的使用在生物化学上具有重大的意义。大多数酶都是由蛋白质组成，稳定性较差，在较强的酸、碱条件下及高温条件下易失活，所以酶的固定化是酶在实际运用中的一项重要内容。介孔材料由于其较大的孔径尺寸（2~50 nm）常适用于酶与蛋白的固定化与分离上。例如：将溶解素酶固定于介孔材料中，并于不同 pH 条件下测试其酶的活性，发现采用介孔材料为酶的载体后，酶的活性受外界环境干扰小[111]。采用介孔材料为载体还成功的固定化了胰蛋白酶、细胞色素 C、木瓜蛋白和青霉素酰化酶等。赵东元小组[112]研究发现，材料粒径越大固载能力就越强，而酶溶液最初的浓度与材料的固载能力无关。研究还发现，酶与介孔材料之间的作用力决定了酶在介孔材料达到最大固载量的时间。在介孔材料中负载了 Ag 纳米粒子，这种复合物对金黄葡萄球菌和大肠杆菌的生长有明显的抑制作用，主要由于在介孔孔道中这种高度分散的形式大大提高了 Ag 纳米粒子的杀菌活性[113]。

介孔材料的药物缓释研究，是以 M Vallet-Regi 小组[114]首次报道的以介孔材料作药物缓释载体的研究开始的。以 MCM-41 为载体，布洛芬为试点药物，研究了介孔材料对药物释放过程的控制能力。通过调节孔径的尺寸及药物与孔表的作用力来控制药物释放的过程。很快，这个发现就引起了材料与生物制药领域的极大兴趣。为进一步调查介孔材料在实际生物制药中的应用可能，陆续有科学家对介孔材料的安全性及生物相容性进行了调查。研究结果证实了氧化硅材料具有很好的生物相容性，无毒且具有生物可降解能力，是一种良好的药物载体。从此，介孔材料在药物缓释上的研究就更为广阔了。由于治疗癌变药物一般都具有较大的毒副作用，针对实际用药部位设计合成具有靶向释放功能的给药体系已经成为近几年来药物缓释研究的重点。Lin 小组[115]在这方面做出了很多优秀的工作。将组装药物后的介孔材料用 Fe_3O_4 纳米粒子通过二硫键连接堵塞在介孔的孔口处，使得药物不能被释放出来。由于在癌变部位存在着一种为硫辛酸（DHLA）的具有还原性的物质，能够还原双硫键使双硫键打开，而在外界磁场的作用下 Fe_3O_4 纳米粒子被移开，药物就能从孔道中释放出来。该体系是一种主要针对癌变部位靶向治疗的方式，对非癌变部位能实现零释放。

介孔氧化硅材料作为骨修复与再生的材料也是这几年刚开发的介孔材料在生物技术上的新应用。将氧化硅材料浸渍在体液中，体液中的的 Ca^{2+}，PO_4^{3-}，HPO_4^{2-} 离子会在氧化硅的表面结晶析出羟基磷灰石，而羟基磷灰石正是骨材料的无机组成。由于介孔材料高的比表面积使得羟基磷灰石的生长速度快，所以当采用介孔氧化硅材料作为骨修复的材料时，能够加速骨骼的修复与再生。对此，María Vallet-Regí 做了大量而细致的工作。研究发现，单纯用介孔硅材料来进行骨的修复一般时间较长，后来研究者通过在介孔氧化硅材料的合成体系中加入一定量的 Ca^{2+} 与 PO_4^{3-}，在羟基磷灰石沉积时起到一个晶种的作用大大缩短了骨再生的时间。赵东元小组采用生物活性玻璃的介孔材料作为骨修复材料发现在 4 小时后，材料上就有轻基磷灰石的沉积[116]。此后，María Vallet-Regíi 对介孔材料在用于骨修复与再生中的可能性进行了详尽的论述[117]。

（三）环境能源领域

介孔材料在环境上的应用主要集中表现在对环境污染物的催化转化上。例如：介孔的 TiO_2 材料由于较高的比表面积，提高了反应物与催化剂的接触，因此比纳米 TiO_2 具有更高的光催化活性，能够将很多不易被降解的有机废弃物转化为水和 CO_2 等。并且，还可以通过对 TiO_2 介孔材料进行掺杂，使得其在可见光条件下的催化降解效率增强。介孔的半导体 ZnO 材料对 CO 和 NO_2 展示了很高气敏性能，在对有毒气体检测上有着重要的应用价值[118]。负载了贵金属（Pd，Rh 等）或是过渡金属氧化物（CeO_2，ZnO 等）的介孔材料在处理汽车尾气，或是工业废气上也有很好的表现。

介孔材料开放的骨架结构与高的比表面积和孔体积，是一种良好吸附剂。当对介孔材料组装一些储能物质或直接采用对能源气体有较强吸附作用的介孔材料时，便在很大程度上提高对能源气体（氢气和甲烷等）的吸附能力。采用介孔材料作为能源气体的载体能极大地解决能源气体在储存及运输上的很多问题。碳材料具有一定的导电能力，而介孔碳材料具有宽敞的孔道、大的比表面积，是一种理想的超级电容器的电极材料，对于解决当前日益严峻的能源问题，推动电动汽车与混合动力汽车的发展起着积极的作用。

第三节　介孔负载香料在卷烟中的应用

紫茎泽兰为菊科、泽兰属，为国际公认的造成"生态性灾难"的世界性恶性有毒杂草，被列入《外来有害生物的防治和国际生防公约》中四大恶性杂草之一，严重影响了世界 30 多个国家的农、林、牧副业的发展。20 世纪 40 年代，紫茎泽兰由缅甸边境侵入我国云南境内。它对环境的适应性极强，无论在干旱贫瘠的荒坡隙地，还是墙头、岩坎、石缝，都能生长，且传播迅速。目前在我国云南、四川等省区广泛出现，以云南省分布最广，年产量超过千万吨。近几年对紫茎泽兰的研究正在全国多渠道、全方位展开，如利用化学药剂、生物天敌及人工拔除等进行无经济效益的投入型治理。在目前还不能完全根除的情况下，可从利用角度来考虑防治，将其变害为利、变废为宝。紫茎泽兰经长期的遗传、进化和演变呈现出一种天然的分级结构，具有多层次、多维、多组分的有序结构形貌特征。在定植最早的云南省，其遗传多样性尤为丰富，为我们在微观、介孔、显微、宏观等不同尺度上开展选择性氧化催化剂的结构性能设计与制备研究提供了许多启示和实物。

一、介孔载香材料制备与表征

（一）介孔材料制备与表征

利用扫描电子显微镜和光学显微镜对紫茎泽兰的茎、叶、花、果实及种子等各种器官表面的微形态特征（见图6-8）进行了初步比较观察，发现了叶片远轴面的两型性气孔器，花瓣近轴面的长乳突状细胞、多细胞表皮毛和头状细胞的腺毛等，均可为分级多孔的 SiO_2、Al_2O_3、TiO_2 等材料合成提供新颖模板。

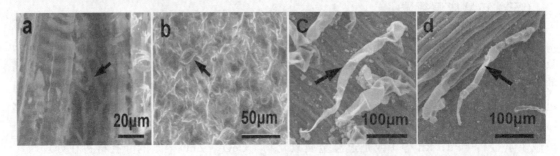

图6-8 紫茎泽兰茎（a）、叶（b）、茎表面腺毛（c）和叶表面腺毛（d）的SEM图

可见紫茎泽兰作为多年残酷竞争自然选择的胜利者，不仅宏观表象千差万别，微观结构也各具特色。其每一部位的结构特性都不同于已报道的各类模板，且由于该模板形态和组织结构的多样性，使其可进行单一或多种结构的综合利用，为合成更多具有奇特形态和突出功能的材料提供了必要条件，也可获得多种不同结构及形貌的 SiO_2、Al_2O_3、TiO_2 等材料。本章利用该植物资源通过长期探索合成出用紫茎泽兰叶作为模板的具有良好吸附性能的 TiO_2 负载碳颗粒多孔材料。

材料制备过程：首先将紫茎泽兰茎折成约15 cm长的段，洗净，在80 ℃烘箱中烘干。放入马弗炉中300 ℃下烧2 h，得到黑色物质。稍微研碎取12 g，用1 200 mL的5%的HCl溶液浸泡4天，抽滤，用蒸馏水洗涤至滤液为中性，再次于80 ℃烘箱中烘干，放入600 mL前驱液，浸泡4天。前驱液比例为TtiP：乙酰丙酮：无水乙醇=1∶0.1∶19（体积比）。最后，抽滤，在空气中自然水解之后，在管式炉中通 N_2 气900 ℃烧4 h（升温速率为5 ℃/min）。

经过长期实验探索，确立了材料的最佳合成条件，清晰地复制出紫茎泽兰茎的形貌。从扫描电镜图片和透射电镜图片来看，合成的紫茎泽兰茎 $C-TiO_2$ 多孔材料以微孔结构为主，另外还具有介孔结构和大孔结构，具有较大的比表面积，因而在吸附方面具有很好的应用前景。通过氮气吸附脱附分析，发现该材料具有良好的吸附效果。

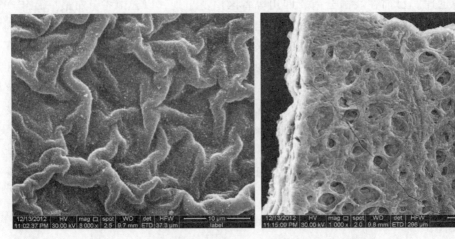

图6-9 $C-TiO_2$/紫茎泽兰茎的SEM图

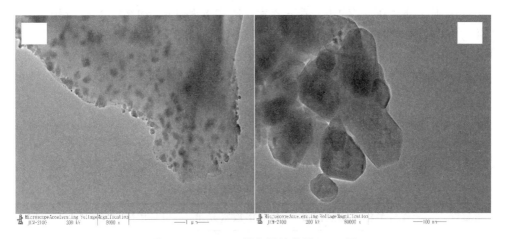

图 6-10   C-TiO$_2$/紫茎泽兰茎的 TEM 图

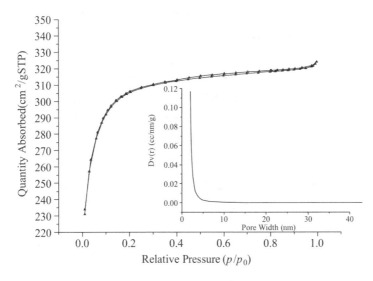

图 6-11   C-TiO$_2$/紫茎泽兰茎的氮气吸附脱附图

通过氮气吸附脱附试验，C-TiO$_2$/紫茎泽兰茎吸附材料的比表面积和孔结构参数的分析结果见表 6-2。从表可看出，该多孔材料的平均孔径为 1.976 nm；微孔孔径为 0.584 nm，与香气分子直径为同一数量级；微孔孔容为 0.419 cm^3/g，占总孔容 0.912 cm^3/g 的 45.9%。

表 6-2   C-TiO$_2$/紫茎泽兰茎吸附材料的孔结构参数

BET 比表面积（m^2/g）	平均孔径（nm）	微孔孔径（nm）	总孔容（cm^3/g）	微孔孔容（cm^3/g）
1 846.377	1.976	0.584	0.912	0.419

（二）介孔材料吸附香料实验

香料负载过程：将以上制备的紫茎泽兰茎 C-TiO$_2$ 多孔材料应用于香兰素、乙基香兰素、丁香酚和乙基麦芽酚的吸附研究。首先，配置一定浓度的香料溶液，一般配置 10 ppm 和 100 ppm，称取 0.1 g 材料，将材料加入到配置好的体积为 25 mL 或 50 mL 的香料溶液中，暗反应搅拌吸附 24 h，在反应 1 h（后三者为 1 h、2 h 和 3 h）和 24 h 后，分别测溶液的吸光度，并与空白未加吸附剂的香料溶液吸光度对比，计算出材料的吸附率（结果见表 6-3），用以表征材料对香料的吸附效果，筛选出吸附效果较好的材料香料体系。吸附效果可以用下面的公式 15 评价：

$$吸附率 = [(A_0 - A_a / A_0)] \times 100\%$$

式中：A_0——香料原始溶液的吸光度；

A_a——香料溶液暗反应后的吸光度。

6-3　各材料对香料的吸附效果

吸附材料	香料名称及初始浓度	初始溶液吸光度	3 h 后吸光度	吸附率
C-TiO$_2$/紫茎泽兰	香兰素（10ppm）	0.470 6	0.341 9	27.35%
C-TiO$_2$/紫茎泽兰	乙基香兰素（10ppm）	0.587 7	0.269 7	54.11%
C-TiO$_2$/紫茎泽兰	丁香酚（100ppm）	1.814 3	0.739 2	59.26%
C-TiO$_2$/紫茎泽兰	乙基麦芽酚（100ppm）	0.756 4	0.566 1	13.39%

由上表的测定结果可知，C-TiO$_2$/紫茎泽兰对香兰素（10 ppm）的吸附率为 27.35%，对乙基香兰素（10 ppm）、丁香酚（100 ppm）的吸附率分别为 54.11%、59.26%，吸附效果较好，对乙基麦芽酚的吸附效果稍差，吸附率为 13.39%。

用紫外-可见光分光光度计测得香兰素的最大吸收峰在 $\lambda=232$ nm 和 $\lambda=277$ nm，在 $\lambda=277$ nm 处的峰既不受材料出峰的影响，峰型也很标准，可以很好地在此波长下实现对香兰素的定性和定量分析。如图 6-12 所示。

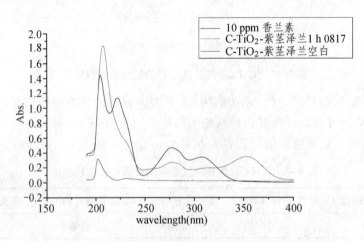

图 6-12　C/TiO$_2$ 紫茎泽兰（叶管烧）吸附 10 ppm 香兰素的紫外光谱图

乙基香兰素在紫外-可见分光光度法的测量下，最大吸收峰在 $\lambda=273$ nm 和 $\lambda=307$ nm，不受材料出峰影响，选择波长为 307 nm 作为实验分析条件，C-TiO$_2$/紫茎泽兰对其有较好的吸附效果。如图 6-13 所示。

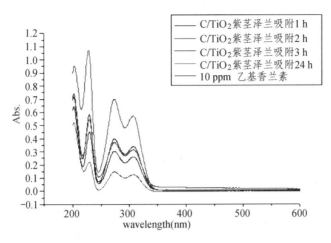

图 6-13　C/TiO$_2$ 紫茎泽兰（叶管烧）吸附 10 ppm 乙基香兰素的紫外-可见吸光谱图

丁香酚在紫外-可见分光光度法的测量下，最大吸收峰在 281 nm 处，不受材料出峰影响，C-TiO$_2$/紫茎泽兰材料对其 1 h 的吸附率在 50%以上。如图 6-14 所示。

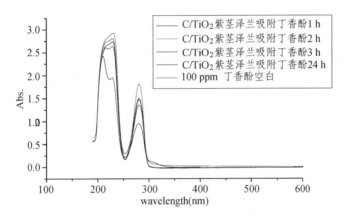

图 6-14　C/TiO$_2$ 紫茎泽兰（叶管烧）吸附 100 ppm 丁香酚的紫外-可见吸光谱图

乙基麦芽酚在紫外-可见分光光度法的测量下，最大吸收峰在 $\lambda=208$ nm 和 $\lambda=282$ nm，不受材料出峰影响，C-TiO$_2$/紫茎泽兰材料对其 3 h 的吸附率为 13.29%。如图 6-15 所示。

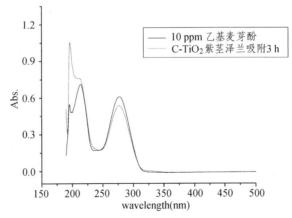

图 6-15　C/TiO$_2$ 紫茎泽兰（叶管烧）吸附 100 ppm 乙基麦芽酚的紫外-可见吸光谱图

二、介孔材料对香料的脱附

（一）脱附活化能分析

图 6-16 分别是香兰素、丁香酚、乙基香兰素、乙基麦芽酚在 C-TiO$_2$/紫茎泽兰茎吸附材料上的程序升温脱附（TPD）谱图。升温速率 β_H 分别是 4 K/min、6 K/min、8 K/min、10 K/min。T_p 是香气物质在吸附材上在不同升温速率下脱附速率最大时的温度，即 TPD 曲线上的峰温。

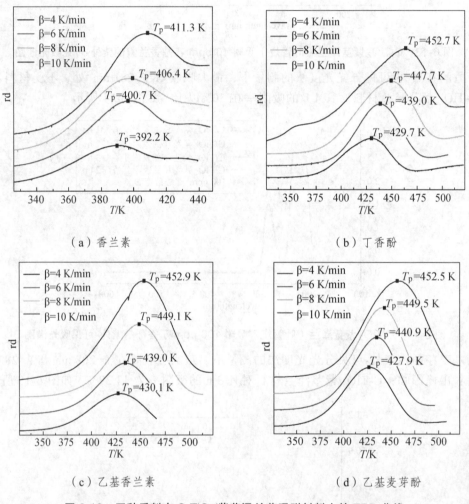

（a）香兰素　　　　　　　　　　（b）丁香酚

（c）乙基香兰素　　　　　　　　（d）乙基麦芽酚

图 6-16　四种香料在 C-TiO$_2$/紫茎泽兰茎吸附材料上的 TPD 曲线

由图 6-16 可以看出，四种香气物质在 C-TiO$_2$/紫茎泽兰茎吸附材料的 TPD 曲线上有一个峰，说明这四种香气物质与该吸附材料只有一类结合位点。现将不同升温速率下的脱附峰值代入脱附活化能的计算公式中，可以得到四种香气物质在 C-TiO$_2$/紫茎泽兰茎吸附材料的脱附活化能和曲线拟合度，如表 6-4 所示。

表 6-4　C-TiO₂/紫茎泽兰茎吸附材料吸附香气分子在不同升温速率的脱附峰温度及脱附活化能

香精分子	$T_{\beta=4}$（K）	$T_{\beta=6}$（K）	$T_{\beta=8}$（K）	$T_{\beta=10}$（K）	R^2	E_d（kJ/mol）
香兰素	392.2	400.7	406.4	411.3	0.999 6	52.65
丁香酚	429.7	439.0	447.7	452.7	0.996 1	65.37
乙基香兰素	430.1	439.0	449.1	452.9	0.984 4	43.83
乙基麦芽酚	427.9	440.9	449.5	452.5	0.972 8	54.41

由表可知，四种香气物质在 C-TiO₂/紫茎泽兰茎上的脱附活化能不同，即四种香气物质与 C-TiO₂/紫茎泽兰茎的结合力不同，香气物质与吸附材料结合力由小到大依次为：

乙基香兰素 ＜ 香兰素 ＜ 乙基麦芽酚 ＜ 丁香酚

下文将从香气物质的物理化学性质如偶极矩、分子直径以及体积等方面考察其对香气物质与吸附材料之间结合力的影响。

（二）香气分子的理化性质对其脱附活化能的影响

通过 GAUSSIAN 09 软件包计算香兰素、丁香酚、乙基香兰素、乙基麦芽酚的几何结构和能量，四种香气物质的所有构象都在 HF/sto-3G 水平进行了全扫描优化，将所有局部最低能量构象都在 B3LYP/6-311+G* *水平进行重新优化以得到能量最低构象，对所有驻点都进行振动分析计算以确认它们为稳定结构，在优化结构参数基础上计算得到四个香气分子的偶极矩、分子直径和分子体积，详见表 6-5。

表 6-5　香气分子的理化性质

香味物质	香兰素	丁香酚	乙基香兰素	乙基麦芽酚
分子式	$C_8H_8O_3$	$C_{10}H_{12}O_2$	$C_9H_{10}O_3$	$C_7H_8O_3$
分子量（g/mol）	152.15	164.2	166.17	140.14
偶极矩（Debye）	2.75	2.64	3.97	3.78
分子直径（nm）	0.856	0.956	0.918	0.858
分子体积（cm³/mol）	101.9	148.0	129.4	103.1

上表列出了四种香气物质的结构式、偶极矩、分子直径和体积。从表中这四种香气分子的偶极矩可以得出这四种香气分子都是中等极性的分子，这些分子中的各种基团能与 C-TiO₂/紫茎泽兰茎吸附材料表面的基团之间能形成一种偶极-偶极相互作用力而被吸附。四种香气物质的偶极矩由小到大依次为：

丁香酚 ＜ 香兰素 ＜ 乙基麦芽酚 ＜ 乙基香兰素

分子直径由小到大依次为：

香兰素 ＜ 乙基麦芽酚 ＜ 乙基香兰素 ＜ 丁香酚

分子体积由小到大依次为：

香兰素 ＜ 乙基麦芽酚 ＜ 乙基香兰素 ＜ 丁香酚

四种香气物质的分子直径和体积大小关系呈现同样的规律。

由图 6-17 可以看出，这四种香气分子在 C-TiO₂/紫茎泽兰茎吸附材料上的脱附活化能随着分子的偶极矩的增大而减小，这表明分子的偶极矩大小在这些分子与 C-TiO$_2$/紫茎泽兰茎吸附材料表面的相互结合力方面起主导作用，这也说明这四种分子分别与 C-TiO$_2$/紫茎泽兰茎吸附材料的偶极-偶极相互作用比较强，宏观上表现为脱附活化能随其偶极矩增大而减小。

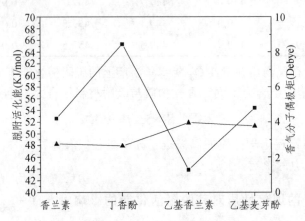

图 6-17　四种香气分子在 C-TiO$_2$/紫茎泽兰茎吸附材料上的脱附活化能与分子偶极矩的对应关系
（ ■-脱附活化能；▲-分子偶极矩 ）

同时考察其对四种香气物质与吸附材料结合力的影响。这四种香气分子在 C-TiO$_2$/紫茎泽兰茎吸附材料上的脱附活化能与其分子直径和体积并未呈现一种正比例的对应关系（图 6-18，图 6-19），但仔细观察图 6-18 可以看出，香兰素、丁香酚、乙基香兰素这三个香气分子的直径与 C-TiO$_2$/紫茎泽兰茎吸附材料的变化趋势一致，只有乙基麦芽酚例外，考虑到乙基麦芽酚较易与 Fe 等金属离子形成配合物，所以乙基麦芽酚的分子直径与 C-TiO$_2$/紫茎泽兰茎吸附材料的变化趋势例外可能是由于乙基麦芽酚能与 C-TiO$_2$/紫茎泽兰茎吸附材料表明的金属离子形成配合物有关。因 C-TiO$_2$/紫茎泽兰茎吸附材料的平均孔径为 1.976 nm，约为这四种香气分子直径的 2 倍，可能是由于 C-TiO$_2$/紫茎泽兰茎吸附材料的微孔孔壁对香兰素、丁香酚、乙基香兰素这三个香气分子能形成较强的吸附力场，吸附质分子的直径越大，受到这种力场的作用力也愈大，宏观上表现为分子直径大的香气物质在吸附材料上的脱附活化能越大，但乙基麦芽酚由于产生络合物而影响了其分子直径而产生特殊性。

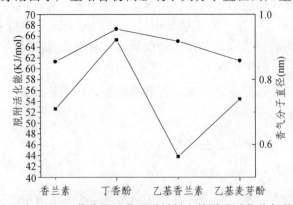

图 6-18　四种香气分子在 C-TiO$_2$/紫茎泽兰茎吸附材料上的脱附活化能与其分子直径的对应关系
（ ■-脱附活化能；●-分子直径 ）

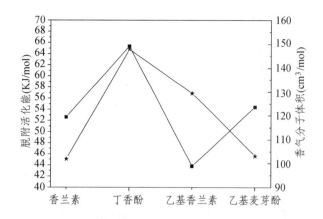

图 6-19 四种香气分子在 C-TiO₂/紫茎泽兰茎吸附材料上的脱附活化能与其分子体积的对应关系
（■—脱附活化能；★-分子体积）

三、在卷烟加香中的应用效果

将 C-TiO₂/紫茎泽兰茎多孔材料负载香兰素、丁香酚、乙基香兰素、乙基麦芽酚后，15 mg/支的用量添加到卷烟滤棒中制备成复合滤棒，应用于某牌号卷烟试制品中，经感官评价，对感官评价数据运用轮廓图分析了各样品的风格特征和品质特征，结果见图 6-20。

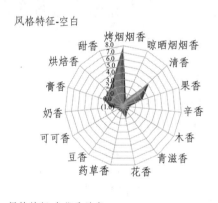

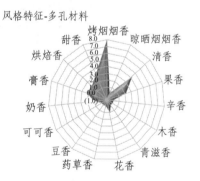

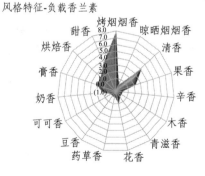

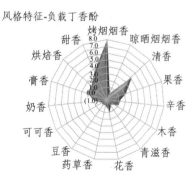

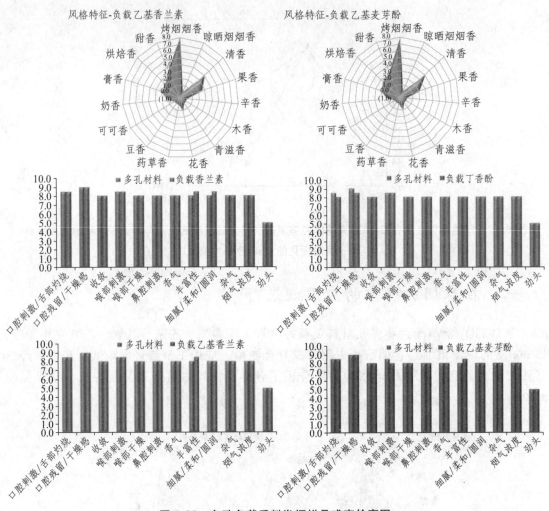

图 6-20　多孔负载香料卷烟样品感官轮廓图

由上图可以看出，制备的 C-TiO$_2$/紫茎泽兰茎多孔材料对卷烟风格特征没有影响，能够明显降低卷烟干燥感和刺激性。对于负载香兰素的样品，甜香香韵有所增强，卷烟的丰富性明显增加、细腻/柔和/圆润有所改善；对于负载了丁香酚的卷烟样品，能明显感受到辛香和木香，甜韵也有所增强，但其舒适性有所下降；对于负载了乙基香兰素的卷烟样品，果香、甜香有所增强，香气丰富性、舒适性有所改善；对于负载了乙基麦芽酚的卷烟样品，烘焙香明显增强，香气丰富性、舒适性有所改善。评价结果也证明了香兰素、丁香酚、乙基香兰素、乙基麦芽酚等香料能够有效负载到 C-TiO$_2$/紫茎泽兰茎多孔材料中，能够在卷烟抽吸时释放出香味成分。

第七章 挤破式胶囊

随着世界反烟运动的日益高涨和消费者对吸烟与健康关注的普遍增强，市场对卷烟的要求越来越高，使烟草业面临前所未有的压力，降焦减害已成为国内外烟草业的发展趋势和生存所必需，而减害降焦带来的必然结果就是卷烟产品吸味变淡、香气不足、劲头偏小。因此，如何使卷烟的焦油及其有害成分显著降低，同时又保持卷烟吸味使消费者得到生理满足，是卷烟设计面临的最大挑战。

目前，各卷烟工业企业在卷烟加香方面开展了大量的相关研究工作，除了对烟叶和烟丝进行加料加香的处理外，研发人员还对烟用材料（卷烟纸、接装纸、成型纸、滤棒）加香，特别是对滤棒的加香可行性及实现方式进行了大量研究，研制了如香线滤棒、胶囊滤棒、颗粒复合滤棒、吸附剂滤棒等加香滤棒。其中，胶囊滤棒中的胶囊，可根据吸烟者的喜好，通过定点、定时挤破，释放出其内包裹的各种香精香。如包秀萍等[119]研究表明，挥发性薄荷油胶囊卷烟滤棒可以起到增加香气、改善舒适性和余味的作用。

正是由于挤破式胶囊所包裹的香精香料种类较多，且不用经燃烧或高温裂解，其产生的香气是由胶囊内包覆的香精香料本源气息，因此，挤破式胶囊滤棒越来越受到卷烟工业企业的重视。

第一节 概 述

一、定义

胶囊通常有硬胶囊（Hard Capsule）和软胶囊（Soft Capsule）之分。硬胶囊是将一定量的填充物制成均匀的粉末或颗粒，充填于空心胶囊中制成的一种胶囊剂。软胶囊液体物质经处理密封于软质囊材中而制成的一种胶囊剂。

挤破式胶囊是一种软胶囊，它与常规软胶囊的差别在于，一般的软胶囊需要在一定的化学环境下（如酸性、水溶液下）发生崩解，从而释放被包裹在其中的填充物，而挤破式胶囊一般是在需要的时候，用外力压破胶壳，释放填充物。相对普通软胶囊，挤破式胶囊胶壳硬度更高一些。但与硬胶囊不同的是，挤破式胶囊是在同一个生产场地内，将湿软胶液和填充物液体同时封闭成型并制备成丸的胶囊，干燥后软硬适中；而硬胶囊是先在制壳场地制备并干燥成为两头可以相互套封的硬囊壳，再在充填室内拆拔开后填装入内容物，然后马上封套，相应囊材更硬。

二、结构

挤破式胶囊是一种内充液体的密封单构件胶囊，主要由两部分组成：胶壳和填充物（或内容物），如图 7-1 所示。

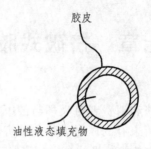

胶皮

油性液态填充物

图 7-1　软胶囊构造

（一）胶壳（或胶皮）

在成品中，挤破式胶囊必须具有一定的弹性和强度，因此，其胶壳通常由具有较强弹性和可塑性的高分子材料与增塑剂（通常为甘油、山梨醇或两者的混合物）、水共同构成。

胶壳的弹性大小取决于其中的高分子材料、增塑剂、水的重量比，一般比较适应的比例是高分子材料∶水∶增塑剂=1∶1∶0.4～0.6。若增塑剂用量过低（或过高），则胶壳会过硬（或过软）。由于在挤破式胶囊的制备以及放置过程中仅仅是水分的损失，因此，高分子壁材与增塑剂的比例，对胶囊的制备及质量有着十分重要的影响。

（二）填充物（或内容物）

挤破式胶囊的填充物为各种油类或对胶壳无溶解作用的液体或混悬液。一般而言，以下物质比较适宜作为挤破式胶囊的填充物：

（1）油性低熔点物质；

（2）对光敏感、遇湿热不稳定或者易氧化的物质；

（3）具不良气味的及微量活性的物质；

（4）具有挥发性成分、易逸失的物质；

（5）生物利用度差的疏水性物质。

三、壁材类型

对于挤破式胶囊而言，组成胶壳的壁材对胶囊的性质至关重要。选择合适的壁材是获得高胶囊化、性能优的胶囊产品的重要条件。因此，壁材的配选一般要从以下几个方面考虑：

（1）能与芯材相配伍但不发生化学反应；

（2）壁材自身的物理化学性质，如溶解性、吸湿性、稳定性、机械强度、成膜性和乳化性等；

（3）价格应合理，且容易制备；

（4）符合食品卫生及安全要求。

目前，常用的壁材多为天然高分子材料、半合成高分子材料、全合成高分子材料，按其化学性质可分为碳水化合物类（如淀粉、乳糖、纤维素、壳聚糖、海藻酸钠等）、胶体类（如阿拉伯胶、卡拉胶、角叉胶、黄原胶、果胶等）、蛋白质类（如大豆蛋白、明胶、玉米蛋白、乳清蛋白等）以及蜡脂类（如蜂蜡、石蜡、油脂、脂质体等）。其中，海藻酸钠、壳聚糖、明胶是最常用到的三种天然壁材。

（一）海藻酸钠

海藻酸钠（Sodium Alginate），分子式为$(C_6H_7O_6Na)_n$，是一种由海藻类生物中提取的天然多糖类高分子化合物，一般为淡黄色或白色粉末，无臭，无味，易溶于水，吸湿性强，持水性能好，不溶于酒精、氯仿等有机溶剂，其黏度因聚合度、浓度和温度的不同而不同。因海藻酸钠分子中含有大量游离的羟基和羧基，导致其性质活泼，能进行各种化学改性，具有良好的凝胶特性、黏性、生物相容性、稳定性、成膜性等，易于乳化、干燥、成膜，是一种理想的胶囊壁材。其分子结构如图 7-2 所示。

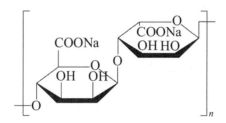

图 7-2 海藻酸钠分子结构

（二）壳聚糖

壳聚糖（Chitosan）也称几丁聚糖，是甲壳素经浓碱加热处理脱去 N-乙酰基的产物，为白色或微黄色片状固体，溶于盐酸等大多数有机酸，不溶于水和碱溶液，易挥发。壳聚糖是天然多糖中唯一的碱性多糖，具有来源广泛、无毒、易化学修饰性、生物相容性，以及具有良好的吸附性、成膜性和可降解性等特点。其分子结构如图 7-3 所示。

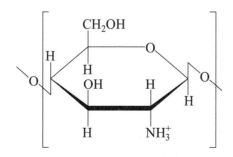

图 7-3 壳聚糖分子结构

（三）明胶

明胶（Gelation）是一种水溶性的蛋白质的混合物，其外观为无色或淡黄色的透明薄片或微粒，相对分子质量为 $1.75 \times 10^4 \sim 45 \times 10^4$ Da。碱法水解所得产品为 B 型，等电点 pH 为 $4.8 \sim 5.1$；酸法水解所得产品为 A 型，等电点 pH 为 $8.8 \sim 9.1$。由于明胶价格低、来源广、无毒、易溶于水，同时具备成膜性，因此，在胶囊制备中常用于作为壁材。其分子的基本结构如图 7-4 所示。

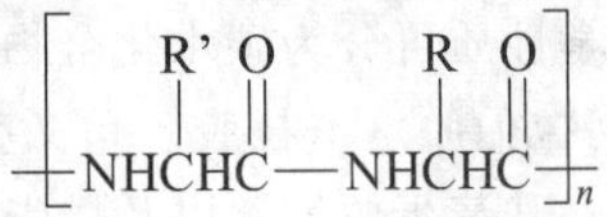

$$\left[\begin{array}{c} R' \quad O \qquad R \quad O \\ | \quad \parallel \qquad | \quad \parallel \\ -NHCHC - NHCHC - \end{array} \right]_n$$

图 7-4　明胶分子基本结构

四、特点

（1）胶囊壁材材质较软，可塑性强，弹性较大。

（2）高封油率。液状油性物可直接封入胶囊，无需使用吸附、包结之类的添加剂，而且油含量可高达 60%～85%（重量）。

（3）氧遮断性强。若用明胶制胶壳，可完全气密封入，填充物可长期保持稳定。据测，明胶胶壳对氧遮断性超过聚乙烯膜 30 倍以上，能有效防止空气氧化、吸湿等。

（4）填充物均一性佳，含量偏差非常低，其重量误差仅为 1%～2% 范围。

（5）外观可变程度高。胶囊胶壳的味、色、香、透明度、光泽性均可自由选择，与其他圆形物制品相比，外观光泽好，引人注目。

（6）稳定性好。对于低沸点、挥发性（如香料等）物质能稳定保存。

（7）不需添加黏结剂、成型剂等添加剂，一般由明胶、甘油与水制成，系可食用天然制品。

第二节　挤破式胶囊的制备及应用

一、制备方法

挤破式胶囊的常用制备方法为滴制法和压制法两种。

（一）滴制法

滴制法制挤破式胶囊的历史不长，是近几十年才发展起来的，适用于液体填充物制备挤破式胶囊。

滴制法由具双层滴头的滴丸机完成。它是以液体壁材和油状填充物为两相，通过滴丸机的同心管状的双层喷头，使两相按不同速度滴出。由于液体表面张力作用，使一定量的壁材液将一定量的填充物液包裹，再滴入到另一种不相互溶的冷却液（常用液状石蜡）中，壁材液接触冷却液凝固后而成挤破式胶囊。

滴制法生产设备简单，生产过程中壁材液的用量较压制法少，成本更低。但该法制备的挤破式胶囊的质量，受壁材液和填充物的温度、滴头的大小、滴制速度、冷却液的温度等因素的影响，因此，应通过实验考察筛选适宜的工艺条件的影响。

（二）压制法

模压法是 1933 年 Scherer 发明的。此后，根据模压法的原理由 Lerer 及 Sons 公司创制了旋转式胶囊自动填充机。

压制法是将壁材液制成厚薄均匀的胶片，取两胶片在胶囊机上，以相对方向运动，在到达旋转模前逐渐接近，一部分加压结合，此时填充物液从唧筒中挤入胶片中间。由于旋转模不断转动，遂将胶片和填充物液压入模子中的凹孔中，将胶片全部轧压结合使填充物包于其中而成胶囊。

该法成本低，产量高，并能减少污染。目前使用的旋转胶囊自动填充机，不但能在胶囊中填充液体、糊状物质，还可以填充固体粉剂及颗粒制剂。

二、表征技术

对于挤破式胶囊而言，胶壳的主要作用是包裹和保护，胶囊的核心成分或作用是由其填充物决定的。因此，对胶囊的性能表征除了表征胶囊产品的粒径大小、重量等外，还需对填充物的一些性质及胶囊的稳定性进行表征。

（一）填充物性质的表征

1. 酸价测定

由于挤破式胶囊的胶壳通常采用明胶作为壁材，在长期存储过程中，酸性填充物会对明胶产生水解，致使胶粒破损，填充物泄露；而碱性液体会使胶壳溶解度降低。因此，在制作挤破式胶囊时，一般填充物的 pH 应控制在 2.5 ~ 7.0。

对挤破式胶囊而言，其填充物通常为油类液体。目前，对油脂类酸度的测定主要有以下两种方法：

（1）直接滴定法。

在我国，油脂酸价测定大都是采用国标要求的滴定法。其原理是利用脂肪和脂肪酸能溶于有机溶剂的特性，用有机溶剂溶解脂肪酸，再用碱标准溶液滴定，根据油样质量和碱液消耗来计算酸价。用酚酞作指示剂，终点为红色。

在实际应用中，因油脂本身颜色偏红，导致终点难以判断，尤其对固体及深色油脂更是如此，因此，有研究人员对酸价测定中所用的指示剂进行了优化研究。如郝林华[120]研究发现，鱼粉中酸价测定用百里酚蓝代替酚酞滴定终点明显，易观察，且精密度高。而肖青等[121]的研究表明，因乙醚属有害物质，异丙醇无毒无害，且作用与乙醇类似，用异丙醇代替中性醇醚测定酸价结果差异不显著，且可以改善溶液混浊的问题。

（2）电位滴定法。

鉴于直接滴定法中是利用指示剂颜色的突变进行判定滴定终点，如果待测溶液有颜色或浑浊时，终点的指示就比较困难，或者根本找不到合适的指示剂，而且对于小体积液体而言，指示剂颜色的突变对滴定终点时的滴定体积有较大影响，因此，近年来，电位滴定法逐渐被应用到油脂酸价的测定中。

电位滴定法是在滴定过程中通过测量电位变化以确定滴定终点的方法。电位滴定法是靠电极电位的突跃来指示滴定终点，和直接电位法相比，电位滴定法不需要准确的测量电极电位值，因此，温度、液体接界电位的影响并不重要，其准确度优于直接电位法。在滴定到达终点前后，滴液中的待测离子浓度往往连续变化 n 个数量级，引起电位的突跃，被测成分的含量仍然通过消耗滴定剂的量来计算。例如樊国栋等[122]利用改进的双点电位滴定方法，对鱼油酸价进行了测定，结果的相对误差皆小于 1%。

另外，电位滴定法对胶囊的非油脂类填充物酸价的测定也非常精确。黎汝琴等[123]采用电位滴定法测定了蜂胶软胶囊酸价，结果表明用电位滴定仪指示终点，能够很好消除蜂胶软胶囊内容物中蜂胶粉对蜂胶软胶囊酸价测定的干扰，测定结果精密度良好，准确度高，能对蜂胶软胶囊的酸价起到质量控制的目的。

2. 含量测定

（1）紫外分光光度法。

紫外分光光度法是根据物质分子对波长为 200～760 nm 这一范围的电磁波的吸收特性所建立起来的一种定性、定量结构分析方法。该方法对胶囊填充物含量的测定具有操作简单、准确度高、重现性好的优点。

刘涛等[124]考察、比较了紫外分光光度法和荧光分光光度法对龙胆软胶囊中总裂环环烯醚萜苷的定量测定，结果表明紫外分光光度法，标准曲线线性良好，且标准品与软胶囊内容物均在 272 nm 处有较好的吸收峰型，适于定量。姚干等[125]利用紫外分光光度法，建立了芩栀胶囊中黄芩总黄酮和栀子总环烯醚萜苷含量定量测定方法。

（2）气相色谱法。

气相色谱法是在以适当的固定相做成的柱管内，利用气体（载气）作为移动相，使试样（气体、液体或固体）在气体状态下展开，在色谱柱内分离后，各种成分先后进入检测器，用记录仪记录色谱谱图，并在一定条件下，根据反应物质的色谱图确定试样成分。其成分的定量根据色谱上出现的物质峰面积或峰高进行计算。该方法适用于对填充物中的挥发性物质或成分进行检测。

党小平等[126]采用 GC 测定鸦胆子油软胶囊中油酸的含量，结果表明油酸在 0.1072～0.375 3 mg/mL 内线性关系良好，$r = 0.999$ 8，平均加样回收率为 96.37%，RSD 为 1.49%。而在梁宁等[127]建立的脂苏软胶囊中 α-亚麻酸含量测定气相色谱法中，亚麻酸甲酯的进样量在 1.01～8.01 μg 范围内具有良好的线性关系，并且测得脂苏软胶囊中 α-亚麻酸含量为 62.28%，加样回收量为 96.7%，RSD 为 1.6%。

（3）高效液相色谱法。

高效液相色谱法是以液体为流动相，采用高压输液系统，将具有不同极性的单一溶剂或不同比例的混合溶剂、缓冲液等流动相泵入装有固定相的色谱柱，在柱内各成分被分离后，进入检测器进行检测，从而实现对试样的分析。该方法已成为化学、医学、工业、农学、商检和法检等学科领域中重要的分离分析技术。

闫春风等[128]在色谱柱为十八烷基硅烷键合硅胶为填充剂（4.6 mm×250 mm，5 μm）、甲醇-水-磷酸（25：75：0.2）为流动相、检测波长 250 nm 的条件下，采用高效液相色谱法，测定了柴芩软胶囊中葛根素的含量，结果发现葛根素在 0.559 5 ~ 111.9 mg/L 进样质量浓度与峰面积呈良好的线性关系（$r = 0.999\,8$，$n = 6$），葛根素平均回收率为 98.85 %（$n = 6$，$RSD = 0.83\%$），精密度试验 $RSD=0.52\%$，重复性试验 $RSD=0.57\%$。张玉爱等[129]采用高效液相色谱法测定了养血当归软胶囊中阿魏酸的含量，结果表明该方法中阿魏酸在 0.096 ~ 0.576 μg 范围内呈良好线性关系。

（二）挤破式胶囊性能的表征

1. 脆碎度测定

固体在受到震动或摩擦时，可能引起碎片、顶裂、破裂等，因此，对于挤破式胶囊而言，脆碎度的测定是反映胶囊抗磨损震动能力的重要项目。常用脆碎度利用 Roche 脆碎度测定仪（或磨损度试验器）进行测定。

具体步骤是首先用风吹去待测物表面附着的粉尘，然后精密称取一定质量待测物，置于脆碎度测定仪圆筒中，转动 100 次。取出，吹风除去粉末，精密称重，减失重量不得超过 1%，且不得检出断裂、龟裂及粉碎的待测物。试验一般仅作 1 次。如减失重量超过 1% 时，可复检 2 次，3 次的平均减失重量不得超过 1%，并不得检出断裂、龟裂及粉碎的待测物。

2. 稳定性测定

挤破式胶囊的稳定性研究是胶囊质量控制研究的主要内容之一，与胶囊质量研究和质量标准的建立紧密相关。一般而言，胶囊的稳定性主要考察在温度、湿度、光线等条件下，胶囊及其填充物保持其物理、化学、生物学和微生物性质的能力。稳定性的测试通常可分为影响因素试验、加速试验、长期试验等。

（1）影响因素试验。

影响因素试验是在剧烈条件下进行的，目的是了解影响稳定性的因素及可能的降解途径和降解产物，为工艺优化、壁材选择、储存条件的确定等提供依据，同时为加速试验和长期试验应采用的温度和湿度等条件提供依据。影响因素试验一般包括高温、高湿、光照试验。

高温试验是将供试品置密封洁净容器中，在 60 °C 条件下放置 10 天，于第 5 天和第 10 天取样，检测有关指标。如供试品发生显著变化，则在 40 °C 下同法进行试验。如 60 °C 无显著变化，则不必进行 40 °C 试验。

高湿试验是将供试品置恒湿密闭容器中，于 25 °C、RH 为(90±5)% 条件下放置 10 天，在第 5 天和第 10 天取样检测。检测项目应包括吸湿增重项。若吸湿增重 5% 以上，则应在 25 °C、RH 为(75±5)% 下同法进行试验；若吸湿增重 5% 以下，且其他考察项目符合要求，则不再进行此项试验。恒湿条件可采用恒温恒湿箱或通过在密闭容器下部放置饱和盐溶液来实现。根据不同的湿度要求，选择 NaCl 饱和溶液（15.5 ~ 60 °C，RH 可保持在(75±14)%）或 KNO_3 饱和溶液（25 °C，RH 可保持 92.5%）。

光照试验是将供试品置光照箱或其他适宜的光照容器内，于照度(4 500±500)Lux 条件下放置 10 天，在第 5 天和第 10 天取样检测。

以上为影响因素稳定性研究的一般要求。根据填充物的性质，必要时可以设计其他试验，如考察 pH、氧、低温、冻融等因素对胶囊填充物稳定性的影响。

（2）加速试验。

加速试验是指在保证不改变产品失效机理的前提下，通过强化试验条件，使受试产品加速失效，以便在较短时间内获得必要信息，进而评估产品在正常条件下的可靠性或寿命指标。通过加速试验，可迅速查明产品的失效原因，快速评定产品的可靠性指标。

加速试验一般是在影响因素试验基础上进行的。其要求是：试验所用设备应能控制温度±2 ℃，相对湿度±5%，并能对真实温度与湿度进行监测，在设定温度、相对湿度条件下，放置至少 3 个月，并在试验期间第 0 月、1 个月、2 个月、3 个月各取样一次，按稳定性重点考察项目检测。在上述条件下，如 3 个月内供试品经检测不符合制订的质量标准，则应在中间条件下进行加速试验，时间仍为 3 个月。

（3）长期试验。

长期试验是在接近供试品的实际储存条件下进行，目的是为制订有效期提供依据。其要求是：试验所用设备应能控制温度±2 ℃，相对湿度±10%，并能对真实温度与湿度进行监测，在设定温度、相对湿度条件下，放置 12 个月。每 3 个月取样一次，分别于 0 月、3 个月、6 个月、9 个月、12 个月，按稳定性重点考察项目进行检测。12 个月以后，仍需继续考察，分别于 18 个月、24 个月、36 个月取样进行检测。将结果与 0 月比较以确定药品的有效期。由于实测数据的分散性，一般应按 95 % 可信限进行统计分析，得出合理的有效期。

三、应用

由于挤破式胶囊具备生物利用度高、含量准确、均匀性好、外形美观等特点，近些年来发展很快，除药品外，在烟草、营养保健品、化妆品、日用品等领域也被广为应用。

（一）药品领域

西药由于成分单一，大多为油状药物或疏水性药粉，因此比较容易制成油溶液，较易囊化。如李琴等[130]以明胶：甘油：水=2：1：1.5 为胶壳、阿奇霉素：聚乙二醇 600=1：3 为填充物，在溶胶温度 60 ℃、相对湿度 30% ~ 45 % 条件下，于 35 ℃ 鼓风干燥 6 ~ 8 h 制备得到了阿奇霉素胶囊。刘宏飞等[131]采用压膜法制备的利巴韦林胶囊，经测定其利巴韦林平均含量达到了 99.4%。朱澄云等[132]也以聚乙二醇-600 为助悬剂、明胶：甘油=1.0：0.9 为胶壳，在明胶保存温度 55 ~ 65 ℃ 条件下，制备了酮洛芬胶囊。

相比西药，中药多吸水性强，成分复杂，制备成胶囊的难度较大。但随着近几年技术的提升和生产设备的改进，通过将主药和稀释剂（植物油、聚乙二醇 400 等）、助悬剂（蜂蜡、虫蜡、大豆卵磷脂等）、润湿剂（Tween、司盘等）等进行复合配比，提高制剂的稳定性与产品质量，成功开发并生产出了藿香正气胶囊、六味地黄胶囊、丹参舒心胶囊、香砂养胃胶囊、十滴水胶囊、绞股蓝总苷胶囊等中药胶囊制剂。

（二）烟草领域

目前，挤破式胶囊在烟草领域中的应用主要集中在对滤棒的加香方面，通过将香精香料囊化后添加到滤棒中，在需要时，挤破胶囊壳体，使包覆的香精香料在燃吸过程中释放到主流烟气中。这种方式不仅在减害方面发挥一定作用，而且避免了燃吸期间香味成分的高温裂解，减少了滤嘴对香味成分的截留。余耀等[133]发明了一种胶囊滤棒并应用于卷烟中，发现主流烟气中有害成分的释放量有所降低。C. Dolka 等[134]对薄荷胶囊滤棒的研究发现，其对主流烟气成分释放量有一定影响，烟气中的脂溶性挥发物在胶囊涅破前有所减少。包秀萍等[119]的研究也表明，挥发性薄荷油胶囊滤棒可以起到增加卷烟香气、改善舒适性和余味的作用。朴洪伟等[135]研制的甜橙香胶囊滤棒可减少焦油及七种烟气有害成分的释放量，降低卷烟危害性指数，同时甜橙香胶囊滤棒使一支烟具有两种不同的香气特征和口味，可改变卷烟的功能特性，捏破胶囊后，烤烟型卷烟转变为外香型卷烟，具有清甜香、甜橙香，且烟香谐调。

（三）其他领域

除了在药品、烟草领域的应用外，挤破式胶囊还被广泛应用于营养保健品、食品、化妆品、日用品、娱乐等行业。在国外，诸如食品上的许多方便配料（如油、酱料等），营养保健品上的植物提取物、天然成分产品等，化妆品中的精华素、面油、面霜、发油等，日用品上的沐浴珠、口腔清新珠等，娱乐领域的匹特博运动所用彩弹、玩具以及电影中经常使用的血包等也都是采用挤破式胶囊方式制成的商业化产品。

第三节　挤破式胶囊香料在卷烟中的应用

采用滴制法制备以明胶及海藻酸钠为主体基质的挤破式烟草精油胶囊，并通过在卷烟嘴棒中添加胶囊，使卷烟中芳香物质定点、可控和均衡释放，从而实现低焦油卷烟的增香补香。在卷烟抽吸前，通过将滤棒轻轻挤压，使基质材料破碎，释放出其中的烟草精油，使其发挥减害或增香的作用。该方法极大地扩大了烟草精油等烟用添加剂的应用范围，并且定量准确，分布均匀，不影响滤棒的外观和各项物理指标，同时因使用时才将胶囊捏碎释放出烟草精油，避免了烟草精油有效成分的提前散失，也较好地保障了烟草精油的减害或增香的效果。消费者在手持卷烟时能明显感觉到滤棒中的挤破式胶囊颗粒，用手捏破后能听到"呼"的响声，确切感受到挤破式胶囊中的烟草精油被释放出来，在卷烟抽吸过程中起到突出卷烟风格特征、增加香气量的作用。

一、微胶囊香料制备

以明胶和海藻酸钠复配作为囊材的主要原料，并添加了增塑剂（甘油），采用滴制法制备包裹含烟草精油的胶囊。滴制法为胶囊常用制备方法之一（见图 7-5），将包裹材料溶液与油状芳香物质通过滴制机的喷头使夹层内的两种液体按不同速度喷出，外层包裹材料将一定量的内层油状液包裹后，滴入另一种不相溶的冷却液中（常用液状石蜡），包裹材料液在冷却液中因表面张力作用而形成球形，并逐渐凝固成胶囊剂。滴制机的构造由储槽、定量控制机、喷头、冷却箱、收集器等组成。

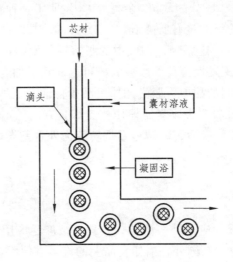

图 7-5　挤破胶囊制备工艺示意图

（一）制备方法

将单一或复合主体基质材料、甘油（按占主体基质材料的百分比计）、水混合均匀并置于具有加热夹层的反应罐中搅拌，夹层用蒸汽加热到 70 ℃，使混合物溶化，保温 1～2 h，静置，待泡沫上浮后，保温 70 ℃ 条件下过滤，所得滤液即为制备挤破式烟草精油胶囊所需的包裹材料。

将制备的包裹材料放置在滴制机的胶浆罐内，保持 70 ℃ 的温度，并调节好出胶口的大小；将含烟草精油的溶液加入滴制机的料斗中，调节好出料口的大小；滴制器中放入钙离子盐溶液固化剂；开启滴制机，使挤破式胶囊包裹材料、烟草精油溶液，先后以不同的速度从同心的出胶口和出料口滴出；挤破式胶囊包裹材料先滴到固化剂上面并展开，烟草精油溶液立即滴在刚刚展开的胶液表面上，由于重力的作用胶囊包裹材料在固化剂中继续下降，使挤破式胶囊包裹材料完全封口，烟草精油溶液便被包裹在胶囊包裹材料里面，再加上表面张力作用，使挤破式胶囊包裹材料完全封口，所得圆球形丸即为烟草精油挤破式胶囊；烟草精油挤破式胶囊在固化剂中不断地下降，逐渐凝固成胶囊。

（二）制备工艺

1. 明胶与海藻酸钠质量比的影响

如表 7-1 所示，在 70 ℃ 下用纯水配置六种不同明胶/海藻酸钠配比的凝胶溶液（明胶与海藻酸钠占凝胶溶液质量比的 10%），测定其黏度、凝胶温度、凝胶硬度。

表 7-1 明胶与海藻酸钠质量比对复配胶性能的影响

明胶与海藻酸钠质量比	10：90	20：80	40：60	60：40	80：20	100：0
黏度/mPa·s	135.2	119.1	104.8	98.6	75.5	65.2
凝胶温度/℃	29.5	29.5	29.5	29.5	30	30
凝胶硬度/g	2 133.5	2 345.6	2 878.1	2 796.3	2 653.2	2 541.2

在通常情况下，海藻酸钠无法独立形成凝胶，只有在与其他胶体复配交联作用下才能形成凝胶。由上表可知，随着明胶质量分数的增加，复配胶的硬度先增加后减小，海藻酸钠分子由无序状转变为致密的网状结构，导致凝胶硬度上升。明胶与海藻酸钠当质量比大于 40：60 时，复配胶硬度反而下降，这是由于明胶含量过高会阻碍复配胶表面与海藻酸钠形成交联点，导致复配胶内部的海藻酸钠无法转变为凝胶态，因此降低了复配胶整体的凝胶硬度。海藻酸钠质量分数较高，增加的海藻酸钠不仅填补了由于明胶降低而减少的黏度，还与明胶、角叉菜胶形成更多的缠结点，增加了分子的交联程度，使复配胶体系的黏度提高。

在相同工艺条件下，明胶与海藻酸钠质量比分别为 10：100、20：80、40：60、60：40、80：20、100：0（全部使用明胶），其他条件不变，制备胶囊并进行压碎强度试验及外观检验，结果如表 7-2 所示。

表 7-2 明胶与海藻酸钠质量比对胶囊性能的影响

明胶与海藻酸钠质量比	10：90	20：80	40：60	60：40	80：20	100：0
胶囊滴制成型	滴丸破裂	滴制正常	滴制正常	滴制正常	滴制正常	滴丸变形
感官评定	--	3	5	4	4	2
压碎强度/N	--	3.6	5.1	6.0	6.8	--
变形率/%	--	12.3	15.1	21.2	28.6	--

由上表可以得出，明胶与海藻酸钠的配比为 20：80、40：60、60：40、80：20 时，复配胶都能正常滴制出胶囊。海藻酸钠的加入有效提高了溶液黏度和凝胶温度，缩短了胶囊的冷却成型时间，增加了胶囊抵御凝固液的冲击能力，避免了胶囊的变形和破裂，使得复配胶的黏度和凝胶温度能满足滴制成型要求。随着海藻酸钠所占比例的增加，胶囊外观的评定值先上升，当达到最大值时后逐渐下降，破裂强度和变形率不断上升。

胶囊在滴制过程中，囊材包裹着芯材由滴头滴入凝固浴中，在凝固浴中一边随凝固液流动一边冷却成型。胶囊冷却成型的过程即发生"溶-凝胶"转变的过程，此凝胶化过程需要一定时间，在这段时间中胶囊受到了冷凝液的冲击，由于此时凝胶体系的网络结构未完全成型，仍具有一定流动性，溶液黏度过低及凝胶的硬度过低，会造成胶囊抗冲击力较弱，在冷却过程中出现胶囊变形或破裂现象。在卷烟中应用的挤破式胶囊需要一定的压碎强度和弹性，但压碎强度不能过大，否则会造成胶囊难以挤破的情况。综合考虑，选择明胶与海藻酸钠配比为 40：60 的复合胶作为胶囊的壁材。

2. 钙离子浓度对复配胶硬度的影响

在上述优选的凝胶溶液中添加占溶液质量比为 0.1%、0.2%、0.3%、0.4%的 $CaCl_2$，测定凝胶的硬度，结果如图 7-6 所示。

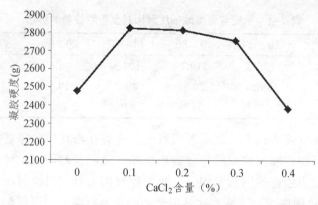

图 7-6　$CaCl_2$ 对凝胶硬度的影响

当 $CaCl_2$ 质量分数达到 0.1%时，复配胶硬度最大，而随着 $CaCl_2$ 质量分数的进一步增加，复配胶硬度反而下降。明胶和海藻酸钠都是具有长分子链结构的高聚物，两种大分子复配，可能发生的交互作用包括：氢键、范德华力、疏水交互作用和静电交互作用。其中范德华力是一定存在的，但大分子间的范德华力很小，在复配胶体系中起非主要作用。而明胶与角叉菜胶间的静电引力则起到重要作用。在一定质量分数范围内，增加 $CaCl_2$ 的质量分数就增加了海藻酸钠形成网状结构的机会。同时，凝胶又是一个多分散体系，过量的 Ca^{2+} 会中和海藻酸钠分子所带的负电荷，增加胶粒质点自动聚集长大的机会，造成一部分分散介质析出，削弱了明胶与角叉菜胶分子的静电相互作用，使体系呈现相分离的趋势。

3. 油状芳香物质与基质比例选择

由于烟草精油成本相对较高，如果在卷烟滤棒中的添加量过大，其成本难以控制，也会对卷烟的风格特征及品质特征产生负面影响，为此采用丙二醇为稀释溶剂，芯材为含有烟草精油的丙二醇溶液。

形成胶囊时，如果基质过多，则会导致胶囊中油状芳香物质的含量相对太少，造成壁材的浪费，油状芳香物质所占比例过高，会造成胶囊粘连、芯材浪费、成型性差等问题（见表 7-3）。

表 7-3　油状芳香物质与基质比例对胶囊性能的影响

油状芳香物质：基质	2：1	1：1	0.8：1	0.6：1	0.4：1
胶囊滴制成型	滴丸破裂	滴制正常	滴制正常	滴制正常	滴制正常
感官评定	--	5	5	5	5
变形率/%	--	19.6	14.8	12.2	9.5

由上表可以得出，油状芳香物质所占比率过高时，胶囊不易成型，随着基质比率的增加，变形率也随之降低，但变形率降低会使胶囊易于挤破，但变形率也不能过高，否则难以挤破。综合考虑成本及所制备胶囊的应用需求情况，选择烟草精油溶液与基质质量比为0.8：1。

4. 冷凝介质的影响

冷凝介质必须安全无害，常用的有液状石蜡、植物油、甲基硅油和水等，本实验分别采用二甲硅油和液状石蜡作为冷凝剂进行选择，发现胶囊在液状石蜡中的圆整度及外观质量较好，在二甲硅油中圆整度较差，故选择液状石蜡作为冷凝液。

5. 滴距的影响

分别控制滴距为 3 cm，5 cm，9 cm，料温 75 ℃，烟草精油与基质比例 1∶10，主体基质 1.0% 的甘油，冷凝液为液状石蜡，冷凝温度为 0 ℃~30 ℃，滴速 45 d/min，烟草精油分次加入基质中，滴制胶囊。结果见表 7-4。

表 7-4　滴距对胶囊的影响

滴距（cm）	圆整度	拖尾
3	胶囊不圆整，表明不光滑	严重拖尾
5	圆整度好	无拖尾现象
9	胶囊多数扁形	个别拖尾

当滴距为 3 cm 时，因为胶囊来不及收缩成形就滴入冷凝液，拖尾现象严重；当调节为 5 cm 时，胶囊表面光滑，圆整；滴距为 9 cm 时，由于滴距太大，胶囊下落速度快，与液面接触时，阻力变大，大多数成扁圆形，故实验选择滴距为 5 cm。

6. 甘油含量的影响

甘油可作为胶囊的增塑剂，是由于甘油含有三个极性很强的羟基，当与基质主体材料——明胶和海藻酸钠接触时，甘油中的极性基团与基质大分子链中极性基团产生偶极吸引力形成氢键，使基质大分子之间的氢键数目减少，而非极性部分则渗透到大分子之间，阻隔大分子链相互接近，使高分子链间的距离增大，分子结构呈无序排列，相互作用减小。

甘油含量对胶囊的影响如表 7-5 所示。随着甘油含量的增加，拉伸强度降低。同时甘油还起到润滑的作用，降低胶囊的脆性，提高分子链的弹性和柔性，所以断裂伸长率有明显的上升趋势，但从理论上推测，断裂伸长率并不是随着甘油含量的增加无限地增大，当甘油含量过高时，加剧基质分子间的无序化排列，同时，含量过大会使胶囊易吸湿返潮，使断裂伸长率降低。因此，为了使膜具有一定的强度和柔软性，应选择合适的甘油含量，故实验选择 1.0 % 主体基质的甘油。

表 7-5　甘油含量对胶囊的影响

甘油含量（占主体基质的比例%）	圆整度	拖尾
0.1	胶囊不圆整，表明不光滑	严重拖尾
0.5	圆整度一般	个别拖尾
1.0	圆整度好	无拖尾现象
1.5	胶囊多数椭圆	无拖尾现象
2.0	胶囊多数扁形	严重拖尾
3.0	胶囊多数扁形	严重拖尾

7. 料液温度的影响

在相同工艺条件下，分别选取料液温度为 40 ℃，50 ℃，60 ℃，70 ℃，80 ℃，90 ℃

滴制胶囊。

料液温度可影响到挤破式胶囊滴制时料液的黏度、流动性及滴出时料液的瞬间内聚力。料液温度对胶囊的影响如表 7-6 所示，温度过低，即小于 60 ℃，易于出现拖尾现象，圆整度差，挤破式胶囊重量差异过大；温度过高，即大于 80 ℃，易使挤破式胶囊表面褶皱严重，圆整度降低，故实验选择料液温度为 70 ℃。

表 7-6 料液温度对胶囊的影响

料液温度（℃）	圆整度	拖尾
40	胶囊不圆整，表明不光滑	严重拖尾
50	胶囊不圆整，表明不光滑	严重拖尾
60	胶囊圆整度一般	无拖尾现象
70	圆整度好	无拖尾现象
80	胶囊多数椭圆	无拖尾现象
90	胶囊多数扁形	个别拖尾

（三）干燥工艺

1. 干燥温度和湿度对胶囊的影响

制备明胶 4%、海藻酸钠 6%、甘油 1% 的复配胶作为胶囊囊材，测定不同干燥条件下囊材的水分变化情况。图 7-7 为不同干燥条件下，胶囊囊材的水分含量变化曲线。在干燥初始阶段，干燥速率较快，该阶段中囊材主要脱去游离的水分子，这类水分子分为吸附结合水和渗透压保持水，由于与胶体的相互作用较弱，因此在干燥时最先脱去，且干燥速率较快。随着干燥时间的推移，干燥速率降低，此时囊材脱去部分结合水。当囊材水分含量达到平衡点时（10%~14%），水分含量基本不随干燥时间的增加而变化。

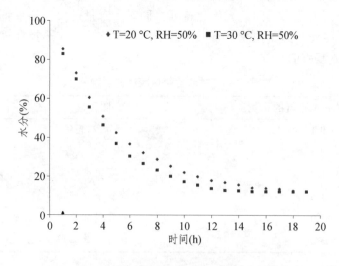

图 7-7 干燥条件对胶囊囊材水分含量的影响

当相对湿度为 50% 时，干燥温度越高，干燥速率越快。囊材是一种多孔介质，在干燥过程中，热量由胶囊外表传向中心，推动水分的迁移和蒸发。增加干燥温度可加大传热推动力，提高囊材中水分的迁移和蒸发速率。但较高的干燥温度会造成胶囊的粘连、局部变形和表皮褶皱，这是由于在干燥初始阶段，胶囊囊材水分含量大于 70%，此时囊材熔点较低，造成胶囊的粘连和变形。囊材在干燥过程中会发生一定程度的收缩，当干燥温度较高时，由于胶囊受热不均匀，各部分囊材的干燥收缩速率不同，造成胶囊表皮褶皱。当干燥温度降至 20 ℃ 时，胶囊未出现粘连、变形和表面褶皱现象，此时胶囊虽仍然受热不均匀，但各部分囊材的整体干燥速率降低，收缩较为缓慢，因此改善了胶囊表皮褶皱的问题，但较低的干燥温度会使干燥周期增长。

在同一干燥温度下（20 ℃），相对湿度越低，干燥速率越快。这是由于较低的相对湿度，使水分扩散浓度驱动力越大，囊材表面的传质效果越好，水分蒸发越快，干燥速率提高。但仍需干燥 14 h 才达到水分平衡点，采用梯级干燥法则可缩短干燥周期，节省能耗。

2. 胶囊的梯级干燥

将制备的胶囊囊材采用梯级干燥法，将干燥分为三个阶段（见表 7-7）。在第一阶段时，由于囊材水分含量较高，易变形，因此采用较低的干燥温度，降低干燥速率；当囊材水分含量低于 60% 时，进入第二干燥阶段，提高干燥温度，加快干燥速率；在第三阶段时，由于此时胶囊水分含量较低，不易变形，且水分迁移和增发速率大幅度减低，因此，需进一步提高干燥温度，降低相对湿度，缩短囊材水分含量到达平衡点的时间。采用梯级干燥法，避免了胶囊出现粘连和破裂现象，并将干燥周期缩短至 12 h，有效地节省了能耗。

表 7-7　梯级干燥条件

干燥阶段	第一阶段	第二阶段	第三阶段
干燥条件	T=20 ℃，RH=30%	T=25 ℃，RH=30%	T=35 ℃，RH=20%
干燥时间（h）	3	6	3
各阶段囊材含水量（%）	58.26	18.49	12.5

二、性能表征

挤破式胶囊的稳定性研究是胶囊质量控制研究的主要内容之一，与胶囊质量研究和质量标准的建立紧密相关。胶囊的稳定性是指胶囊包裹芯材保持其物理、化学、生物学和微生物的性质，通过对包裹芯材在不同条件（如温度、湿度、光线等）下稳定性的研究，掌握包裹芯材质量随时间变化的规律，为包裹芯材的生产、包装、储存、运输条件提供科学依据，同时通过试验建立包裹芯材的有效期。稳定性研究包括包裹芯材的化学稳定性、物理稳定性和微生物稳定性。胶囊的化学稳定性是指胶囊在水、光、氧、热等环境或加工条件下产生的化学结构的变化如水解、光解、氧化、变色等。根据研究目的和条件的不同，稳定性研究内容可分为影响因素试验、加速试验、长期试验等。这里主要介绍影响因素和加速 3 个月的稳定性试验。

（一）胶囊性状

按上述方法制得的挤破式烟草精油胶囊呈亮黄色，色泽一致，胶囊粒大小均匀，外观圆整，光滑，有微弱烟草精油特有的香味，其重量为(2.25±0.1)g/100 粒，胶皮厚度为 (100±2)μm，直径为 3.5 mm，水分为(12.5±0.5)%。

（二）脆碎度

脆碎度的测定实验结果如下：挤破式烟草精油胶囊 100 粒，约 2.25 g，精密称定，放置于脆碎度测试仪的圆筒中，吹去脱落的粉末，精密称定质量为 2.214 5 g，转动 100 次后取出胶囊，同时吹风机吹去表面脱落的粉末，精密称定质量为 2.197 6 mg。在脆碎仪中转 100 次后，观察胶囊的外观，没有明显的变化，未检出龟裂、断裂、粉碎的情况，经测定计算其脆碎度为 0.76 %。

（三）高温试验

高温试验结果见表 7-8。由于挤破式胶囊的基质为明胶、海藻酸钠、甘油，其在 70 ℃ 时，已经熔化，所以没有考察更高温度下的影响因素试验。由表可以得到，挤破式胶囊在 60 ℃ 环境下，外观、重量没有发生显著变化，说明挤破式烟草精油胶囊在 60 ℃ 条件下比较稳定。

表 7-8　高温 60 ℃ 稳定性试验结果

样品	时间（天）	性状	重量变化（%）
挤破式烟草精油胶囊	0	亮黄色	—
	5	亮黄色	-0.32
	10	亮黄色	-0.53

（四）高湿试验

高湿试验结果见表 7-9，7-10。挤破式烟草精油胶囊经 RH 为 92.5%高湿条件下放置，挤破式烟草精油胶囊在第二天，开始有吸潮现象，在第五天胶囊表面吸潮较为严重；而在 RH 为 75%高湿条件下放置，外观没有发生明显变化，胶囊吸潮现象不明显，胶囊重量增加在 1%之内。这说明挤破式烟草精油胶囊在 RH 为 75 %高湿条件下相对稳定。

表 7-9　RH 92.5%稳定性试验结果

样品	时间（天）	吸湿增重率（%）	性状
挤破式烟草精油胶囊	0	0	亮黄色
	5	3.43	表面吸湿
	10	5.32	表面吸湿

表 7-10　RH 75%稳定性试验结果

样品	时间（天）	吸湿增重率（%）	性状
挤破式烟草精油胶囊	0	0	亮黄色
	5	0.35	亮黄色
	10	0.67	亮黄色

（五）光照实验

光照试验结果见表7-11。挤破式烟草精油胶囊经光强度为(4 500±500)Lux，室温条件下放置，外观没有发生变化，胶囊重量减少在2%之内，说明烟草精油胶囊对光照稳定。

表7-11　光照稳定性试验结果

样品	时间（天）	性状	重量变化（%）
	0	亮黄色	—
挤破式烟草精油胶囊	5	亮黄色	-0.81
	10	亮黄色	-1.22

（六）稳定性加速试验

将挤破式烟草精油胶囊模拟上市包装后放入干燥器内，干燥器底层放置 Na_2CrO_4 饱和溶液（30 °C，RH 为(65±5)%），置于恒温箱中(30±2) °C 条件下放置 3 个月，分别于第 0、1、2、3 个月末取样检测，并与 0 月结果比较。

表7-12　加速试验结果

样品	时间（月）	吸湿增重（%）	性状
	0	0	亮黄色
挤破式烟草精油胶囊	1	0.27	亮黄色
	2	0.46	亮黄色
	3	0.64	亮黄色

加速试验结果如表 7-12 所示。在 RH 为 65%湿度及 30 °C 温度条件下放置，挤破式烟草精油胶囊没有吸潮现象，外观没有发生变化，胶囊吸湿增重在 1%之内，挤破式烟草精油胶囊的逐口释放度也没有发生显著变化。这说明挤破式烟草精油胶囊在 RH 为 65%高湿条件下长期放置也比较稳定。

三、在卷烟中的应用效果

烟草精油挤破式胶囊在滤棒成型过程中，采用常规醋纤滤棒成型工艺技术，是将该球形挤破式胶囊在滤棒丝束成型过程中定位施加一颗，一次成型制备成一元结构滤棒，所制备成的滤棒应用于某试制卷烟样品中。滤棒长度为 30 mm，胶囊定位于滤棒中心位置，烟支长度 84 mm，平均重量为 0.9 g，烟支平均吸阻为 1 100 pa，含有烟草精油挤破式胶囊且能由消费者自行决定捏破。

（一）感官评价

采用中式卷烟风格感官评价方法，组成 7 人评价小组，对滤棒中含有烟草精油挤破胶囊的试验卷烟样品进行感官评价，一组样品不挤破胶囊，另一组样品将胶囊挤破，评价结果如图 7-8 所示。

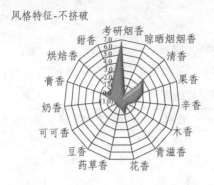

（a）胶囊不挤破样品风格特征

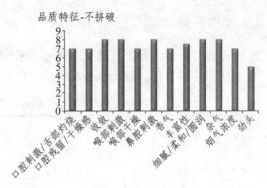

（b）胶囊不挤破样品品质特征

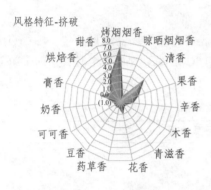

（c）胶囊挤破样品风格特征

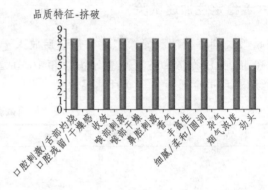

（d）胶囊挤破样品品质特征

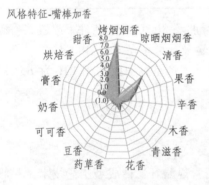

（e）嘴棒加香样品风格特征

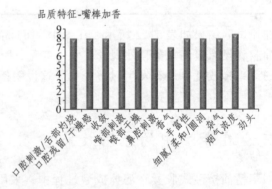

（f）嘴棒加香样品品质特征

图7-8　含有烟草精油挤破式胶囊的试制卷烟样品感官轮廓图

由感官评价结果可以看出，将胶囊挤破后，相对于胶囊不挤破卷烟，烟香丰富明显增加，烤烟烟香、清香、花香、甜香等指标的感受更加明显，同时烟气浓度也明显提高。对于直接在卷烟嘴棒中加香的样品，其风格特征感受与胶囊挤破后相似，但舒适性有所下降，烟气浓度更大，前半段与后半段不均衡，前半段所能感受到的特征较为强烈，后半段则感受不明显。

（二）烟气分析

卷烟样品：滤棒中含胶囊的试验卷烟；用滤棒中含胶囊的试验卷烟，用乙醇将烟草精油稀释为一定浓度的溶液，用注射加香的方式在每支烟的嘴棒中加香，确保每支烟中烟草精油的添加量与挤破胶囊的烟草精油含量一致，所制备的样品（嘴棒加香，测试时胶囊不挤破）作为对比卷烟进行烟气分析检测。

在 RM200 型吸烟机上进行抽吸，环境温度 22 °C，相对湿度 62%，每 60 s 抽吸 1 口，每次抽吸持续 2 s，每次抽吸体积为 35 mL，烟支平均抽吸口数为 7，采用剑桥滤片分别收集卷烟主流烟气的粒相成分。收集条件为：1 个剑桥滤片收集 20 支卷烟的烟气。

将捕集粒相物的剑桥滤片折叠放入锥形瓶中，移取 40 mL 含有一定量内标（乙酸苯乙酯）的甲醇萃取液，室温下超声萃取 20 min，静置 5 min。移取 20 mL 萃取液，浓缩至 2 mL，用 0.45 μm 微孔滤膜过滤，滤液进行 GC-MS（Agilent7890-5975 气质联用仪）分析，检测结果见表 7-13。

GC/MS 条件：采用 DB-5MS（60 m×0.25 mm×0.25 μm）色谱柱；程序升温：60 °C，以 2 °C/min 升到 280 °C，保留 30 min；进样口温度：270 °C；载气：氮气；进样量：1 μL；分流比是 10∶1；溶剂延迟 6 min；传输线温度：280 °C；电离方式：EI；离子源温度：230 °C；电离能量：70 eV；四极杆温度：150 °C；扫描范围：33 ~ 350 amu；MS 谱库：Wiley 7n 库。

表 7-13　含挤破式胶囊卷烟致香成分分析（μg/支）

序号	保留时间	化合物名称	嘴棒加香	不挤破	挤破
1	5.44	2，3-戊二酮	0.425	0.472	0.367
2	5.54	2-戊醇	1.323	1.279	1.129
3	5.81	丙酸	1.756	2.231	1.841
4	6.46	丙二醇	6.299	5.732	9.669
5	6.57	吡啶	1.036	1.275	0.932
6	7.00	2，2-二乙氧基-丙烷	20.564	21.088	22.449
7	7.80	2，3-二甲基-2-戊烯	0.527	0.401	0.500
8	8.49	4-甲基-吡啶	0.386	0.468	0.438
9	8.97	糠醛	2.136	2.575	2.835
10	10.00	乙基苯	1.321	1.394	1.331
11	10.06	3-甲基-吡啶	0.687	0.757	0.712
12	11.02	苯乙烯	1.235	0.785	0.839
13	11.70	2-甲基-2-环戊烯-1-酮	0.894	1.232	1.709
14	11.92	1-（2-呋喃基）-乙酮	0.578	0.360	0.486
15	12.82	芳樟醇	1.564	0.687	1.165
16	14.23	5-甲基-2-糠醛	0.956	0.784	0.731
17	14.33	3-甲基-2-环戊烯-1-酮	1.569	0.957	1.002
18	14.43	3-乙烯基-吡啶	0.986	0.885	0.843
19	15.60	1-（乙酰氧基）-2-丙酮	0.598	0.465	0.344
20	15.89	大马酮	4.976	3.897	4.244
21	16.78	1-甲基-4-异丙基-环己烯	0.892	0.612	0.615
22	16.94	苯乙醇	1.365	0.764	1.176
23	17.12	L-柠檬烯	4.398	4.099	4.202

序号	保留时间	化合物名称	嘴棒加香	不挤破	挤破
24	17.36	2-羟基-3-甲基-2-环戊烯-1-酮	1.689	1.340	1.145
25	17.75	2，3-二甲基-2-环戊烯-1-酮	1.369	1.105	1.126
26	17.95	α-紫罗兰酮	1.527	1.087	1.535
27	19.20	2-甲基-苯酚	2.036	2.619	2.729
28	19.73	2，5-二甲基-4-羟基-3（2H）-呋喃酮	1.978	2.445	2.208
29	20.28	4-乙基-苯酚	3.459	3.552	3.223
30	21.53	麦芽酚	1.156	0.830	0.724
31	21.90	2-乙基-3-羟基-2-环戊烯-1-酮	0.965	1.132	1.280
32	22.97	3-甲基-1H-茚	0.478	0.634	0.537
33	23.43	二氢猕猴桃内酯	1.553	--	1.443
34	23.58	2，4-二甲基-苯酚	1.178	1.502	1.233
35	24.90	3-甲基-苯酚	1.623	1.781	1.805
36	27.36	2，3-二氢-苯并呋喃	3.426	3.755	3.358
37	27.81	5-羟甲基-糠醛	27.564	25.473	28.126
38	29.24	2，3-二氢-1H-茚-1-酮	1.347	1.389	1.274
39	30.25	吲哚	1.389	1.560	1.379
40	30.65	5-乙酰基-2-糠醛	0.915	0.810	0.846
41	30.58	橙花叔醇	1.289	--	1.157
42	30.92	2-甲氧基-4-乙烯基苯酚	2.286	2.273	2.390
43	32.95	茄酮	1.758	1.259	1.522
44	34.13	3-甲基-1H-吲哚	2.897	2.527	2.412
45	34.68	香兰素	0.945	0.630	0.850
46	36.61	丁香酚	1.638	1.259	1.523
47	38.09	麦斯明	2.457	2.598	2.378
48	40.19	2，3'-二吡啶	5.562	6.004	5.840
49	41.59	巨豆三烯酮 A	1.264	1.329	1.158
50	42.25	巨豆三烯酮 B	3.689	2.967	3.422
51	43.85	巨豆三烯酮 C	1.179	1.068	0.968
52	44.37	巨豆三烯酮 D	2.875	2.678	2.936
53	54.38	豆蔻酸甲酯	3.897	3.966	3.927
54	55.73	棕榈酸	21.365	20.600	22.244
55	56.15	莨菪亭	15.879	14.697	14.791
56	58.67	西柏三烯二醇	7.597	7.802	7.472
57	60.26	亚麻酸甲酯	17.648	18.403	15.935
58	60.67	甘油单亚麻酸酯	4.798	5.154	5.302
59	65.40	金合欢醇	4.025	3.719	4.349

　　由上表可知，三个样品的烟气成分种类没有发生大的变化，二氢猕猴桃内酯、橙花叔醇在胶囊未挤破样品中未检出，但在其他两个样品中均能检测到；嘴棒加香样品和胶囊挤破样品烟气成分中，烟草精油所含的特征香味成分要较胶囊不挤破的样品含量稍高，嘴棒加香样品中特征香味成分的含量亦高于胶囊挤破样品。

第八章　配合物

配位化学是无机化学的一个分支学科，是一门研究金属的原子或离子与无机、有机的离子或分子相互反应形成配位化合物的特点以及它们的成键、结构、反应、分类和制备的学科。从 1893 年瑞士化学家维尔纳（Alfred Werner）创立配位化学以来，配位化学理论得到不断发展，逐渐完善。因其结构和功能上的优越特性，现已成为无机化学的一个重要发展方向。

第一节　概　述

配合物是化合物中较大的一个子类别，广泛应用于日常生活、工业生产及生命科学中，近些年来的发展尤其迅速。它不仅与无机化合物、有机金属化合物相关联，并且与现今化学前沿的原子簇化学、配位催化及分子生物学都有很大的重叠。

一、定义

配位化合物（Coordination Compound）也叫络合物或配合物，是一类具有特征化学结构的化合物，由中心原子或离子（统称中心原子）和围绕它的称为配位体（简称配体）的分子或离子，完全或部分由配位键结合形成。

配合物可为单核或多核，单核只有一个中心原子；多核有两个或两个以上中心原子。解释配位键的理论有价键理论、晶体场理论和分子轨道理论。一般来说，配位化合物的特征主要有以下三点：中心离子（或原子）有空的价电子轨道；配体含有孤对电子或 π 键电子；中心离子（或原子）与配体相结合形成具有一定组成和空间构型的配位个体。

二、组成

（一）配位键

在配合物中，中心原子与配位体之间共享两个电子，组成的化学键称为配位键，由一个原子提供成键的两个电子，成为电子给予体，另一个成键原子则成为电子接受体。这两个电子不是由两个原子各提供一个，而是来自配位体原子本身，例如 $[Cu(NH_3)_4]SO_4$ 中，Cu^{2+} 与 NH_3 共享两个电子组成配位键，这两个电子都是由 N 原子提供的。形成配位键的条件是中心原子必须具有空轨道，而过渡金属原子最符合这一条件。

（二）中心原子

在配合物中，中心原子是指具有空的电子轨道，能接受电子的原子，理论上，周期表中所有金属均可作为中心原子，其中过渡金属比较容易形成配合物，非金属也可作为中心原子。

（三）配体

在配合物中，配体是指提供电子对的分子或离子。更为具体地说，提供电子对的原子又称为配位原子。一般配位体是含有孤对电子的离子或分子，如 Cl^-、CN^-、NH_3、H_2O 等；如果一个配位体含有两个或两个以上的能提供孤对电子的原子，这种配位体称作多齿配位体或多基配位体，如乙二胺。此外，有些含有 π 键的烯烃、炔烃和芳香烃分子，也可作为配位体，称为 π 键配位体，它们是以 π 键电子与金属离子络合的。

（四）配位聚合物

配位聚合物（Coordination Polymer）是指通过有机配体和金属离子间的配位键形成的，并且具有高度规整的无限网络结构的配合物。配位聚合物的设计与合成是配位化学研究的重要内容。配位聚合物研究需要综合考虑有机配体的结构、不同配位能力的给体原子和具有不同配位倾向性的金属离子，它是无机、有机、固态、材料化学的交叉科学。由有机配体和金属离子形成任何复合物物种原则上都是一个自组装过程，配体聚合物的设计重点在于配体的设计和金属离子的选择，二者相互作用产生重复单元，按被控方式形成确定的结构。

三、类型

（一）按配位体分类

（1）水合配合物。为金属离子与水分子形成的配合物，几乎所有金属离子在水溶液中都可形成水合配合物，如 $[Cu(H_2O)_4]^{2+}$，$[Cr(H_2O)_6]^{3+}$。

（2）卤合配合物。金属离子与卤素（氟、氯、溴、碘）离子形成的配合物，绝大多数金属都可生成卤合配合物，如 $K_2[PtCl_4]$，$Na_3[AlF_6]$。

（3）氮合配合物。金属离子与含氮分子形成的配合物，如 $[Cu(NH_3)_4]SO_4$。

（4）氰合配合物。金属离子与氰离子形成的配合物，如 $K_4[Fe(CN)_6]$。

（5）金属羰基化合物。金属与羰基（C—O）形成的配合物。如 $[Ni(CO)_4]$。

（二）按中心原子分类

（1）单核配合物。是指只含有一个中心原子的配合物，如 $K_2[CoCl_4]$，只有一个中心 Co 原子。

（2）螯合物（又称内络合物）。由中心离子（或原子）和多齿配位体络合形成具有环状结构的络合物，如二氨基己酸合铜。螯合物中一般以五元环或六元环为稳定。

（3）多核配合物。中心原子数大于 1，如$[(NH_3)_4Co(OH)(NH_2)Co(H_2NCH_2CH_2NH_2)_2]Cl_4$。

（三）按成键类型分类

（1）经典配合物。金属与有机基团之间形成 σ 配位键，如$[Al_2(CH_3)_6]$。

（2）簇状配合物。至少含有两个金属作为中心原子，其中还含有金属-金属键，如$[W_6(Cl_{12})Cl_6]$。

（3）含不饱和配位体的配合物。金属与配位体之间形成 π-σ 键或 π-π*反馈键，如$K[PtCl_2(C_2-H_4)]$。

（4）夹心配合物。中心原子为金属，配位体为有机基团，金属原子被夹在两个平行的碳环体系之间，例如二茂铁$[Fe(C_5H_5)_2]$。

（5）穴状配合物。配位体属于巨环多齿的有机化合物，如冠醚，具有多个可提供电子的氧原子，可以形成双环结构的 $N(CH_2CH_2OCH_2CH_2OCH_2CH_2)_3N$，它们与碱金属和碱土金属形成穴状配合物。

（四）按学科类型分类

（1）无机配合物。中心原子和配位体都是无机物。

（2）有机金属配合物。金属与有机物配位体之间形成的配合物。

（3）生物无机配合物。生物配位体与金属形成的配合物，如金属酶、叶绿素、维生素 B_{12}。

第二节　配位化合物的制备技术及应用

一、制备技术

（一）溶液自组装

经典配合物主要是由溶液化学发展起来的，水溶液中生长的配合物研究得最早、最充分，随着研究的进展，非水溶液的配合物化学也得到了广泛的应用。配位聚合物的溶液自组装是指，选择的金属盐、配体溶解在适当的溶剂中，通过室温或者加热回流搅拌得到澄清溶液，静置使其自组装产生配位聚合物晶体。在溶液自组装过程中，溶剂的选择至关重要。一种良好的溶剂应该比较容易溶解反应物、自身不会发生分解且有利于反应物的分离等。常用的溶剂包括水、甲醇、乙醇、乙腈、DMF、氯仿以及它们之间的混合溶剂等[136]。

扩散法，包括凝胶扩散和液层扩散，常用于通过化学反应制备晶体。

（1）凝胶扩散：将一种组分（通常是含氮配体）配制在凝胶（硅胶）中，将另一种组分（金属盐）的溶液放置在凝胶上，两种组分通过扩散在交界面上生成产物。

（2）液层扩散：将适当的金属盐、含氮配体分别溶解在不同的溶剂中，小心地将一种溶液放置在另一种溶液上，两种溶液接触通过扩散发生反应而产生配位聚合物。

（二）水热或溶剂热法

水（溶剂）热合成是指在一定温度和压强下利用溶剂中物质的化学反应进行的合成。通常水热合成是指在密闭体系中，以水为溶剂，在一定温度（100～200 ℃）下，在水的自身压强（1～100 MPa）条件下，原始混合物进行反应。溶剂热合成常用的溶剂有氨、醇类（如甲醇、乙醇、丙醇、乙二醇、甘油、冠醚）、胺类（如乙二胺、N，N-二甲基甲酰胺、乙醇胺）、DMSO、吡啶、环丁砜等。有机溶剂由于带有不同的官能团，因此具有不同的极性、介电常数、沸点、黏度等，因此性质差异很大，这也大大丰富了合成路线和合成产物结构的多样性。

水热与溶剂热合成通常是在不锈钢反应釜（常内衬聚四氟乙烯）内进行的。配位聚合物一般的水热合成程序为：（1）选择反应物料；（2）确定合成物的配方；（3）配料序摸索，混料搅拌；（4）装釜、封釜（填充度通常为 30 %～50 %）；（5）确定反应温度、时间、状态（静止与动态晶化）；（6）程序升稳和降温；（7）取釜、冷却（空气冷、水冷）；（8）开釜取样；（9）过滤、干燥；（10）光学显微镜观察晶貌；（11）物相分析。

水热与溶剂热合成是目前多数无机功能材料、特种组成与结构的无机化合物以及特种凝聚态材料的重要合成途径，近年来被用来合成各种各样的配位聚合物晶体材料。水热和溶剂热合成化学可总结出如下特点[137]：

（1）由于在水热与溶剂热条件下反应物性能的改变、活性的提高，水热与溶剂热合成方法可以代替一些难于进行的反应，并产生一系列的新方法；

（2）由于在水热和溶剂热条件下中间态、介稳态以及特殊物相易于生成，因此能合成与开发一系列特种介稳态结构和特殊凝聚态的新化合物，能够使低熔点化合物、高蒸汽压且不能在融体中生成的物质、高温分解相在水热与溶剂热低温条件下晶化生成；

（3）水热与溶剂热的低温、等压、溶液条件有利于生长缺陷少、取向好的晶体，而且合成产物结晶度高，易于控制产物晶体的粒度；

（4）由于易于调节水热与溶剂热条件下的环境气氛，因而有利于低价态、中间价态与特殊价态化合物的生成，并能均匀地进行掺杂。

（三）离子液体中结晶法

国外正逐渐兴起的"离子液体结晶法"是一种在离子液体中控制结晶的方法，正不断用于构建新的超分子晶体工程，但这种方法国内尚不常见。

离子液体一般定义为熔点低于100 ℃的离子盐。以离子液体控制结晶通常有以下几种方法：

1. 离子热技术

主要利用离子液体具有较高的热稳定性和较低的蒸汽压等优点。普通的有机溶剂由于在高温下会产生较高的蒸汽压，因此通常要在特制的反应容器中进行（如上面所提到的水热或溶剂热釜）。而离子液体由于热稳定性高，蒸汽压低，因此在高温下不需要采用特殊的反应容器，使得结晶技术更简单可行[138]。

2. 热迁移法

主要利用离子液体具有较宽的 liquid window，允许在同种溶剂中进行高温、低温结晶[139]。

3. 共溶剂

比如乙腈，以帮助溶解无机金属盐，并增加体系的挥发度，这里主要是因为所选择的离子液体往往具有较大的溶解能力。值得一提的是，跟所用的离子液体相比，共溶剂的用量通常很少，达到足够溶解溶质的量就可以了[140]。

4. 缓慢扩散法

主要考虑离子液体具有相对高的黏度、密度等特点。具体做法跟前面提到的液层扩散法类似，即将反应物 1、2 分别溶解在不同（或相同）种离子液体中，小心地将溶有反应物 1 的离子液体放置溶有反应物 2 的离子液体上，通过缓慢扩散发生反应而得到所需的化合物。比较有意思的是，与液层扩散法不同的是这里的离子液体可以相同也可以不同。

5. 电结晶法

主要利用离子液体的导电特点。可用于制备纳米颗粒、分子筛，这里主要是因为离子液体能够稳定纳米颗粒或者可以在结晶过程起到模板效应[141]。

当然，无论采用哪一种结晶手段，首先要做的是选择可以溶解或部分溶解反应物、溶剂的合适的离子液体。

（四）超声合成法

尽管在 20 世纪 20 年代已有文献报道了超声波用于化学反应的实例[142]，并且在 60 年代出版了有关超声化学的书籍[143]，但是超声化学作用成为研究的热门课题[144]却是 21 世纪以来的事情。超声波可以使溶液中产生微小的气泡，气泡长大到破裂时可以产生局部热点，热点附近具有极高的短暂温度(约 5 000 K)、超过 1 800 Pa 的压力及高的冷却速度(10^{10} K/S)[145]。这个过程产生的巨大能量足以使很多难以发生的反应得以进行，还可以使许多稳定的化学键断裂。另外超声法可以提高合成的效率，缩短反应时间。

二、影响配位化合物形成的主要因素

虽然近年来有关配位聚合物的研究报道很多，但要准确预测最终形成的配合物的结构仍是很大的挑战。因为自组装过程中配合物的形成除受配体、金属离子、金属与配体的计量比、抗衡离子、溶剂、反应温度、溶液酸碱度等因素影响外，还受存在于配体与抗衡离子、溶剂和客体分子之间的弱相互作用（如氢键、π-π 作用等）的影响，因此，目前相关研究主要集中在探讨影响配位聚合物结构的因素及配合物的性能两方面。以下就影响配位聚合物自组装的主要因素作讨论。

（一）中心原子的影响

1. 中心原子在周期表中的位置

中心离子的性质与该金属元素在周期表中的位置有很大关系。按中心离子在周期表中所处的位置对其形成配合物的能力进行初步划分，如图 8-1 所示，周期表中黑线范围内的元素，即绝大多数过渡元素为扩构型的离子，都是良好的中心离子形成体，这类离子最外层 d 轨道未满，能形成比较稳定的配合物；在虚线以外点线以内的元素即 IA、IIA 族元素的离子外层为稀有气体电子构型，这类离子最外层电子已充满，对核电荷的屏蔽作用大，极化率小，本身难变形，结合力主要为静电引力，其离子势越大，生成配合物越稳定。而 IA、IIA 族元素的离子因其离子势太小，很难形成配合物，仅能生成少数的螯合物；在黑线以外虚线以内的元素介于前面两类之间，它们的简单配合物稳定性较差，但可形成具相当稳定性的螯合物。

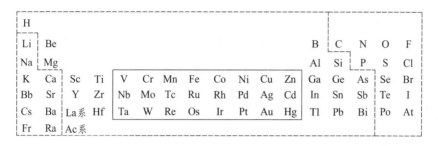

图 8-1 中心原子在元素周期表中的分布

2. 中心原子的半径和电荷

如果中心离子同配体间的结合力纯粹为静电引力，则相同构型的金属离子形成配合物的稳定性应随金属离子电荷的增加和半径的减小而增大。一般认为，稀有气体电子构型的金属离子与配体间是以静电作用而成键；与同一种配体形成配合物时当中心离子电荷相同时，中心离子半径增大，配合物稳定性减小；半径相近时，中心离子电荷增大，配合物稳定性增大。这些都将影响中心金属离子的配位构型。金属离子配位构型的变化将导致与金属离子配位的配体数目以及这些配体伸展方向的变化，从而导致网络结构的变化。不同的金属离子，具有不同的几何配位要求，金属离子具有模板作用，为了满足不同金属离子的几何配位要求，产生不同的骨架，对于配位聚合物的最终结构具有决定性作用。同时，中心金属离子本身的电子结构也对配位聚合物的性质如磁、发光等有本质的决定作用。正如澳大利亚的著名化学家 R Robson 在英国 Dalton Trans.上发表的综述所指出的[146]，聚合物设计组装中，相比配体的可控性，中心金属配位行为更加难以捉摸。

（二）配体的影响

配位聚合物的结构是由配体和金属离子共同构筑的，配体的性质和结构特征对配位聚合物的结构和功能起着决定性作用。首先配体中配位基团的性质和配齿数目对配合物结构会产生重要的影响。

为了形成配位框架，首先要确保配体能够与金属离子配位，由于配位原子与金属离子作用时遵循软硬酸碱理论，因此要根据软硬酸碱理论考虑它们之间的亲和性。对于属于软碱的配位原子 S、P 等，与较软的金属离子 Ag（I）有较好的配位性能，而与较硬的金属离子如碱金属、碱土金属以及镧系金属等则不容易配位。

相对亲和性而言，不亲和性也可以加以利用，当配体含有不同亲和性的配位基团时，通过选择合适的金属离子可以形成异金属配位聚合物。其次，配体的配位点数目、间距和取向对网格结构有着很大影响，配位齿数的变化意味着构成网络结构结点的连接数和对称性都发生了改变；同时，配体上连接基团的烷基链长度对重复单元的形状和尺寸也有很大的影响，往往可以导致不同网络结构的形成；另外，配体的异构也会导致配位点位置的变化，并影响到配位点的取向和间距，因此，相同的配体的不同异构体可能形成完全不同的重复单元。参与配位聚合物组装的有机配体分子以含 N、O 配位基团最为常见。

由于 N、O 原子电子结构不同，相应的配位键合方式也有所区别。因此，在分析配体对结构调控作用的研究中，含氮杂环类配体首先取得了较好的进展。根据所含有机配体的不同，配位聚合物可以大致分为：含氮杂环类配体的配位聚合物、含羧酸配体的配位聚合物和含混合配体的配位聚合物。

氮杂环类配体种类繁多，常见的如图 8-2 所示，大量含此类配体的配位聚合物已经被合成出来。目前研究较为成熟的是 4，4'-联吡啶（4，4'-bpy），它易于同金属配位形成配位聚合物并呈现出丰富的拓扑结构。1994 年，日本的 Fujita 发现 Cd^{2+} 同 4，4'-联吡啶反应形成的聚合物[Cd(bpy)$_2$]·(NO$_3$)$_2$ 具有很好的催化活性，它能加速氰基甲硅烷基化反应[147]。1999 年，Zubieta 教授在 Angew. Chem. Int. Ed. 杂志上发表综述，详细归纳了此前 4，4'-联吡啶配体所构筑的配位聚合物的典型结构[148]。在已报道的配位聚合物中，4，4'-联吡啶多作为桥连配体，且已报道过一例 4，4'-联吡啶作为桥连配体的配位聚合物[149]。4，4'-联吡啶作为终端配体的情况相对较少。由于质子化程度不同，4，4'-联吡啶还能起到平衡骨架电荷的作用或作为中性客体分子存在于孔道中。由于 4，4'-联吡啶本身的特性，它还可以作为氢键的接受体和给予体，4，4'-联吡啶中的吡啶环间可能存在 π-π 作用、C.H-π 作用等超分子作用力[150]。

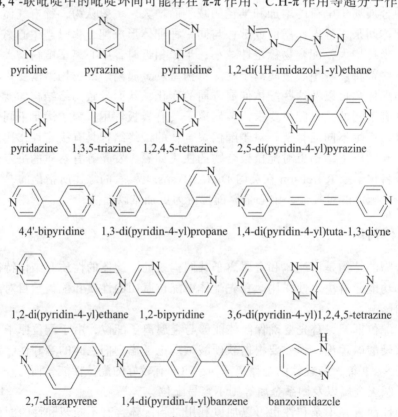

图 8-2 常见的氮杂环类配体

通过修饰 4, 4'-联吡啶所生成的 4, 4'-联吡啶类配体, 可以控制 4-吡啶基在配体中的位置, 从而可以在一定程度上达到控制配位聚合物结构的目的; 改变 4-吡啶基间的基团, 可以得到吡啶基间距不同的刚性棒状的 4, 4'-联吡啶类配体; 通过引入不同的基团, 也可以修饰吡啶基团的相对位置。另外使用吡嗪作为桥连配体, 配位原子间的距离也可以极大地减少; 而使用吡嗪的同分异构体即嘧啶作为配体, 其结构上特有的角型配位方式将改变配位原子间的相对位置。

目前, 对含咪唑和苯并咪唑类的配体研究也非常多, 有些分子筛化合物就是由此类配体构筑而成。相对脂肪类羧酸配体而言, 芳香羧酸配体更具刚性, 易与金属形成孔洞化合物, 且具有很好的稳定性。尤其是高对称性芳香羧酸配体在构筑配位聚合物时, 往往形成结构高度对称美观的化合物, 如对苯二甲酸、均苯三甲酸、均苯四甲酸等, 因而这类芳香羧酸配体成为人们研究得最为广泛的一类有机配体。随着相关研究的深入, 人们继而关注半刚性的非芳香环状羧酸配体, 此类配体配位方式更加灵活, 可构筑出结构更加新颖的配位聚合物。

可以看出, 配位聚合物的合成主要是依靠含有 N, O, P, S 的有机配体和金属离子反应得到。由于两种配位能力相近的多齿配体可与同一种金属配位形成配位聚合物, 近来人们致力于探索利用两种或者两种以上的不同配体, 即利用混合配体构筑超分子网络结构。其中, 最常见的混合配体有: 有机羧酸-含氮杂环类配体, 有机羧酸-有机羧酸类配体, 含氮杂环-含氮杂环类配体。含混合配体的配位聚合物由于配体种类多样, 配位方式复杂, 也使得对于这类配位聚合物的最终组分及空间结构更加难以预测, 因此该类聚合物的研究仍需大量研究工作的积累。

（三）反应物配比对配位聚合物的影响

配位聚合物的设计构筑中, 反应物料比也是调控产物结构的重要因素。例如, Ciani 课题组以吡嗪(pyz)及 $AgBF_4$ 作为研究对象, 发现 $AgBF_4$ 与吡嗪(pyz)按不同的配比在乙醇中反应可得到组成和空间结构不同的聚合物[151]。当 AgBF4 与吡嗪的摩尔比为 1:1 时, 得到聚合物[Ag(pyz)]（BF_4）, 其每个 Ag 与两个吡嗪配位, 每个吡嗪连接两个 Ag, 形成一维链状结构; 当 $AgBF_4$ 与吡嗪的摩尔比为 1:2 时, 得到聚合物$[Ag_2(pyz)_3](BF_4)_2$, 它具有二维网状结构, 其每个 Ag 与三个吡嗪配位, 每个吡嗪与两个 Ag 键合; 当 $AgBF_4$ 与吡嗪的摩尔比为 1:3 时, 得到聚合物$[Ag(pyz)_3](BF_4)$, 其每个 Ag 与四个吡嗪配位, 其中两个吡嗪键合了两个 Ag, 另两个吡嗪仅与一个 Ag 配位, 这个三维框架是通过两个吡嗪把各个结构单元联结而形成的。

（四）阴离子对配位聚合物的影响

阴离子是中性桥联配体和金属离子构造超分子网格结构中的重要组成部分, 它不仅能起到维持配位聚合物电荷平衡的作用, 同时也对其拓扑结构产生重要的影响。具体说来, 它的影响作用体现在以下三个方面: 通过与金属离子配位（占据其配位点）影响, 通过阴离子的体积（作为客体分子填充于孔洞内起平衡电荷和支持骨架作用）影响, 通过阴离子的模板效应（由于诱导配体合成孤立的多核化合物或不同配体构象的配位聚合物）影响。目前阴离子研究对象有金属盐自身阴离子（如: NO_3^-、SO_4^{2-}、BF_4^-、ClO_4^-）; 配位能力较弱, 但具有明显尺寸效应的阴离子 XF_6^-（X=Si、Ge、P、As、Sb）; 卤素阴离子（F^-、Cl^-、

Br^-、I^-）；其他，如多酸阴离子、$CF_3SO_3^-$、SCN^-等[152]。

（五）溶剂对配位聚合物的影响

绝大多数自组装都是在溶液相中进行的，因而溶剂对自组装体系的形成起着关键作用。配位聚合物合成条件中常见的溶剂有水、二甲亚砜、N, N-二甲基甲/乙酰胺、醇类、腈类等高极性溶剂。溶剂在配合物网络结构中所起的作用与阴离子的作用类似，但由于溶剂不像阴离子那样必须存在于网络结构中，因此它比阴离子更适于作为网络结构与外界进行交换反应的客体，这对研究主客体交换很有帮助。目前人们通过改变溶剂取代基从空间位阻的角度分析结构调控作用[153]，或调节二元溶剂配比考察溶剂极性对产物的选择[154]，或采用离子液体，将抗衡离子对结构的调节作用提高到溶剂的比重，结合超分子组装化学来开展研究。研究发现溶剂体系对与配位聚合物的构建起着极其微妙而关键的作用[155]：一方面溶剂与反应底物间的分子间作用力，如氢键、静电力、构型匹配度等对结构基元相互间的组装起着调节、中介作用[156]；另一方面，溶剂的极性往往通过调控溶解度而体现出对产物的选择性[157]。还有一方面，溶剂的性质及结构上的微小变化还直接影响配合物的结晶化速率，而结晶化速率是决定能否得到完好单晶体的一个重要因素。同时，与阴离子相似，一些和金属离子配位能力强的溶剂分子，也经常和金属离子配位，占据配体的位置，比如 DMF，它的 O 原子经常参与配位。金属离子与溶剂配位后，它的配位数及配体伸展方向都可能发生变化，从而引起配位聚合物网络结构也发生变化。然而，由于溶剂分子不带电荷，没有平衡电荷的能力，不必像阴离子那样必须存在于网络结构中，因此，它比离子更适于作为网络结构与外界进行交换反应的客体，这对研究主客体交换很有帮助。

（六）酸碱度对配位聚合物的影响

反应体系的酸碱度对组装过程有着重要的影响。不同的酸碱度可以使有机配体表现出各种灵活的配位模式，产生不同结构的化合物。较高的酸度可产生共价键和氢键协同作用的化合物；较高的碱度可避免小的溶剂分子配位到金属中心，产生共价键连接多维的配位化合物。此外，通过控制反应体系的酸碱度，可以使配体中功能基团的质子可逆地脱掉，从而实现化合物可逆地转变。

三、表征方法

（一）电子光谱法

电子光谱是由于分子中的价电子吸收了光源能量后，从低能级分子轨道跃迁到高能级分子轨道所产生的各种能量光量子的吸收。其能量覆盖了电磁辐射的可见、紫外和真空紫外区，所以又叫可见-紫外光谱。对于配合物来说，其价电子的跃迁有以下几种类型：

1. d–d 跃迁

过渡金属离子的 d 轨道或 f 轨道未被填满，常发生 d–d 跃迁或 f-f 跃迁。d-d 跃迁是电子

从中心原子的一个 d 轨道跃迁到较高能级的 d 轨道，分为自旋允许跃迁和自旋禁阻跃迁两种。其中自旋允许跃迁较强，而自旋禁阻跃迁由于是禁阻的，只是由于配体的微扰效应引起的，故而较弱。

因为 $d\text{-}d$ 间的能级差不大，因而常常处在可见光区。当配合物中配位能力较弱的配体被配位能力更强的配体取代时，$d\text{-}d$ 间的能级差发生变化，$d\text{-}d$ 吸收带的位置会根据光谱化学序发生移动。如果新配体的加入改变了配合物的对称性，吸收带的强度也会发生变化。这些变化与配合物的反应有关，故而，可以用于研究配合物的反应和组成。

2. 电荷跃迁

在中心原子和配体间可能发生电子的跃迁，可以是由中心原子的分子轨道向配体的分子轨道跃迁，也可以是由配体的分子轨道向中心原子的分子轨道跃迁。当配体是可氧化的，中心原子是高氧化态时，电子从配体向中心原子跃迁，且配体还原能力越强，中心原子氧化能力越高，电荷跃迁的波长就越长。当不饱和配体和低氧化态中心原子形成配合物时，电子由中心原子向配体跃迁。一般说来，电荷跃迁波长比 $d\text{-}d$ 跃迁较短，强度更强。

3. 配体内的跃迁

如果金属和配体之间主要是静电作用，金属原子对配体吸收光谱的影响较小，配合物的吸收光谱与配体的吸收光谱类似。如果金属和配体之间形成共价键，则配合物的吸收峰向紫外方向移动，共价程度越强，吸收峰移动得越远。

4. 判断配体是否与金属离子发生了配位

重金属离子加入后，发生了配位作用，使配体分子的共轭体系发生显著的变化，最大吸收峰显著红移。

5. 确定配合物的组成

当溶液中的金属离子与配位体都无色，只有形成的配合物有色，并且只形成一种稳定的配合物，配合物中配体的数目 n 也不能太大时，可以用紫外光谱测定配合物的组成比。常采用连续变换法（Job 法）。

6. 区别配合物的键合异构体

当配体中有两个不同的原子都可以作为配位原子时，配体可以不同的配位原子与中心原子键合而生成键合异构配合物。可以用紫外光谱区别两个异构体，并确立其可能的结构。

（二）红外光谱

配合物分子的对称性、配位键的强度和环境的相互作用 都会影响其红外光谱，因此，可以利用红外光谱进行配合物的形成、结构、对称性及稳定性等方面的研究。

1. 判断配体配位方式

很多配体在与金属配位时，可以有多种配位模式。下面以配合物中常用的羧酸配体为例，介绍其丰富的配位模式。其中常见的有：单齿，双齿，螯合，单原子桥连。

羧基的反对称伸缩振动频率高于伸缩振动频率，两者之间差值的大小与其配位模式有关，所以，可以根据羧酸对称伸缩振动和不对称伸缩振动值差值 Δv，判断羧酸是否参与配位及其配位方式。游离羧酸根离子的 Δv 在 160 cm^{-1} 左右，如果配合物红外光谱中的 Δv 远大于 160 cm^{-1}，一般认为羧酸根以单齿方式配位；如果配合物红外光谱中的 Δv 比 160 cm^{-1} 小得多，一般认为羧酸根以螯合方式配位；当羧酸根以双齿方式进行配位时，其 Δv 与游离酸根离子的 Δv 差不多。如果遇到这种情况，可以通过两种方法对双齿配位和游离羧酸进行区别：一种方法是看配合物红外谱图中 1700 cm^{-1} 左右有没有强的吸收峰。如果有说明羧酸根未参与配位，反之说明羧酸根以双齿方式进行配位；另外一种方法是，观察 50~600 cm^{-1} 是否有金属-配体的特征频率。如果有，说明配体与金属发生配位作用，反之，说明配体未参与配位。当配体中含有两种或两种以上配位原子时，通过金属-配体特征频率的位置，还可以判断与金属配位的是哪个原子。

2. 确定顺反异构体

在顺反异构体中，反式异构体的对称性比顺式异构体的对称性较高。对称性的降低会使红外活性振动数目增加，反式异构体中非红外活性的振动，在顺式异构体中可能会成为红外活性的振动，因此，顺式异构体红外光谱具有比反式异构体红外光谱更多的谱带。将同一配合物两种异构体的红外光谱进行比较，可以根据谱带的多少，区分哪一种为顺式，哪一种为反式。

（三）核磁共振

没有未成对电子的金属离子属于抗磁性金属离子，常见的有碱金属、碱土金属离子，Pb(II)以及 Pd(II)、Pt(II)、Cu(II)、Ag(I)、Zn(II)、Cd(II)、Hg(II)等过渡金属离子。还有一些金属离子高自旋时有未成对的电子，而低自旋时没有未成对的电子。例如，Fe(II)、Co(II)、Ni(II)在低自旋时，其电子全部成对，因此也是抗磁性金属离子。含有抗磁性金属离子的配合物一般都可以用 NMR 进行表征，分析其 NMR 谱图，主要从以下几种信息进行判定：

1. 配合物的形成及可能的组成

用 ^1H NMR 谱图研究配合物的形成及组成，通常是在相同或相近条件下（测试温度和溶剂等），分别做自由配体及配合物的 ^1H NMR 谱图，以配体在反应前后化学位移的变化情况，来推断配合物的形成和可能的组成。

2. 判断参与配位的配位原子

有些配体中含有两个或者两个以上配位原子，当此类配体与金属离子发生反应时，需要判断是哪个（些）配位原子与金属生成了配位键。此时，可以用 NMR 判断参与配位的配位原子。一般来说，离配位原子越近，基团的化学位移变化越大，离配位原子越远，化学位移变化越小，因此，可以根据化学位移变化来判断该配位原子是否参与配位。

3. 区分配合物的顺-反异构

对一个具有不同构型的配合物来说，其顺式和反式异构体所具有的对称性往往是不同的，对称性的不同导致配合物中氢的环境不同。因此，从配合物 ^1H NMR 谱图中质子峰的个数往往就可以推断该配合物的构型。

4. 研究配合物的动力学

比较不同温度下，同一反应体系的 NMR 谱图，可以研究配合物分子内过程的动力学，从而计算出反应速率常数和反应活化能。

（四）单晶衍射法

确定晶体内部原子（分子、离子）的空间排布及结构对称性，测定原子间的键长、键角、电荷分布，探讨各种化合物的微观结构与宏观性能的关系。对未知物而言，单晶结构测定是最权威的鉴定手段，因此也是化学、生物、医学、材料、地质等学科研究的重要手段。

1. 单晶的培养

常见的配合物单晶培养方法有：溶液结晶法、界面扩散法、蒸汽扩散法、凝胶扩散法、水热法和热溶剂法、升华法，可逐一尝试，直到培养出稳定的可供测试的单晶。

2. 单晶的测定

（1）直接法：其测定原理是应用不同化学元素对 X 射线的反常散 射（色散）效应。若待测药物样品仅含有 C、H、N、O 元素时，应使用 Cu Kα 辐射，衍射实验的 θ 角不低于 57°；若待测样品中含有原子序数大于 10 的元素时，可以应用 Mo Kα 辐射，衍射实验的 θ 角不低于 25°。

（2）间接法：利用分子结构中部分已知构型的基团或通过引入另一个已知绝对构型的手性分子确定分子构型。衍射实验采用 Cu Kα 或 Mo Kα 辐射均可。

四、配位化合物的应用

（一）在分析化学中的应用

1. 金属离子的分离与滴定

定量测定溶液中 Fe 的含量时，指示剂为深红色的[Fe(phen)$_3$]。在络合滴定中，通常利用一种能与金属离子生成有色络合物的显色剂来指示溶液中的变化以确定终点，这种显色剂称为金属（离子）指示剂。

四（4-磺酸苯基）卟啉（TPPS$_4$）在最佳条件下可与 Pb(II)、Cd(II)、Cu(II)形成稳定的络合物。但由于卟啉可与多种金属离子反应，因此，要将此络合物体系用于成分复杂的天然植物分析，必须解决干扰问题。李方[36]利用简便、易操作、不需使用大量有毒有机试剂及具有选择性吸附的巯基棉富集分离方法，实现了样品中干扰离子的分离以及痕量 Pb(II)、Cd(II)、Cu(II)的富集和相互分离。此体系应用于茶叶、银杏叶中 Pb(II)、Cd(II)、Cu(II)的测定，获得良好结果。

通过生成配合物来改变物质的溶解度，从而与其他离子分离。例如，以氨水与 AgCl、Hg_2Cl_2 和 $PbCl_2$ 反应来分离第一族阳离子。

2. 掩蔽干扰离子

用生成配合物来消除分析实验中会对结果造成干扰的因素。例如，比色法测定 Co 时会受到 Fe 的干扰，可加入 F，与 Fe 生成无色的稳定配离子$[FeF_6]$，以掩蔽 Fe。

（二）在工业生产中的应用

1. 工业催化

催化反应的机理常会涉及配位化合物中间体，比如合成氨工业中用醋酸二氨合铜除去一氧化碳，有机金属催化剂催化烯烃的聚合反应或寡合催化反应，以及不对称催化于药物的制备。

2. 提取贵金属

由于生成了稳定的配离子$[Au(CN)_2]$，将金从难溶的矿石中溶解并与其不溶物分离，可使得不活泼的金进入溶液中，再用 Zn 粉作还原剂置换得到单质金。

3. 提取纯金属

也可利用很多羰基配合物的热分解来提取纯金属。例如蒙德法中，镍的纯化就利用了四羰基镍生成与分解的可逆反应，进而提取出纯度很高的金属镍。CO 能与许多过渡金属（Fe、Ni、Co）形成羰基配合物，且这些金属配合物易挥发，受热后易分解成金属和一氧化碳。利用此可以制备高纯金属。

4. 制镜

以银氨溶液为原料，利用银镜反应，在玻璃后面镀上一层光亮的银涂层。

5. 硬水软化

加入线型多磷酸盐在中性或碱性溶液中是稳定的，但是在酸性溶液中发生水解，这些化合物与金属离子形成可溶的络合物。许多玻璃状多磷酸钠，如六偏磷酸钠和可溶性偏磷酸钠被用于水软化，洗净和除去锅炉和管道的污垢。

6. 重金属去除

利用羟基磷灰石，可以减少含铅废水对环境的污染，迅速将 Pb^{2+}除去。很多工矿企业将磷酸盐用于控制和处理酸性矿水。

（三）在医药中的应用

1. 抗肿瘤药物

生物学中，很多生物分子都是配合物，并且含铁的血红蛋白与氧气和一氧化碳的结合，很多酶及含镁的叶绿素的正常运作也都离不开配合物机理。常用的癌症治疗药物顺铂，即 cis-[PtCl$_2$(NH$_3$)$_2$]，可以抑制癌细胞的 DNA 复制过程，含有平面正方形的配合物构型。PtCl$_2$ 进入癌细胞后释放 Cl$^-$进攻 DNA 上的碱基，从而抑制 DNA 的复制，阻止癌细胞的分裂。在此基础上发展的第 2、第 3 代抗癌铂配合物，如二氯二羟基二（异丙胺）合铂（IV）、环丁烷 1，1-二羧二氨舍铂（II）、二卤茂金属等，副作用小，疗效更显著。

2. 解毒剂

在生物体内的有毒金属离子和有机毒物不同，因为它们不能被器官转化或分解为无毒的物质。有些作为配位体的整合剂能有选择地与有毒的金属或类金属（砷、汞）形成水溶性螯合物，经肾排出而解毒，因此，此类螯合剂称为解毒剂。如乙二胺四乙酸、枸橼酸钠、2，3-二巯基丁二酸等解毒剂可用于重金属解毒的机理，常常是它们与重金属离子配合，使其转化为毒性很小的配位化合物，从而达到解毒的目的。

3. 血液抗凝剂

配合物作抗凝血剂和抑苗剂在血液中加入少量 EDTA 或枸橼酸钠，可螯合血液中的 Ca^{2+}，防止血液凝固，有利于血液的保存。另外，因为螯合物能与细菌生长所必需的金属离子结合成稳定的配合物，使细菌不能赖以生存，故常用 EDTA 作抑菌剂配合金属离子，防止生物碱、维生素、肾上腺素等药物被细菌破坏而变质。

4. 药物增强剂

王键等发现芦丁对癌细胞无杀伤作用，CuSO$_4$ 液对癌细胞仅有轻微杀伤作用，但芦丁铜（II）配合物杀伤作用却很强[158]。对黄芩苷金属配合物的研究表明，黄芩苷锌的抗炎、抗变态反应作用均强于黄芩苷[159]。

第三节　配合物香料在卷烟中的应用

通过香精调配的方式，利用挥发性的甜香类香料与食品添加剂（如钙盐、锌盐等）之间的弱配位作用，降低甜香类香料的挥发逃逸特性，提高其在香精和卷烟产品中的稳定性，增强其在加工过程特别是高温受热工序中的耐加工性，有效解决该类香料实际应用问题，并为焦甜类香料的调香应用提供一种新的技术手段，以便其在卷烟产品应用中更好地发挥作用。研究成果应用于造纸法薄片生产，较好地提高了造纸法薄片的感官质量和配方可用性，并在功能性香基调配保障质量稳定、卷烟产品设计方面有较好的应用前景。

一、配合物香料的制备

（一）配体选择

从调香实践经验以及文献查阅筛选甜香类香原料，归纳甜香类香料的化学结构特点，选择在用但有待改进或对烟气有显著作用但因存在挥发性强、嗅香突出、易氧化变质等问题而暂时未用的甜香类香料为研究对象。主要从呋喃酮、乙基麦芽酚、甲基环戊烯醇酮、麦芽酚、烟酮、DDMP 等十多种类似香料中筛选，重点对其中的 4-羟基-2, 5-二甲基-3（2H）呋喃酮、乙基麦芽酚、麦芽酚、烟酮、2-羟基-3-甲基环戊-2-烯-1-酮（MCP）、酱油酮进行了调配实验。

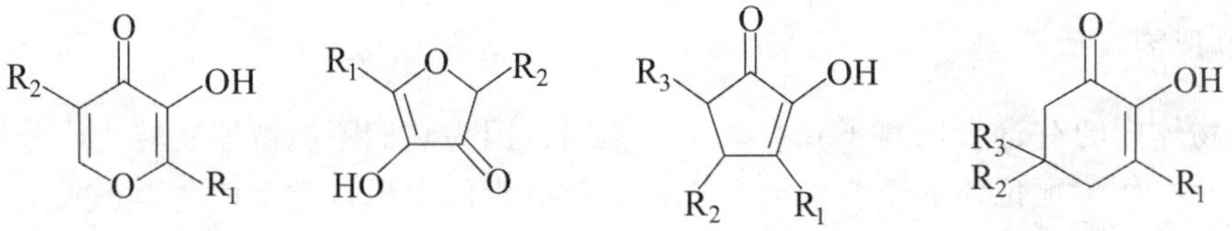

图 8-3　三种甜香类香料结构通式，R_1，R_2=CH_3 或 CH_3CH_2

（二）中心离子选择

无机盐食品添加剂的选择，首先要求其符合添加剂安全许可，同时要满足条件：既能与甜香类香料相结合且受热时后者又能裂解释放出来。国内烟草添加剂使用许可名录中只有钾、钠、钙、铵盐可允许使用；食品添加剂许可使用名单中金属盐品种稍多（又如镁、铜、锰、铁等），但有较强配位作用、又使用广泛符合安全性要求的当属锌盐和钙盐。最优方案是选择钙盐（乙酸钙）。该研究的理论基础在于金属离子外层电子结构含有空轨道，被研究的甜香类香料中的羰基氧原子含有孤对电子，以及邻位羟基，三者配位形成环状结构（五元环或六元环，螯合环增加稳定性）。经文献检索以及实验发现，钙、镁属于主族金属元素，其配位能力显然弱于典型的过渡金属，而与铁、镍、铜等元素比较，锌元素也是过渡金属中配位能力相对较弱的金属。因此选择配位作用适中的钙、镁、锌为中心离子，使配位体在受热时能够将甜香类香料释放出来，其中以与钙、镁的结合最弱。重点对醋酸钙、醋酸锌、硫酸锌、氯化钙、氯化镁、硫酸镁进行考察，考虑到烟草添加剂许可问题，重点对醋酸钙、醋酸锌进行了调配研究。在调配体系中，甜香类香料与金属离子的反应存在平衡，图 8-4 为反应平衡式。

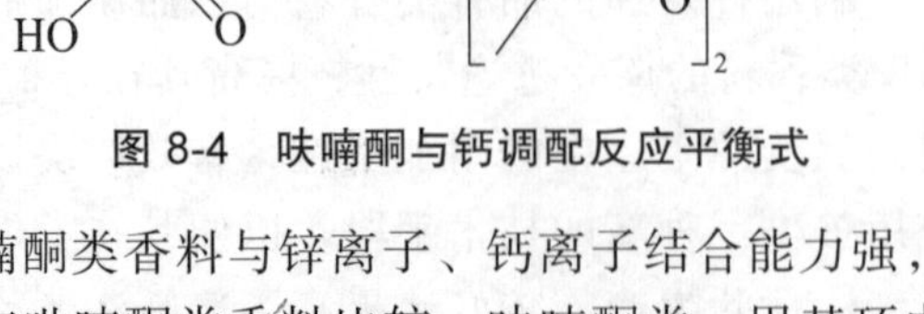

图 8-4　呋喃酮与钙调配反应平衡式

实验表明：（1）吡喃酮类香料与锌离子、钙离子结合能力强，调配简单易行，如麦芽酚、乙基麦芽酚；（2）与吡喃酮类香料比较，呋喃酮类、甲基环戊（己）烯醇酮类与锌离子、钙离子的结合能力偏弱，但调配时通过适当提高调配体系的 pH 使反应右移或通过加热降低反应活化能，可增加其结合趋势。

文献调研及多次反复试验发现，邻羟基酮类香料与镁盐的结合能力很弱，不适合用于调配。甜香类香料与钙盐、锌盐调配形成的配合物的通式可以图 8-5 表示。

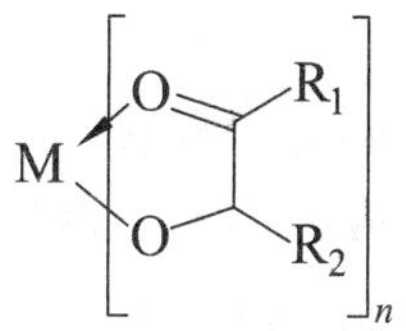

$$M=Ca^{2+}, Zn^{2+}; \ n=1, 2$$

图 8-5　甜香类香料与钙、锌盐调配物通式

配合物在释放出甜香类香料后，钙、锌等金属元素以无机盐、氧化物或氢氧化物等离子型化合物的形式存在，离子型化合物的熔点高，稳定性强，转移到烟气中的可能性低，由于添加量很少，对卷烟产品燃烧状态、感官质量不会产生负面影响。

（三）制备条件

应用食品添加剂中的钙盐、锌盐，对吡喃酮类、呋喃酮类和甲基环戊烯醇酮类等三种类型共约十种香料，分别进行调配研究，得到 20 至 40 种调配香料（香精）。重点对呋喃酮、乙基麦芽酚等几种最具代表性的甜香类香料进行调配研究，实现其在卷烟调香及卷烟产品中的应用[160]。

探讨了调配实验条件，调配溶剂以水或醇或醇/水混合物，对于配位能力强的麦芽酚、乙基麦芽酚无需加热，而对其他甜香类香料在调配时加热后调配效果更好。调配时控制 pH 在 6.5～8，效果好。实验表明，酸度高不利于两者的作用；碱度过高溶解度会不好，且会影响香精的酸碱平衡。

调配过程中通过嗅闻发现，调配后的溶液以及分离出的单体的嗅香明显变轻。

（1）嗅香差别：通过实验发现，阈值低的挥发性甜香类香料如呋喃酮、乙基呋喃酮、麦芽酚、乙基麦芽酚、MCP、烟酮等经过钙盐、锌盐调配后，等浓度百分比下，嗅香明显减轻。

（2）稳定性差别：将呋喃酮和 MCP 分别以无水乙醇配成 5%（质量百分比）的溶液作为对照样，试验样为等浓度（分别以呋喃酮、MCP 量计）的钙盐调配物溶液。

MCP 的无水乙醇溶液在放置一年后，基本挥发或转化殆尽，色谱图有很多杂峰；而经钙盐调配的样品一年后，MCP 的色谱峰仍非常强，且基本没有杂峰，说明钙盐能有效稳定 MCP，降低其挥发或变质的趋势。

两种挥发性香原料经调配后，提高稳定性的趋势一致，同时钙盐在提高呋喃酮稳定性方面的作用更突出，这与呋喃酮本身比 MCP 更易潮解、变色、变质这一特性，也是相吻合的。以上两点说明实验结果可信，经钙盐调配，能提高呋喃酮、MCP 等挥发性香原料的稳定，延长其保质期。特别对于溶液状态下的保质，调配效果更突出。

二、性能表征

制备麦芽酚、乙基麦芽酚、MCP、呋喃酮、烟酮、乙基呋喃酮等甜香类香料的钙、锌调配物，以紫外光谱（UV）、红外光谱（IR）、核磁共振氢谱（^{1}H NMR）进行表征，阐释调配作用机理。

（一）紫外光谱

以 Lambda45 紫外光谱仪（美国 PerkinElmer 公司）检测，无水乙醇为溶剂。对比分析甜香类香原料与其相应配合物的紫外吸收差别，发现形成配合物后紫外吸收发生明显的红移。图 8-6 为乙基麦芽酚及其钙调配物在 240～400 nm 的吸收，从图上可看出，麦芽酚最大吸收经锌盐调配后，从 277 nm 左右红移到 318 nm 左右，证实两者的配位作用。

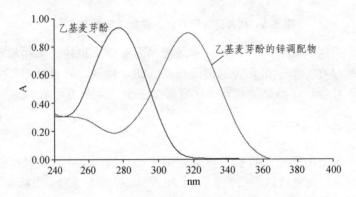

图 8-6　乙基麦芽酚及其锌调配物在 240 nm～400 nm 紫外吸收

图 8-7 为麦芽酚、乙基麦芽酚、MCP 及其锌、钙配合物在 240～400 nm 区间紫外光谱吸收对比，表明经配位后甜香类香料的紫外吸收发生明显红移，说明甜香类香料与金属盐发生相互作用。利用紫外光谱可实现调配物纯度检测，调配效果监测，以及调配条件优化。

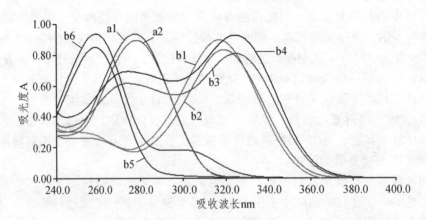

（a1）麦芽酚；（a2）乙基麦芽酚；（b1）麦芽酚的锌调配物；（b2）乙基麦芽酚的锌调配物；
（b3）麦芽酚的钙调配物；（b4）乙基麦芽酚的钙调配物；（b5）甲基环戊烯醇酮；
（b6）甲基环戊烯醇酮的锌调配物

图 8-7　调配物与相应甜香香料在 240 nm～400 nm 紫外光谱

（二）核磁共振

以核磁共振氢谱 ^{1}H NMR 对调配物进行表征，Inova-400 型核磁共振仪（400 MHz，美国 Varian 公司），以 TMS 为内标。已知麦芽酚的 ^{1}H NMR 中在（δ/ppm）7.30 处会有-OH 氢峰出现，而图 8-8 为其锌调配物在此处的峰消失，调配物的积分比为 3：1：1，说明羟基参与配位。

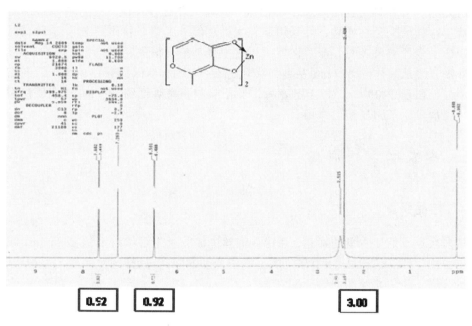

图 8-8　麦芽酚的锌配合物的核磁共振氢谱（1H NMR）

图 8-9 为乙基麦芽酚的锌调配物的核磁共振氢谱，同样羟基氢峰消失，氢原子积分比为 3：2：1，说明羟基脱质子后氧原子参与配位。另外，核磁共振碳谱显示配体和配合物的碳谱位移会发生相应变化，也证实了配位作用产生。

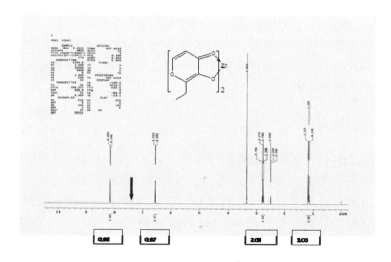

图 8-9　乙基麦芽酚的锌配合物的核磁共振氢谱（^{1}H NMR）

（三）红外光谱

以 Spectrum One 红外光谱仪（美国 PerkinElmer 公司）考察甜香类香料形成配合物后红外光谱发生变化，KBr 压片，结果表明调配物 3200 cm^{-1} 左右的羟基吸收尖峰消失，取而代之的为 3350 cm^{-1} 宽峰，说明羟基发生了脱质子反应，脱质子氧可能参与配位；—C═O峰降低约 40 cm^{-1}，说明羰基参与了配位。

为研究甜香类香料与食品添加中的钙盐、锌盐的调配作用机理，合成制备了甜香类香料与钙盐、锌盐的配合物纯品，并采用紫外光谱、红外光谱、核磁共振氢谱/碳谱对配合物进行了表征。表征结果表明，配合物核磁氢谱中羟基氢峰消失，配合物在 240～400 nm 的最大紫外吸收峰从配体的 277 nm 左右红移到 315～320 nm，IR 显示 3 200 cm^{-1} 左右羟基吸收尖峰消失，出现 3400 cm^{-1} 以上的宽峰，羰基吸收频率降低约 40 cm^{-1}。表明甜香类香料与锌盐、钙盐发生了明显配位作用。

三、在卷烟中的应用

（一）样品制备

通过多次反复的加香量的筛选，确定在烟丝中加香量为烟丝的 1.5～3.5 ppm，以精品白沙烟丝制备三个样品，样品 0#为空白样（不添加呋喃酮），1#样为对照样（添加呋喃酮），2#样为试验样（添加呋喃酮的钙调配液）。

（二）感官质量评价

与空白样相比，对照样和试验样对烟气的提升作用效果总体一致，产品设计中当需要突出焦甜嗅香且主流烟气需体现焦甜香韵时，则对照样效果更好，即直接添加呋喃酮（不经钙盐调配）效果更好；当需要主流烟气以其他香韵为主、但又需要些许焦甜香韵时，试验样更好，即将呋喃酮与钙盐调配后加香效果更好，此时焦甜香气由单体既有的强势、突出、偏干变成柔和、细腻，与主体香韵融于一体而自然、谐调。

烟丝加香感官质量评价结果表明，在卷烟产品设计中需对焦甜香在产品中所起的作用进行明确定位，以准确判断直接加香和调配加香的优势所在，将两者有机结合起来才能更好地应用到卷烟产品的设计中。

（三）烟气释放均匀性

一般来讲，挥发性烟用香原料加香后感官评吸时，常会让人感觉前后释放不匀。针对这种情况，将挥发性的甜香类香料及其钙、锌调配物以烟丝质量的 50 ppm（以甜香类香料的质量计）分别加香制备成对照样和试验样，以氘代邻苯二甲酸二乙酯为内标，采用标准方法抽吸卷烟，收集的剑桥滤片以 GC-MS 分析检测烟气中的每两口中挥发性香原料的含量，考察调配前后挥发性香原料在烟气中释放均匀性问题。因乙基麦芽酚属合成类香料，在卷烟烟丝中不存在，故以乙基麦芽酚及其钙调配物烟丝加香开展均匀性研究实验。图

8-10 为加香卷烟烟气释放均匀性柱形图，可以看出，乙基麦芽酚直接加香和经钙盐调配后加香，在卷烟中均能逐口均匀增加释放，乙基麦芽酚及其调配物加香后在烟气中逐口增加趋势，在相同浓度下加香，经钙盐调配后乙基麦芽酚释放量稍低，这与调配物的裂解释放效率有关。

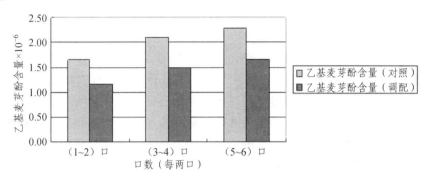

图 8-10　乙基麦芽酚经钙调配组与对照组加香卷烟烟气释放均匀性数据

四、在烟草薄片中的应用

（一）样品制备

将该控制释放技术应用于香精调配，发现挥发性甜香类香料的嗅香明显变轻。将调配的香精应用于烟丝、梗丝或薄片加香中，通过感官评吸评价发现甜香释放更均匀。该技术应用到薄片加工成型中，以显著提高甜香类香料的耐加工性，改善薄片内在质量。

提高造纸法薄片的可用性是烟草行业"增香保润"重大专项的重要研究内容，也是缓解烟叶原料供应不足的有效途径。但在造纸法薄片加工成型过程中，涂布加香后还有烘干工序，烘干工序需 120 ℃ 左右的高温，故挥发性的香料添加后会在加工过程中挥发损失，所剩无几，不能有效改善薄片内在质量，达不到涂布加香的预期目的，即挥发性料涂布加香无效。这是目前行业内薄片研究的难点之一。

而甜香类香料经钙、锌盐调配后，添加到涂布液中，因调配后甜香类香料稳定性增加，挥发性降低，在薄片加工成型时能很好耐受 120 ℃ 高温干燥，甜香类香料得到很好保留，有效提高薄片的感官质量。

（二）感官评价

在实验室小试研究的基础上，在某薄片生产线开展了数次造纸法薄片在线实验，以提高造纸法薄片的可用性，并验证、对比呋喃酮单体与其钙调配物的应用效果。

按照造纸法薄片原配方和工艺条件生产，得到空白样（薄片）0#；按照造纸法薄片原配方和工艺条件生产，只是在涂布液中添加呋喃酮，生产得到含呋喃酮的对照样（薄片）1#，呋喃酮用量为薄片重量的 12 ppm。将两种薄片小样制烟评吸对比，发现与空白样比较，对照样（薄片）未能体现呋喃酮类物质的香气，烟的香气、杂气、口感、余味指标与空白样一致，无明显差别。

用呋喃酮钙调配物代替上述对照样（薄片）生产中的呋喃酮单体，同样涂布加香生产得到调配样（薄片）2#，呋喃酮钙调配物用量为薄片重量的 8 ppm。将调配对照样（薄片）1#切丝小样制烟，并与调配样（薄片）2#进行对比评价。

调配样（薄片）2#与对照样（薄片）1#对比评吸结果表明：（1）对照样（薄片）1#中未能体现呋喃酮的特征香气，薄片的香气质无改善，香气量未增加，说明呋喃酮在生产过程中几乎损失殆尽。对照样薄片气息（杂气）明显、口感较差、缺点显露；（2）调配样（添加呋喃酮醋酸钙调配物）2#香气质有改善，香气量增加，增加甜香，能体会到呋喃酮的特征香，说明呋喃酮的保留量显著增加，薄片气息明显减轻，余味有改善。

上述实验说明，钙盐调配技术明显提高了呋喃酮在薄片涂布加香后的耐高温性和耐加工性，呋喃酮的保留量显著增加。如果用呋喃酮单体涂布加香而不采用钙盐调配技术，呋喃酮就无法在经历后续烘干工序后在造纸法薄片中有效保留下来，添加呋喃酮就无法达到加香的本来目的。

这也为造纸法薄片的涂布加香提供了一种新的思路，其他挥发性香料如吡啶类香料，也有可能按照类似方式涂布加香（直接加可能会无法保留），以提高造纸法薄片的香气和满足感。由于烟草加料后烘干温度也在 120 °C 左右，所以甜香类香料的钙盐调配技术同样可以用于烟草加料。

上述结果也说明，应用呋喃酮等香料的钙盐调配技术可提高造纸法薄片的可用性，提高造纸法薄片的使用价值。

为了进一步以数据来证实评吸效果，考察该控制释放技术在薄片加工过程中的耐加工性，设计实验方案模拟薄片加工过程，稠浆加香（料理机拌匀）涂布 120 °C 烘干，分别制备空白样、甜香类香料对照样、相应调配物样。裂解 GC-MS 实验（以呋喃酮为例）验证调配技术提高耐高温性能的效果，仪器条件同上烟丝加香破坏性实验。

呋喃酮的钙调配溶液加入到薄片涂布液中经 120 °C 烘干工序后，裂解 GC-MS 显示，呋喃酮在薄片中的量大于直接以呋喃酮加香的量（按照加入比例折算），说明调配技术增加了呋喃酮的耐加工性。该实验证实了该控制释放技术的效果。图 8-11 为含呋喃酮或调配物薄片热裂解 GC-MS 的选择性离子扫描（SIM）图。实验中三个样品呋喃酮添加量均为 5%，进样量约 5 mg，以烟碱为内标。

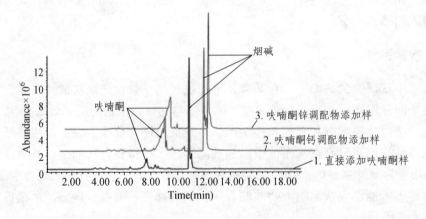

图 8-11　呋喃酮及其钙调配物薄片加香热裂解-GC-MS 图

从图中明显可看出，直接添加呋喃酮的薄片经烘干工艺后损失严重（薄片经 PY-GC-MS 检测，呋喃酮为烟碱量的 23.83%），而经钙调配薄片中呋喃酮为烟碱量的 81.83%，经锌调配的为 98.71%。说明经钙、锌盐调配后，在薄片烘干工序中呋喃酮的损失明显减少，锌调配效果尤为突出。

有必要进一步说明的是，实验室模拟的稠浆加香-涂布 120 °C 烘干过程不如造纸法薄片在线实验的条件剧烈。实验室 120 °C 烘干是在相对封闭的烘箱中进行，其对流、蒸汽扩散等过程不及造纸法薄片在线实验剧烈，造纸法薄片在线过程是敞开体系、蒸汽流速很快。因此，直接添加呋喃酮的薄片经烘箱烘干后保留量为 23.8%，不表明其在造纸法薄片在线过程中仍会保留 23.8%，仅说明应用钙盐调配会提高呋喃酮保留量。

第九章 香料前体物

香味缓释技术是近年来烟用香料研究的热点，主要通过两条途径来实现：一条是采用前面几章介绍的物理方法，即通过微胶囊、微乳、介孔材料等载体包埋目标香料；另一条是采用化学键合方法，即将小分子易挥发的香料物质合成为耐高温香料前体物后加入卷烟，利用烟草燃吸过程的热量将化学键打开，实现目标香料的延迟释放。

第一节 概 述

随着低焦油卷烟成为卷烟消费的主流，卷烟制品的烟气经过滤和稀释，香气显得明显不足，因此卷烟制品加香越来越重要。常用的香精香料都具有以下缺点：沸点低，稳定性差，挥发性强，耐热加工性差。这些缺点使得卷烟中香料的使用种类和数量受到限制，许多优异的香料因为挥发性太强而不能很好地运用到烟草配方中，而且在储存期间因增香剂的挥发逸失而导致卷烟质量不稳定。因此，为了保证卷烟质量不在加工及存放过程中大幅降低，就有必要进行烟用香料前体的开发。

一、定义

香料前体物（Flavor Precursor）是指本身没有香味或对香感觉作用不大，但在陈化或燃烧中能够降解或裂解后产生致香物的物质，又叫潜香物质。香料前体物是一类分子量大、沸点较高、香气较少或本身没有香气，但经过化学水解、酶解或微生物作用、热解、光裂解等途径可以释放出具有香气香味的化合物。

通过香料前体的应用，采用化学方法，从香料物质分子结构出发，针对物质结构中的不稳定基团进行衍生、修饰，不仅可以消除影响香精质量的不稳定因素，使得香精不仅嗅香舒适谐调，而且可以使香精配方具备一定的保密效果。国内外的大量研究表明，对香料前体的研究主要开展两方面的工作：首先，以选定的某些高挥发性或易升华致香化合物为原料，合成其相应前体；其次，进行产物分解的研究。

烟草本身就存在着一些潜香物质，如西柏烯类、赖百当类、类胡萝卜素类等，它们经醇化、发酵阶段后以及在卷烟燃吸过程中，可产生各种致香化合物，这些降解产物对卷烟的吸食品质具有重要的影响。缪明明等[161]就烟用香料前体物的分子设计提出以下几条原则：

（1）原料易得、价廉，制备方法简单，产品容易纯化；

（2）潜香物质在环境温度下稳定，无嗅、无味或略有些香气；

（3）在较低的热解温度下分解.并释放出大量的可增强主流和支流烟气香味的组分，热解温度最佳范围为 150～300 ℃；

（4）可溶解在一般的溶剂（如水、醇等）中，以便香原料均匀地分布在烟丝中。

二、类型

天然香料香味独特、纯正，但由于受自然条件限制及加工等因素的影响，其在品种数量及产品质量上也受到了一定的影响，难以满足卷烟生产的需要。合成香料又分为单离香料、化学合成香料以及新近发展起来的用生物工程技术制备的香料。其中化学合成香料与天然香料具有极其相似的香味风格，又品种繁多、价格低廉、质量稳定，越来越受到卷烟企业的重视。

烟用人工合成香料前体物研究较多的化合物按照官能团来分主要有糖苷类、糖酯类、酯（内酯）类、缩醛类、呋喃类、醚类和吡嗪类等。它们对高品质烟草香气质量的形成起着关键性作用。

（一）糖苷类

糖苷（Glycoside）是单糖或低聚糖的半缩醛羟基与另一分子中的羟基、氨基、硫羟基等失水而产生的化合物。因此，糖苷可分为两部分：一部分是糖，即糖基给体（Glycone，Glycosyl），另一部分是配基或配（糖）体或苷元（Aglycone），即糖基受体。这两部分之间的化学键称为糖苷键（Glycosidic Band）。

1. 按糖苷键分类

根据糖苷键的不同，糖苷可分为 O-糖苷、N-糖苷、S-糖苷和 C-糖苷等。

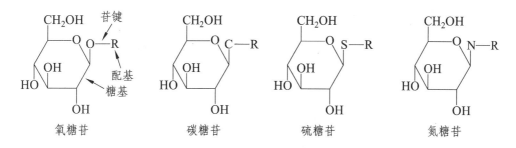

图 9-1　糖苷类型示意图

2. 按糖苷配基分类

按照糖苷配基种类可以分为烷基糖苷、芳香糖苷、双萜糖苷及三萜糖苷等。

3. 按糖元分类

根据单糖分子的不同结构，糖苷又可以分为葡萄糖苷、鼠李糖苷、半乳糖苷等。

糖苷广泛存在于自然界，是许多天然香料的前体。糖苷类具有稳定化萜烯醇类、醛类和其他芳香族易挥发香料化合物的重要作用。以选定的某些高挥发性或易升华香料为原料合成糖苷类前体，其本身没有香气，不具挥发性或挥发性很低，用酶和化学方法可以促使其释放致香单体香料。

（二）糖酯类

糖酯（Glycolipid）是单糖或低聚糖的半缩醛羟基与另一分子中的羧基失水而产生的化合物。烟草中的糖酯主要是蔗糖四元酯，也有少量葡萄糖四元酯。葡萄糖四元酯结构如图9-2（a），蔗糖四元酯结构如图9-2（b）。

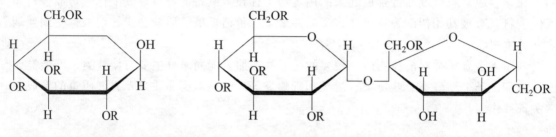

（a）葡萄糖四元酯（R=C2-C8脂肪酸）　　　　（b）蔗糖四元酯（R=C2-C8脂肪酸）

图9-2　糖酯的主要结构

蔗糖酯中，根据乙酰基取代位置在葡萄糖环上还是果糖环上，Arrendal、Severson等把烟草中的蔗糖酯主要分为三类，结构如图9-3：

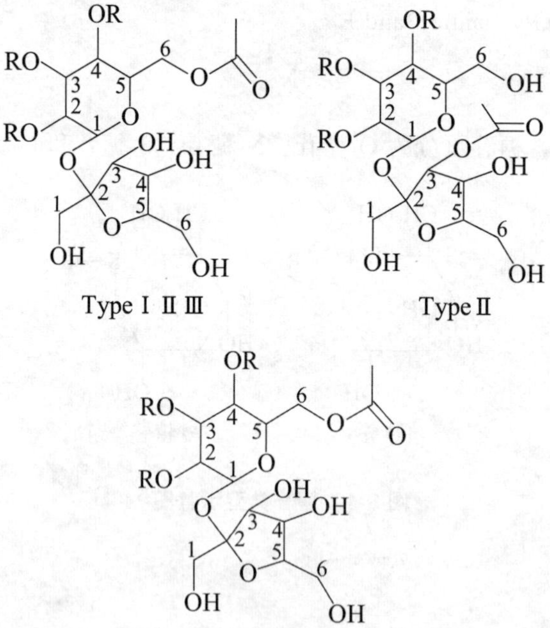

Type I II III　　　　　　　　　　Type II

Type I

图9-3　蔗糖酯的分类

第一种类型的糖酯，其葡萄糖 C_6 位羟基被乙酸酯化，C_2、C_3、C_4 位上的羟基被碳链长度为 $C_3 \sim C_8$ 的脂肪酸酯化，而果糖上的羟基是完全游离的。第二种类型的糖酯，其乙酰基连接在果糖的 C_3 位置，葡萄糖 C_6 位置羟基游离，C_2、C_3、C_4 位上的羟基被酯化。第三种类型的糖酯，其葡萄糖部分与第二种类型糖酯相同，果糖部分与第一种类型糖酯相同，果糖羟基全部游离。

（三）酯（内酯）类

酸（羧酸或无机含氧酸）与醇起反应生成的一类有机化合物叫做酯。低级的酯是有香气的挥发性液体，高级的酯是蜡状固体或很稠的液体。酯类（Esters）前体包括糖酯类、碳酸酯类、二元酸酯类和内酯类等，主要是糖酯类和碳酸酯类香料前体。烟叶中鉴定有 529种酯，而烟气中有 456 种酯类化合物。它们大部分是由脂肪酸、芳香酸和脂肪醇、萜醇、甾醇酯化而成。酯类香料化合物对卷烟香味都有非常好的作用。烟草中常用的酯类香料有甲酸乙酯、甲酸戊酯、乙酸丁酯、乙酸柏木酯、丙酸苯乙酯等。烟草中的内酯种类也比较多，主要有丁烯羟酸内酯、香豆素、γ-丁内酯、γ-己内酯、γ-辛内酯、二氢猕猴桃内酯、四氢猕猴桃内酯等。

（四）缩醛类

缩醛（Acetal），是一类有机化合物的统称，是由一分子醛与两分子醇缩合的产物，如乙醛缩二乙醇，沸点为 104 ℃；苯甲醛缩二甲醇沸点为 207 ℃。缩醛通常具有令人愉快的香味。缩醛在酸的催化下易水解成原来的醛和醇。

醛类极易挥发，对许多天然产品的香气贡献显著。醛酮类香料，特别是醛类，其化学性质都较为活泼，在空气和各种加香介质中都易发生氧化、聚合等反应而受到破坏。加上许多天然食品中存在的醛类沸点很低，如乙醛沸点仅为 21 ℃，很难在香料中长期保留。为了防止降解和变质，它们可以通过缩醛保护，以提高醛类香料的稳定性。

（五）呋喃类

呋喃（Furan）是最简单的含氧五元杂环化合物，为无色液体，沸点为 32 ℃，具有类似氯仿的气味，难溶于水，易溶于有机溶剂。呋喃环具芳环性质，可发生卤化、硝化、磺化等亲电取代反应，主要用于有机合成作溶剂，及制取吡咯、噻吩、四氢呋喃等。呋喃经醚化，还原得到 2，5-二甲氧基二氢呋喃，经水解生成 2-羟基-1，4-丁二醛，可用于合成法山莨菪碱的生产；当呋喃经醚化、还原，再经催化加氢得到 2，5-二甲氧基四氢呋喃时，经水解生成丁二醛，则是合成另一种生物碱阿托品的原料。

呋喃类化合物具有甜香、焦糖香、烟熏香，是一类非常好的烟用香料，但其沸点低，易挥发，以其为起始原料可合成分子量更大的一系列化合物，其裂解时释放具香气的小分子产物。Anderson 等[162]将庚基-二氢呋喃-2-酮与碳酸二甲酯，在碱性条件下于 65 ℃ 反应，将主要产物 5-甲基-2-羰基-四氢-呋喃-3-羧酸甲酯加入卷烟中，在卷烟燃烧时能释放呋喃类香料。

（六）醚类

醚是由一个氧原子连接两个烷基或芳基所形成，醚的通式为：R—O—R。它可看作醇或酚羟基上的氢被烃基所取代的化合物。醚类（Ethers）香料在加热或燃烧时断键，释放出复杂的致香化合物的混合物。De Hei J[163]发明了一种有用的香料合成方法，以 Lewis 酸作催化剂，由紫罗兰醇合成醚。紫罗兰醚前体本身香气轻淡，加入烟丝或卷烟纸上，燃烧则呈现浓郁的花香。

（七）吡嗪类

吡嗪（Pyrazine）为 1，4 位含两个氮原子的六元杂环化合物，是一个很弱的碱。它的芳香性与吡啶类似，不容易发生亲电取代反应，而对亲核试剂比较活泼。碳原子上的氢被甲基或卤素取代后，卤素或甲基上的氢具有活性。吡嗪及其衍生物可以用多种方法来合成。

三、合成及应用

香料前体化合物可以在一定条件下或通过一系列反应转化为香料而使其载体致香。天然存在的香味物质几乎都是伴随着动植物逐渐成熟的生物合成或生物代谢过程，而由其前体形成的。已经有很多科研人员对许多种香气的天然形成机理做了研究，并在此基础上进行化学模拟或生物控制以获得目标香味，并广泛应用于食品、日化，烟草等领域。如以 L-脯氨酸和葡萄糖（果糖）的 1-吡咯啉与丙酮醛加热制备香米样香味前体，可以提高产品的爆米花香味；对织物高亲和性的直链缩醛和缩酮香料前驱体可以给织物提供宜人的香味，使织物具有持续清新的质地。图 9-4 展示了香料前体物质的合成机制简图。近年来，学者除了对糖苷、糖酯等几种重要香料前体物质的合成、纯化、结构分析、热裂解及在烟草中的应用做了研究之外，还对其他的香料前体物质的合成及在烟草中的应用做了较为深入的研究，以提高烟用香精香料物质的应用效果，提升卷烟品质。

图 9-4　香料前体物合成简图

（一）糖苷类

糖苷类化合物是一类大量存在于植物内的香料前体物质，在一定条件下可以释放香气成分。目前对其天然存在形式的研究较多，而且美国专利[164]1988 年公布的 FEMA 3801 乙基香兰素-β-D-吡喃葡萄糖苷，可以应用在焙烤食品、硬糖、软糖、速溶咖啡、茶以及卷烟中，能显著增加产品的香气。

植物中的糖苷对植物的生长具有非常重要的生理作用，糖苷广泛分布于植物的根、茎、叶、花和果实中，大多是带色晶体，能溶于水。天然香料绝大多数来自芳香植物，有很多是植物体内葡萄糖苷的分解产物，糖苷类香料前体是植物在生长过程中形成的次级代谢产物。研究表明，植物体内存在着糖苷类香料前体的生物合成和分解并存的动态变化过程。

在植物成熟期间，主要通过内源 β-葡萄糖苷酶的水解作用分解释放香料物质，表现出气味，对香气的形成有重要作用，因此糖苷是构成某些香气的香料前体。很多中药的有效成分就是糖苷化合物，例如苦杏仁之所以能止咳是由于它有一种有效成分——苦杏仁苷，它是一种羟腈化合物（α-羟基苯乙腈）的羟基与一种糖的苷羟基缩合而成的糖苷；甜叶菊之所以具有一定抗高血压的作用，是因为它含甜叶菊糖苷。另据流行病学研究显示，糖苷还具抗癌、抗肿瘤及抗 HIV 蛋白酶活性。胍基木吡喃糖苷类化合物对 HIV-1 蛋白酶表现出了较高的抑制活性。

在过去的二十年间，随着糖化学的快速发展，对糖苷的研究在天然产物的分离鉴定、定性定量分析、合成及结构鉴定、热分析和应用研究等方面，均有很大的进展。研究证实，在自然界的众多植物中，萜烯醇类和芳香醇类香气成分的键合态含量远高于游离态含量，这预示着它们具有极大的释放香气潜力。糖苷化合物的水解途径、影响因素及调控措施等方面的深入研究越来越得到重视，而针对糖苷的合成及应用方面也将成为新的研究热点。后面将详细阐述糖苷类香料前体物的合成、转化及其在烟草中的应用。

（二）糖酯类

糖酯类香料前体是由糖和脂肪酸等物质发生酯化反应生成的一类有机物，因其具备良好的乳化、分散、增溶、调节黏度等特性，是良好的非离子型表面活性剂，同时由于其无毒、无臭、无刺激、易生物降解等特性，被联合国粮农组织推荐为食品添加剂之一。此外，由于其作为香料物质的前体，具有香料物质所不具有的热稳定性及不易挥发性，拓宽了香料物质的应用领域，提高了释香效果，为其在食品烘焙，尤其在卷烟加香的应用上开创了新局面。

葡萄糖四酯和蔗糖四酯是香料烟的特征成分，糖酯热分解会释放出具有强烈香料烟烟气特征的低级脂肪酸。Severson 等[165]研究表明，糖酯是香料烟烟气中 C_5 和 C_6 羧酸的前体化合物，在燃烧时能够释放出 C_5 和 C_6 羧酸，例如：戊酸、异戊酸、β-甲基戊酸等低级脂肪酸。杨华武等[166]合成了 2，3，4，6-葡萄糖四异戊酸酯，在加香评吸实验中发现：该酯明显改善余味、减少刺激，并释放出了香烟特征香气——异戊酸。

糖酯类烟用香料前体，具有显著的工业应用价值和推广应用的广阔前景，后面将单独阐述糖苷类香料前体物的合成、分离及其在烟草中的应用。

（三）酯（内酯）类

酯类在烟草香味物质中的比重较大，对香味起着决定性的作用。脂肪族羧酸和脂肪族醇所生成的酯，一般均具有果香，如月桂酸异戊酯具有微弱的脂香、油香、木香，鲜酵母香韵。脂肪族羧酸和芳香族醇、芳香族酸和脂肪族醇生成的酯一般具有果香和花香。由芳香族羧酸和芳香族醇所生成的酯，香气较弱。

碳酸酯的合成多以薄荷醇为原料。薄荷醇因其清凉的薄荷香气在烟草制品中占有重要地位，但它易挥发，含量不稳定，影响烟草制品的品质稳定，因此薄荷醇碳酸酯的合成成为研究热点。其中单琥珀酸薄荷酯已经具备工业化生产的条件，其 FEMA 号为 3810，CAS 号为 77341674，中国编号：GB2760-1996（2002 年增补）。碳酸酯类香料前体，可在较低的温度下热解释放出致香成分，同时生成二氧化碳，对环境友好。一系列香料醇的无机酯，特别地，磷酸酯、磺酸酯、硼酸酯和铝酸酯等的研究已有报道。例如，在碱性条件下，挥发性醇和磺酰氯反应得到磺酸酯。由于硼酸酯、铝酸酯、钛酸酯类等香料前体在普通的湿度下会水解，因此优先在固体产品的配方中使用，如肥皂、洗衣粉和除臭剂等。

此外，二元羧酸的单酯可以通过香料醇与马来酸酐、琥珀酸或邻苯二甲酸反应得到，可用于制备两亲性聚合物和共聚物。可生物降解的聚酯，由相应的羧酸发生缩聚反应，而后产物与香料醇酯化得到。

陈磊等[167]以琥珀酸酐和薄荷醇为原料，氯仿为溶剂，4-DMAP 为催化剂，50 ℃ 水浴条件下反应 12 h，经柱层析纯化得到琥珀酸单薄荷酯，产率有了较大的提高。吴亿勤等[168]采用在线裂解气相色谱-质谱法研究了单琥珀酸薄荷酯的裂解行为，发现单琥珀酸薄荷酯在700 ℃ 下裂解出薄荷醇、β-薄荷-3-烯和 3-甲基-6-异丙基环己烯等具有致香和清凉作用的物质。朱海军等[169]以薄荷醇、光气和酚类化合物为原料，吡啶为催化剂合成了系列酚类碳酸薄荷酯潜香物质，评吸试验结果表明具有纯净的薄荷香味，且有一定持久性，能在卷烟燃吸时产生较均匀且丰满的薄荷香和相关香味等。郑庚修[170]等以天然原料乳酸和薄荷醇合成了乳酸薄荷酯，它可使香烟加香产品增添清甜特色，明显改善香烟的口感，使加香产品稳定，延长保质期。童志杰等[171]对此反应条件进行了优化，提高了产率。李明等[172]设计合成了三种新型对称烷基咪唑六氟磷酸盐离子液体，以脂肪酶催化 1-薄荷醇和乙酸酐合成了1-乙酸薄荷酯。孙毅等[173]以甲苯为溶剂，对甲苯磺酸为催化剂，用 d-酒石酸与 1-薄荷醇回流条件下反应合成酒石酸薄荷醇双酯(见图 9-5)。卷烟加香试验表明,在烟丝中添加 0.001 %的 d-酒石酸-1-薄荷醇双酯能赋予卷烟清凉感，并柔和烟气。

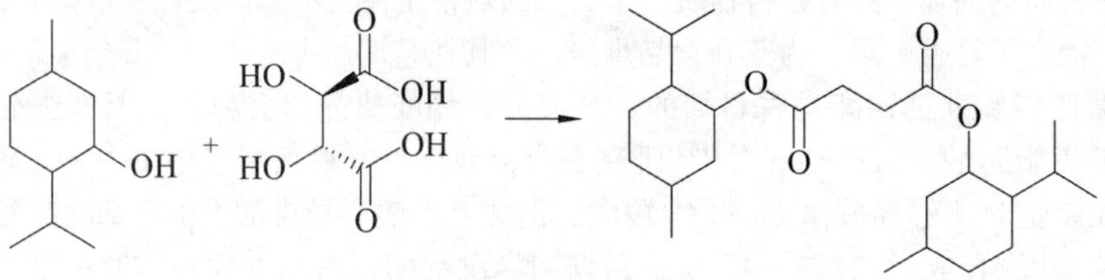

图 9-5 酒石酸薄荷醇双酯的合成反应

苯乙酸酯类在烟草中有着特有的加香效果，吴晶晶等[174]以一水合硫酸氢钠作催化剂，苯乙酸和正癸醇为原料合成了苯乙酸癸酯，卷烟加香试验表明，合成产物可明显提高卷烟烟气的香气质，改善透气性，增加香气劲头。

2-异戊烯酸及其乙酯均为天然香味物质。毛多斌等[175]以异丙叉丙酮氧化合成异戊烯酸，进一步以酰氯酯化法合成了一系列 2-异戊烯酸酯，并研究了异戊烯酸酯的香气及其变化规律，发现一般异戊烯酸酯类均呈现果香、甜香、青香等混合香韵，随着酯碳原子数的增加，酯类香气由强变弱，留香性由弱变强，甜果香减弱而青甜香显露，最后呈现出脂肪或脂腊的气息。直链醇酯类与支链醇酯类香气比较，支链的更加甜悦宜人。异戊烯酸酯类物质可以用于具有甜香、青香、果香韵的香精配方中。

毛多斌等[176]用两种方法合成了 α-当归内酯，陈永宽等[177]从柠檬醛出发合成了二氢猕猴桃内酯。卷烟加香试验表明，这些内酯类均能起到良好的增香效果。

$C_1 \sim C_{34}$ 的有机酸，如甲酸、乙酸、丙酸、丁酸、异丁酸、戊酸、异戊酸、β-甲基戊酸、己酸等低级脂肪酸对烟叶的感官品质有重要影响，然而，由于低级脂肪酸的挥发性较强，在卷烟的加工、储存过程中容易挥发损失，从而影响卷烟的感官品质。曾世通等[178]以低级脂肪酸和多元醇为原料，合成了八种低级脂肪酸多元醇酯，并对其在卷烟中的加香效果进行了感官评价，结果表明这些酯热裂解能生成相应的脂肪酸及多种挥发性小分子香味物质。

以上这些研究都为酯类香料前体在卷烟工业上的实际应用提供了理论支持与可能性。

（四）缩醛类

醛类香料一般都具有青香味，可以改善卷烟的口腔舒适度，赋予卷烟清新、明润的感官品质，主要用来调配一些果香和花香香精，以加香的形式应用于卷烟制品中改善卷烟的余味和侧流烟气的质量；但香精中若加大醛类物质的用量，其自身的刺激性也会给卷烟带来不良的气息，易挥发的特点更是导致在卷烟生产过程中，产品质量的控制成了难题。最近几十年，缩醛类化合物作为一种新型香料，具有类似母体醛类化合物的香气，但挥发性弱，性质稳定，目前已广泛应用于食品和日化香精领域，部分缩醛甚至正在逐渐取代醛类香料。醛与食品级的成分，如乙醇或乙二醇缩合反应得到前体化合物，适用于食品应用中，例如速溶饮料、口香糖和其他食品。缩醛和缩酮，尤其是由羰基化合物和甘油反应形成的化合物，也用于各种香料产品。Kamogawa 等[179]制备一种聚合物缩醛，将香料醇与乙烯基苯甲醛反应，然后与缩醛单体进行自由基聚合。

缩醛香料应用于烟草制品也可起到改善卷烟风味的目的。缩醛在卷烟燃烧后可释放出醛类化合物，从而改善卷烟的香气。Garrard 等[180]发明了一种具有柠檬香的烟草制品，通过施加柠檬醛乙缩醛并在密闭容器里醇化后制得。柠檬醛缩醛可赋予烟草制品以清鲜、纯正并长效的柑橘香味；将柠檬醛二甲缩醛注射入卷烟的过滤嘴内，能使卷烟烟气在二周后仍具柑橘的特征香味；同时，柠檬醛二甲缩醛适合于各种卷烟制品，例如烤烟、咀嚼烟等。Philip Morris 公司将吡喃型葡萄糖和吡喃型葡糖苷的缩醛与缩酮应用于烟草加香也取得了较好的效果[181]。

（五）吡嗪类

目前有 FEMA（美国香味料和萃取物质制造者协会）号的吡嗪类化合物种类达 50 多种，大多数为烷基吡嗪、烷氧基吡嗪、氨基吡嗪、酰基吡嗪等，如：2-甲氧基-3-仲丁基吡嗪、2-甲基-5-乙基吡嗪、2-氨基吡嗪、2-甲基-3-糠硫基吡嗪、2-乙酰基-3，5-二甲基吡嗪、2-乙酰基吡嗪等。在许多中食品中检测出 100 多种不同的吡嗪，这些吡嗪的感观特性也是多样性的。烷基吡嗪一般具有烘烤的，类似坚果的风味特性，而甲氧基吡嗪通常具有粗糙的、蔬菜的风味性质，2-异丁基-3-甲氧基吡嗪有一种新鲜的切绿椒的风味，在水中的感官阈值仅为 0.002 ppb，乙酰基吡嗪具有典型的爆米花风味，2-丙酮基吡嗪有烘烤味或烧烤味。在食品中还检测出了许多二环吡嗪，这些吡嗪的感观性质为烘烤、烧烤或烤肉味。关于各种吡嗪的形成也已经提出了许多机理，美拉德（Maillard）反应是生成吡嗪的重要反应路径。烷基吡嗪可能是通过 α-二酮与氨基酸反应来形成 α-氨基酮的（Strecker 降解），这些 α-氨基酮可能与其他 α-氨基酮缩合形成杂环化合物，这个杂环化合物经过氧化作用形成三不饱和吡嗪。烷基取代通过二羰基部分完成，氨基酸提供胺生成吡嗪。

1. 吡嗪类化合物的合成

（1）吡嗪环的合成。

吡嗪环的合成方法有很多种，工业上人们常用环氧乙烷和乙二胺脱水、脱氢合成吡嗪；

也可利用 β-羟基氨乙基乙胺或二亚乙基三胺高温催化合成吡嗪；或者以 α-卤代醛为原料，使其氨解、缩合再氧化形成吡嗪环；或者乙二胺的二盐酸盐加热氧化，或 2-溴乙胺脱去 HBr 再氧化也可以形成吡嗪环。

（2）烷基吡嗪类化合物的合成。

烷基吡嗪类与醛、酮、羧酸的合成途径如图 9-6。

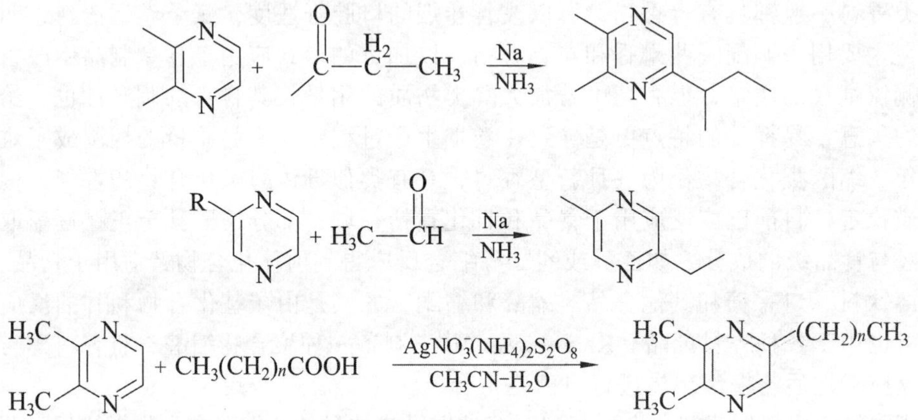

图 9-6　烷基吡嗪类香料前体的合成

（3）烷氧基吡嗪的合成。

烷氧基吡嗪类可与酮类等具有活性基团的有机化合物进行反应结合，形成结构稳定，具有热稳定性的吡嗪类香料前体物质。其反应历程如图 9-7：

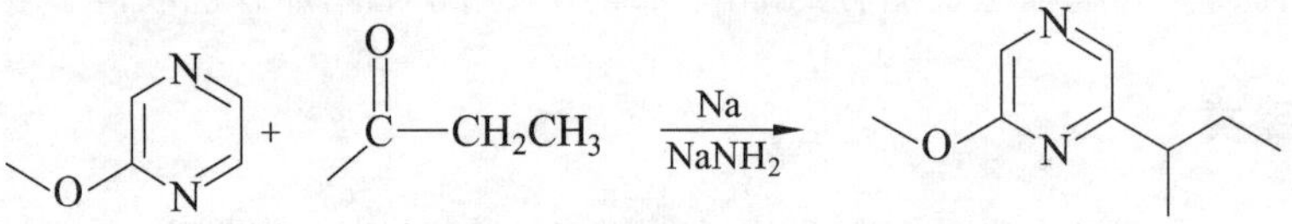

图 9-7　烷氧基吡嗪类与酮类的反应

（4）乙酰基吡嗪及其衍生物的合成。

近年来较多的学者对乙酰基吡嗪及其衍生物进行了较多的研究，其合成方法大致可以分为氧化法、金属试剂法和多步法。如：Wolt[182]指出由乙基吡嗪经二水合重铬酸钠氧化获得乙酰基吡嗪。

随着乙酰基吡嗪的合成，其作为中间体合成吡嗪衍生物也成为关注的焦点。以乙酰基吡嗪为原料和嘧啶类衍生物利用 Fischer 吲哚合成法合成嘧啶并吡咯衍生物。

2. 吡嗪类香料前体的应用

吡嗪不仅存在于烟草、烟气中，在烘烤类食品中也广泛存在，人们发现咖啡、可可、爆玉米花中，均发现大量的吡嗪类香味成分。因其典型的香味特征，不仅可赋予烟叶浓郁的烤香，明显增强和改善烟草香味，同时还可作为许多食品类的重要香料添加剂。

吡嗪类化合物作为重要的烟用人工合成香料前体化合物之一，在卷烟调香中扮演着十分重要的角色。Houminer 在其美国专利[183]中介绍了可以释放 2，3-二羟基-2，3-二甲基-1，4-

（3，5，6-三甲基-2-吡嗪基）丁烷的添加剂，在燃吸条件下可以释放出裂解产物烷基取代吡嗪，从而增强主流烟气的香味并改变侧流烟气的香气。

乙酰基吡嗪可形成典型的坚果、烘烤类的香韵，增进烟香的自然特征，对卷烟的整体香气起着重要作用。然而乙酰基吡嗪的阈值很低，挥发性较高，留香不持久，用于卷烟加香难以保证卷烟产品的风格和质量的稳定。夏平宇[184]等以乙酰基吡嗪和异戊酸乙酯为原料，在碱性条件下合成了 2-异丙基-3-羟基-3-甲基-3-吡嗪丙酸乙酯，加香评吸实验表明，其对烤烟型卷烟的香气有很好的提升作用，可以掩盖杂气，使余味更舒适。烟气分析结果证明，在燃烧状况下能发生裂解反应，释放出乙酰基吡嗪。

烟叶中的还原糖与烟叶调制过程中产生的氨及其他含氨基化合物反应,可生成2-(1′,2′,3′,4′-四羟基丁基)-5-(2″,3″,4″-三羟基丁基)-吡嗪，该化合物有可能在卷烟燃吸时释放分子量较低的吡嗪类致香物质（见图9-8）。傅见山等[185]以硼酸、葡萄糖胺盐为原料合成了一种烷基羟基吡嗪: 2-(1′, 2′, 3′, 4′-四羟基丁基)-5-(2″, 3″, 4″-三羟基丁基)-吡嗪，评吸实验结果表明，其对卷烟有很好的增香作用，能使香气饱满厚实，余味改善。卷烟烟气分析结果表明，加入到卷烟中的此化合物能在卷烟燃吸时发生裂解反应，向卷烟烟气中释放 2，5-二甲基吡嗪和 2-甲基吡嗪等吡嗪类致香成分。

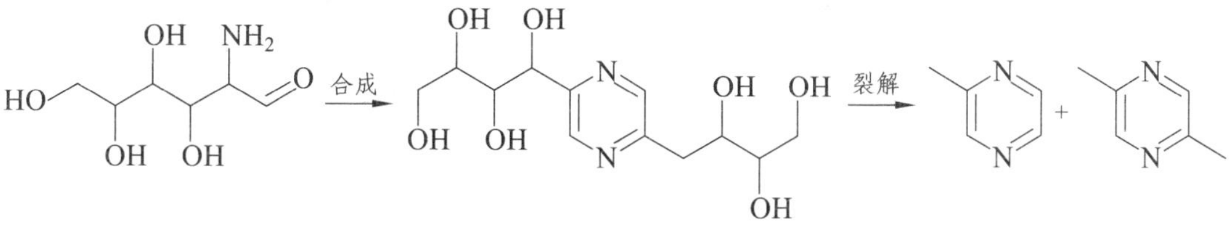

图 9-8　烷基羟基吡嗪类香料前体的合成

第二节　烟用香料的糖苷化

一、制备技术

（一）分离提取

国外学者中，Cordonnier 和 Bayonove[186]在 1974 年首次提出葡萄中可能存在键合态的不挥发的萜烯类化合物，这些键合态单萜烯类化合物可能是以糖苷形式存在的。Williams 等[187]证实了葡萄中存在香叶醇、芳樟醇、橙花醇、α-萜品醇、苯甲醇、苯乙醇等香料物质的糖苷。与此同时，T Takeo[188]开始研究茶叶香气的糖苷类前体，首次在去除挥发物的蒸青鲜叶匀浆中加入外源 β-葡萄糖苷酶共同培养，结果有大量的芳樟醇和香叶醇产生。Yano M[189]将茶叶粗酶提取物加入绿茶水浸提液中，结果测得大量顺-3-己烯醇、芳樟醇及其氧化物 1、香叶醇、水杨酸甲酯、苯甲酸和 2-苯乙醇。到 1991 年，Yano M 等[190]从绿茶中首次分离得到苯甲醇香气前体的纯品，经 IR MS 及 ¹H NMR、¹³C NMR 鉴定，确认其结构为苯甲醇-β-D-吡喃葡萄糖苷。Kobayashi A 等[191]用同样方法从绿茶鲜叶中分离并鉴定出顺-3-己烯醇的前体为顺-3-己烯基-β-D-吡喃葡萄糖苷。Guo W 等[192]等在乌龙茶香气形成机理研究中，从水仙种鲜叶中分离并鉴定出香叶醇的前体为香叶基-β-樱草糖苷（即香叶基-6-O-β-D-吡喃木糖-β-D-吡喃葡糖苷），这是首次报道从茶叶中发现具有双糖苷形式的香气前体。

国内学者从 20 世纪 90 年代起也对糖苷的提取分离进行了大量有价值的研究。汤坚等[193]从新鲜芹菜中提取与分离了游离态和键合态的组分，键合态组分经 β-糖苷酶在 37 ℃，pH5 的缓冲溶液中水解后，释放出挥发性组分。宛晓春等分别从柠檬汁[194]、山楂[195]、哈密瓜[196]等天然植物中提取并分离了游离态和键合态香料前体化合物，探讨了香气的释放机理，对糖苷类香料前体作了较为深入的研究。王华夫等[197]研究证实，在祁门红茶鲜叶中单萜烯醇主要以糖苷键合态形式存在，其键合态香气的释放能力在单萜烯醇中以香叶醇为最高，而香叶醇是祁门红茶的特征香气成分。

从烟草中分离鉴定糖苷类香气前体的工作主要集中在 20 世纪 70 年代中期至 80 年代初的相关文献中。如 Anderson 等[198]分离出 Blumenol A-β-D-葡萄糖苷和四个倍半萜糖苷，并用糖苷给烟草加香。Hisashi 等[198-200]用从杏仁中获得的 β-葡萄糖苷酶水解烟草中的糖苷类，并借助 MS 及 ¹H NMR、¹³C-NMR 等方法鉴定其苷元和糖基部分，分离鉴定出 BlumenolA-β-D-葡萄糖苷、3-羟基-5,6-环氧-β-紫罗兰基-β-D-葡萄糖苷、5,6-环氧-5,6-双氢-β-紫罗兰基-β-D-葡萄糖苷、地黄普内酯-β-D-葡萄糖苷、3-氧基-α-紫罗兰基-β-D-葡萄糖苷和日齐素-β-槐糖（见图 9-9）。这些烟草糖苷类，既有单糖苷也有双糖苷，且糖苷的配基大多数都是 13 碳骨架。Williams[201]认为，这些配基是植物生长过程中，由类胡萝卜素的氧化和代谢转化产生的。烟草糖苷类香气前体的分离鉴定，为烟草香气形成机理提供了新见解，过去认为烟草香气中的紫罗兰醇及其衍生物都是由类胡萝卜素在加工时氧化降解形成的，而 Hisashi 等[199]研究表明，烟草中还存在另一重要前体——紫罗兰醇及其衍生物的糖苷，一部分烟草香气可能是加工过程中由这些糖苷类香气前体经内源酶催化水解形成的。刘百战等作了加料前后烟草中游离及糖苷结合态香味成分的分析研究，通过分析烟叶中的糖苷类香料前体含量，对进一步改善卷烟加香技术具有一定的意义。

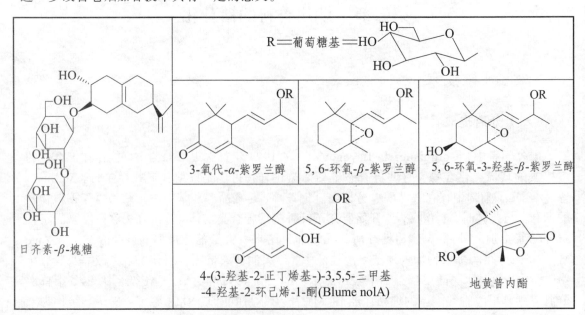

图 9-9 从烟草中分离鉴定的部分糖苷类香料前体

（二）化学合成

糖生物学的兴起及与糖有关的药物学的蓬勃发展要求糖化学工作者提供相当量的糖苷化合物纯品，天然提取物因量少不能满足科学研究及应用的需求，产率和纯度也是制约有效供应的瓶颈。糖合成方法的起步和发展使得这一瓶颈得以突破。糖苷的立体选择性合成是一个重要的课题，目前糖苷的合成主要有化学方法、酶学方法以及两者联用方法。

随着人们对糖缀合物的化学结构逐渐清楚之后，化学工作者就尝试着用化学方法合成天然产物中的糖苷。但是由于糖自身结构中，存在着多个羟基（—OH）和缩醛（—C—O—C—）结构，使得糖苷合成具有复杂性，特别是由于糖的吡喃（呋喃）环上基团的多样性，大大增加了化学合成的难度。化学合成方法经过几十年卓有成效的探索在方法学上已经取得长足的进步，采用保护-偶联-脱保护的策略能合成许多糖苷类化合物。

Geoge k Skouroumoumis[201]等人通过化学方法合成了与葡萄和葡萄酒香气有关的糖苷化合物，并说明了糖苷在释放香气化合物中起着重要作用。乙基香兰素-四-O-乙酰基-β-D-吡喃葡萄糖苷的合成早在 1942 年就已经获得专利生产。

化学合成法是工业化生产烷基糖苷中应用最广泛的方法，具有反应容易进行、可控性强、选择性好等优点，易于实现工艺放大，能够在短期内得到目标化合物。糖苷的化学合成方法很多，且各有优缺点，下面介绍几种最有代表性的方法。

1. 银盐法（Koenigs–Knorr 法）

该法始于 1901 年，在糖化学中发挥了重要的作用，为化学合成糖苷和寡糖奠定了基础。经过几十年的发展，现已成为糖苷类化合物化学合成的经典方法之一。

（1）反应机理。

Koenigs-Knorr 反应主要采用重金属盐作为催化剂，发生 S_N2 亲核取代反应，最后生成糖苷或寡糖。在吡喃（呋喃）环上引入卤原子，可以显著增加糖基的活性。由于卤素中的碘代糖极不稳定，氟代糖又没有足够的活性，所以卤代糖常用溴代糖和氯代糖。采用的催化剂主要是银盐或汞盐，例如：Koenigs-Knorr 反应采用乙酰溴代糖，由于乙酰基的邻位参与作用，反应中容易形成乙酰鎓离子（Acetoxonium），又因为空间位阻作用，在 S_N2 糖苷化反应中，该中间体只能接受 β 方向的亲核进攻，促使糖的 C_1 键发生瓦尔登反转，从而立体选择性地生成 1，2-反式糖苷，即 β-构型的糖苷。乙酰基团的邻位参与作用的过程如图 9-10。

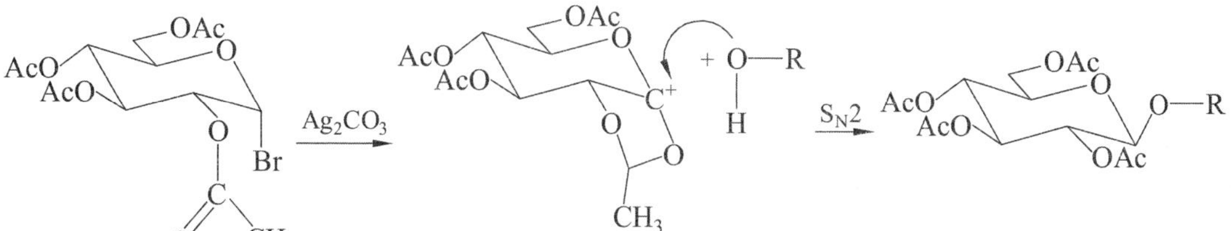

tetra-O-acetyl-α-D-glucopyranosylbromide　　　Acetoxinium　　　tetra-O-acetyl-β-D-glucopyranoside

图 9-10　邻位乙酰基团的作用

（2）操作要点。

先对葡萄糖进行乙酰化保护，生成五乙酰葡萄糖；随后进行溴代，生成四乙酰溴代葡萄糖；以它作为糖基供体，与含羟基的受体进行糖苷化反应，生成 β-D-葡萄糖苷。由于乙酰基团的邻位参与作用，有利于生成 β-糖苷，反应见图 9-11。

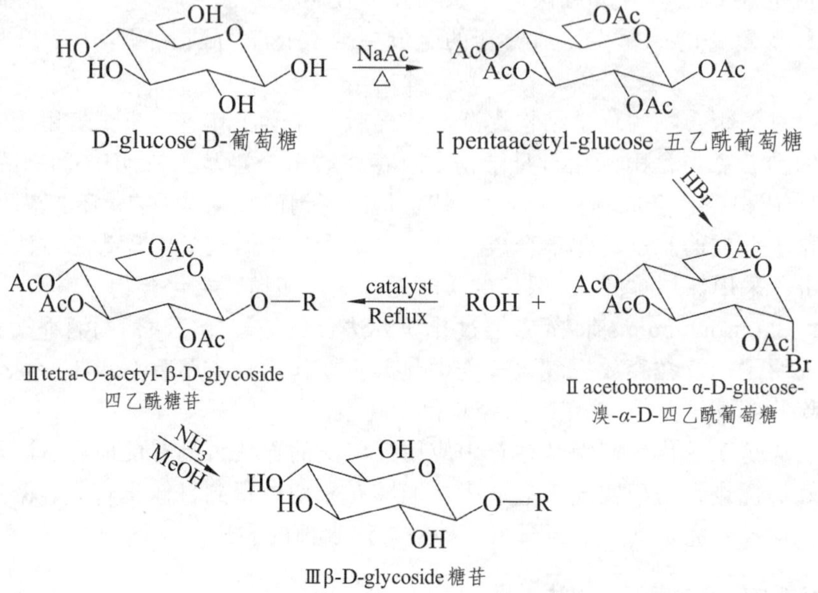

图 9-11　Koenigs-Knorr 反应合成糖苷

（3）特点。

优点：合成的产物纯，为纯净的 O-苷；产品收率较高；产物为 β-构型。

缺点：反应条件苛刻，需严格无水、避光条件，且催化剂较贵，反应步骤较长。

2. 相转移催化法（Phase transfer catalyst，PTC）

相转移催化法是合成芳基氧糖苷（酚糖苷）最常用的方法。在用 TBAB、CTMAB 等作相转移催化剂时，酚羟基糖苷化反应大多取得了较高的产率。

（1）反应机理。

在碱性条件下，通过相转移催化剂的作用，使酚羟基与碱反应生成亲核性极强的酚氧负离子，进而由该负离子对卤苷作 S_N2 进攻生成酚糖苷。由于酚具有一定的酸性，可以和 NaOH 反应，生成酚的钠盐形式，使酚钠盐的亲核性得到增强，而溴代糖中的溴又很容易离去，所以二者很容易进行糖苷化反应。如图 9-12 所示。相转移催化剂季铵盐（或季磷盐）在两相反应中的作用，是使水相中的负离子 Y^-（以丁香酚为例说明）与季铵盐正离子 Q^+ 结合而形成离子对$[Q^+Y^-]$，并由水相中转移到有机相，在有机相中迅速与含卤化合物 RX 作用生成 RY 和离子对$[Q^+X^-]$，后者再回到水相与负离子 Y^- 结合生成离子对$[Q^+Y^-]$，而将 Y^- 转移到有机相。

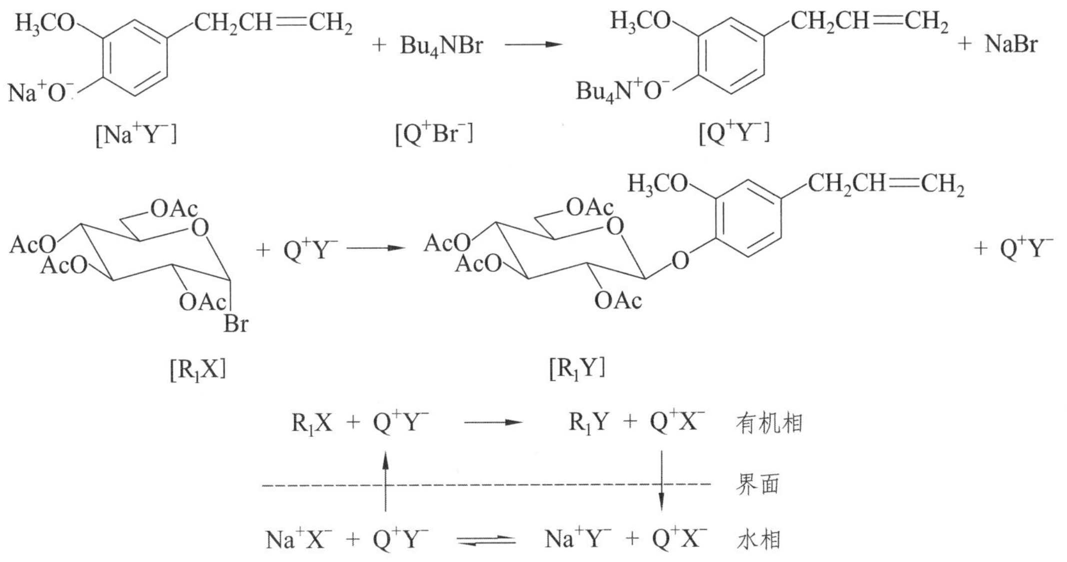

$[Na^+Y^-]$　　　　$[Q^+Br^-]$　　　　　　　$[Q^+Y^-]$

$[R_1X]$　　　　　　　　　　$[R_1Y]$

$$R_1X + Q^+Y^- \longrightarrow R_1Y + Q^+X^- \quad 有机相$$

$$-----------------\ 界面$$

$$Na^+X^- + Q^+Y^- \rightleftharpoons Na^+Y^- + Q^+X^- \quad 水相$$

图 9-12　相转移催化法

在水相中能溶解的相转移催化剂，在水中与丁香酚钠盐交换负离子，而后该交换了负离子的催化剂以离子对的形式（Q^+Y^-）转移到有机相中，即油溶性的催化剂正离子（C_4H_9）$_4N^+$把负离子 Y^- 带入有机相中（或在界面处交换负离子），该负离子在有机相中所受溶剂化程度大大减小，反应活性很高，能迅速和底物 R_1X 发生 S_N2 反应。随后，催化剂正离子带着负离子 Br^- 返回水相，如此连续不断来回穿过界面转移负离子，使反应不断进行，直至反应完全。

（2）操作要点。

在丙酮和 NaOH 的水溶液组成的混合液体中，用四乙酰溴代糖和酚类物质在室温条件下反应，可以得到 β-芳基糖苷。

（3）特点。

优点：反应条件温和，操作方便；反应在水-有机相中进行；立体选择性高，产物为β-构型。

缺点：卤苷易发生消除反应；反应中的给体或受体一方多数情况下需过量一倍以上，成本增加；催化剂用量较多，不易回收；该方法也不适用于对碱敏感给体或受体的糖苷化反应。

（三）酶法

酶已经成为现代有机合成中一种不可或缺的工具。酶催化反应可以使目标底物进行条件温和、环境友好地转化，得到具有高度化学、区域和立体选择性的产物。糖苷酶在植物的不同时期，发挥着合成和分解糖苷的不同作用。随着生物技术的不断发展，酶法合成糖苷具有广阔的前景。

Mackenzie L 等[203]研究了不同糖苷酶应用于糖苷和寡糖的合成。Katsumi Kurashima 等[204]为了探讨伯醇糖苷化的最佳条件，筛选了酶、糖基给体和溶剂等条件。糖苷酶可以催化糖苷键的水解，在适当控制条件下也日益广泛地反向用于糖苷化合物的合成。如图 9-13 所示：a 途径显示 β-糖苷酶水解化合物 1 的糖苷键断裂产生葡萄糖 2，b 途径显示在醇 R_2OH 存在的条件下，会同时生成另一种糖苷化合物 3。目前糖苷酶催化直接合成-β-D-葡萄糖苷已有很多成熟的技术，如图中苯甲醇-β-D-葡萄糖苷 4 的合成。

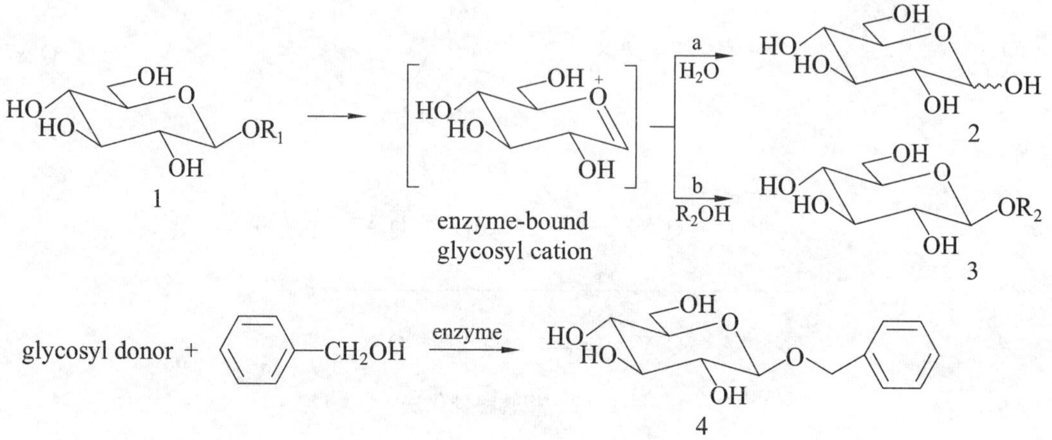

图 9-13　典型的糖苷酶催化的糖苷水解及转糖基合成反应

在合成药物糖苷[205]及表面活性剂糖苷（APG）[206]方面应用酶法合成已有文献研究，糖苷类香料前体的酶法合成尚少见报道。

（四）全细胞催化合成法

全细胞催化合成糖苷的实质是细胞体内的糖苷酶或糖基转移酶催化的转糖基作用。全细胞催化合成已广泛用于制备手性药物和具有生物活性的化合物。生物体细胞经过悬浮培养等操作之后作为生物催化剂，以麦芽糖等寡糖为供体，以醇或酚等含羟基的化合物为受体，在适宜的条件下通过转糖基作用合成糖苷类化合物。全细胞催化合成糖苷具有反应条件温和、步骤较少、产率较高、环境友好、产物纯度高且易分离、成本较酶催化低等特点，在糖苷合成中有重要的应用价值。

Kentaro Noguchi 等[207]用液态氮冷冻干燥的酵母细胞作为生物催化剂，以 L-薄荷醇为受体，以麦芽糖为供体，在 40 ℃、pH 为 7.0 的柠檬酸盐-磷酸盐缓冲溶液中培养 96 h，合成了 L-薄荷醇-α-D-葡萄糖苷，除了麦芽寡聚糖外没有其他薄荷醇的衍生物，其转化率为19.8%，这种冻干的细胞对 D、L 型薄荷醇无选择性。该方法的优点在于：冻干细胞廉价易得且易于从反应液中除去，反应过程简单易控且不涉及对人体有害的毒性物质。

而 Hiroyuki Nakagawa 等[208]改用冷冻干燥的 Xanthomonas campestris WU-9701 细胞作为生物催化剂，以 L-薄荷醇为受体，以麦芽糖为供体，在 40 ℃、pH 为 8.0 的 H_3BO_3-NaOH-KCl 缓冲溶液中培养 48 h，合成了 L-薄荷醇-α-D-葡萄糖苷，没有其他麦芽寡聚糖生成，整个过程始终对底物具有高的选择性，转化率为 99.1%，比用糖苷酶或冷冻干燥的啤酒酵母细胞合成转化率要高得多。

二、表征技术

糖苷的测定方法主要有：气相色谱法、高效液相色谱法、毛细管电泳法、化学分析法-重量法、薄层色谱法等。另外，红外光谱（IR）、核磁共振波谱（NMR）、质谱（MS）、紫外-可见分光光度法（UV-Vis）也可应用于糖苷分析，但是，光谱分析法和波谱分析法需建立在不含残留脂肪醇和未反应糖的基础上，这两种反应物将干扰分析并导致结果不准确。

（一）气相色谱法

糖苷类香气前体物作为植物次级代谢产物，其种类繁多，难以获得完整的标样，多使用间接定量方法。使用气相色谱法测定时一般对糖苷类香气前体进行分离、水解，再进一步分析糖元和配基，最后用色谱法对水解后的游离糖组分进行分析。如 1990 年，Ping Wu[209]等用苦杏仁-β-葡萄糖苷酶水解糖苷，以辛醇作内标用 GC-MS 定性定量分析生姜中的糖苷成分，这种方法对于糖苷类香气前体提取物中存在大量的双糖、寡糖，甚至多糖时，难以精确定量。因为水解糖苷时势必造成双糖或寡糖的水解，从而增加了游离糖组成的复杂性。对低分子碳水化合物糖苷可将其衍生化，再借助 GC 分析。如黄晓航等[210]将龙须菜红藻中糖苷硅醚化，用气相色谱法分析。

（二）高效液相色谱法

随着对糖苷研究的深入，可以通过分离纯化获得糖苷类物质作为标品，使得液相色谱法广泛用于糖苷的分析。其方法大多是先分离出纯的糖苷，经光谱鉴定结构，并利用二极管阵列检测器进行纯度检查，用作对照品。如张桂燕等[211]用 RP-HPLC 法测定何首乌中大黄素-8-O-β-D-葡萄糖苷的含量；袁长季[212]用高效液相色谱法测定强肾胶囊中 2，3，5，4'-四羟基二苯乙烯-2-O-β-D-葡萄糖苷的含量。高效液相色谱法快速，准确，方法的稳定性、重现性良好，同时液质联用也为糖苷的测定提供了新思路。用 HPLC 方法使糖苷类香气前体提取物有效分离，通过与质谱联用，获取各组分的分子结构信息，从色谱图上获得单个组分的定性数据，用内标法做定量分析。如张正竹[213]使用液质联用分析鲜茶叶中糖苷类香气前体，实验结果表明，该方法定性准确，定量结果可靠，重复性好，可用来进行定性和定量分析。

（三）毛细管电泳法

毛细管电泳法是以高电压（10～30 kV）和高电场（100～500 V/cm）为驱动力，以毛细管为分离通道，依据样品中各组分之间淌度的差异，实现分离的一类电泳分离技术。如 Mauri 等[214]选用 20 mmoVL 硼砂水溶液和 30 mmol/L 十二烷基硫酸钠（SDS）水溶液（pH8.3）作为缓冲体系，在 20 kV 电压、30 ℃柱温下尝试用胶束电动毛细管色谱（MEKC）模式来实现甜菊糖苷的分离和测定。毛细管电泳法具有高效、高速、样品用量少、溶剂消耗少、应用范围广的优点，但该方法灵敏度低，对于微量糖苷的检测具有一定的局限性。

（四）重量法

重量法是通过称量被测组分的质量来确定被测组分百分含量的分析方法。糖苷在弱酸性条件下水解产生的苷元和糖，利用苷元和其他物质反应析出的重量换算成糖苷含量。如施荣富等[215]采用重量法对甜菊糖苷含量进行测定，其计算公式为：

$$甜菊糖苷含量=沉淀物重量×1.611$$

（五）薄层色谱法

薄层色谱法作为一种常用的定性方法，与扫描密度计技术相结合产生的高效薄层色谱法（HPTLC），因其灵敏度、分离度和准确度都有了很大提高，可用于各种苷类物质的定性定量分析。段峰等[216]引用薄层色谱法定性分析海藻糖合成酶反应体系中的海藻糖，此方法设备简单，易于同时测定较多的样品。

此外针对抗生素类糖苷的体内含量的测定方法还有生物学测定法、免疫分析法等。

三、释放途径

评定糖苷类香料前体香气的好坏，需对其进行酶水解、化学水解及其他方式转化为苷元香料物质。

（一）酶促转化

β-葡萄糖苷酶（Et：3.2.1.21），属于水解酶类，存在于自然界许多植物中，还存在于一些酵母、曲霉菌、木真菌属及细菌体内。它的特性是可水解结合于末端、非还原性的 β-糖苷键，同时释放 β-D-葡萄糖和相应的配基。该酶对糖苷非糖部分的专一性不强，能水解多种 β-型的糖苷键。

β-葡萄糖苷酶与糖苷类香料前体有密切关系。用适当的酶作用于水果、蔬菜、茶叶，可以促使氧糖苷键断裂，风味前体分解，有效释放香气物质。很多研究报道，经 β-葡萄糖苷酶处理过的样品，除具有样品本身固有的特征香气外，在香气组成上更显饱满、柔和、圆润，增强了感官效应。因此应用酶法改良食品风味的前景十分广阔。

（二）化学水解

糖苷键属于缩醛结构，在酸性条件下糖苷键的成键原子易质子化，使其苷键发生断裂，因此糖苷易被酸水解。以本书研究的 O-糖苷为例：苷键上氧原子接受质子而形成质子化的苷键，即所谓的鎓盐（见图 9-14），从而削弱了碳氧键，进而发生断裂，游离出配基 HOR，同时形成了 C_1 阳离子的半椅式的中间体，该中间体在水溶液中得到 OH 而产生游离的糖，这种游离的糖一般为 α-和 β-构型的混合物。苷键断裂难易与糖苷的成苷原子的种类、空间环境以及糖原、苷元的性质有关。研究认为，凡有利于苷键上氧原子质子化的因素，都易为酸所水解。如有利于苷原子电子云密度增高的结构，即使其碱度高的结构，或是空间位阻小的结构，均易于其质子化，形成阳离子中间体，以减少空间张力，使苷键易于化学水解。

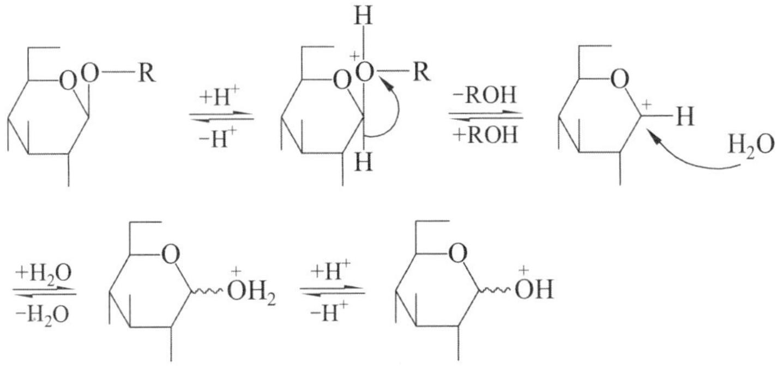

图 9-14　糖苷的酸水解

（三）加热分解

乙基香兰素葡萄糖苷应用于卷烟和焙烤食品中能够有效提高香料的热稳定性。目前市场上外香型卷烟主要有两种：玫瑰香型和饼干香型，其中饼干香型添加了乙基香兰素（3-乙氧基-4-羟基苯甲醛）。乙基香兰素挥发性强，一则易挥发损失，二则易进入主流烟气，掩盖天然烟草香。Dube 等[217]在作外香型卷烟时巧妙地利用了这一性质，用葡萄糖五乙酸酯与 HBr 反应得 α-溴代葡萄糖四乙酸酯，此葡萄糖四乙酸酯再与乙基香兰素在弱碱下反应，再脱乙酰基即得乙基香兰素葡萄糖苷，制成的糖苷加入卷烟纸中即成外香型卷烟。该外香型卷烟抽吸前无饼干香，抽吸时则可闻到。Givadun 公司[218]也于 1994 年合成了香兰素的前体化合物，利用醛能进攻 α-卤代葡萄糖酯中活泼 α-碳形成糖苷的性质，将分子量较小的单体香料转变为分子量较大的香料，后者燃烧时释放前者，即前体化合物在卷烟燃吸时产生香兰素。

研究茶叶中的香料前体发现，苯乙醛仅在茶汤中出现，它可由冲泡时苯乙醇糖苷水解产生苯乙醇，苯乙醇氧化可得到苯乙醛。

日本长谷川香料株式会社研究发现，糖苷在加热时释放出香料，可以改善烟草吸味[219]；印度学者 Suan Chacko 等人研究发现，焙烤过的黑胡椒子的香味质量得到了提高，其原因是加热使某些以糖苷形式存在的萜类化合物释放出来[220]。糖苷的热解首先是配糖基团的裂开，其热稳定性和热解过程的动力学与配糖键的电子密度有关。完全乙酰化的糖苷增加了其热稳定性。

国内的章平毅等[221]（2002）首先合成了乙基香兰素四-O-乙酰基-β-D-吡喃葡萄糖苷、乙基香兰素-β-D-吡喃葡萄糖苷、覆盆子酮四-O-乙酰基-β-D-吡喃葡萄糖苷及覆盆子酮-β-D-吡喃葡萄糖苷这四种糖苷，然后分别作了热解重量分析（ Thermogravimetric Analysis, TGA ），比较实验结果发现：乙基香兰素-四-O-乙酰基-β-D-吡喃葡萄糖苷比乙基香兰素-β-D-吡喃葡萄糖苷更稳定，覆盆子酮-四-O-乙酰基-β-D-吡喃葡萄糖苷与覆盆子酮-β-D-吡喃葡萄糖苷的热稳定性基本一致；乙基香兰素-β-D-吡喃葡萄糖苷比乙基香兰素热解温度提高了 72.18 ℃，覆盆子酮-β-D-吡喃葡萄糖苷比覆盆子酮热解温度提高了 140.7℃，说明糖苷比它们的糖苷配基热稳定性有了很大提高。

（四）其他方法

此外，研究报道除了用酶、化学和加热等方法外，糖苷前体物还可用光解、紫外辐射、γ-辐射等分解出糖苷配基香味物质。

四、在卷烟中的应用

糖苷类水解是烟草香味物质形成的重要途径，这意味着将糖苷类香气前体作为料液直接加到烟草中，可以改善烟草香气品质。Anderson 等[222]曾将苯甲醇、苯乙酮和香叶基丙酮基糖苷用于烟草加香。在美国，商品卷烟中曾一度采用添加乙基香兰素（一种香气比香兰素强 3倍的人造香料）的糖苷以改善卷烟侧流烟气的香气。Dube 等[218]将乙基香兰素糖苷加入卷烟纸中即成外香型卷烟，该外香型卷烟抽吸前无饼干香，抽吸时则可闻到。1998 年，刘百战等[201]对加料前后烟草中游离及糖苷结合态香味成分进行了分析研究，结果显示，加料后烟草中游离态香味成分呈减少趋势，而糖苷结合态呈增加趋势，这也说明了糖苷类香味成分的稳定性。2002 年，章平毅等[221]对四种葡萄糖苷进行了热解研究，并得出如下结论：糖苷的应用可能为制备耐高温香精开辟一条有效的途径。2006 年，解万翠等[223]对糖苷类香料前体的卷烟加香和缓释效果进行了研究，评吸结果显示，添加香叶醇糖苷的卷烟样品烟气释香均匀，效果优于添加香叶醇的卷烟，进一步确证了香叶醇糖苷的缓释作用。研究表明，在卷烟中添加糖苷类香味前体物质，能够增加释香稳定性，在燃吸过程中，能够逐渐释放出特征香气物质，香气饱满，达到了缓释挥发性香味物质的较好效果。

下面就以香叶基-β-D-吡喃葡萄糖苷（GLY-D）为例介绍糖苷香料前体的制备、表征及应用。

（一）制备条件优化

1. β-D–五乙酰葡萄糖（β-D-pentaacetyl-glucose）的制备

反应历程见图 9-15，在加热条件下，以无水醋酸钠作催化剂，葡萄糖与醋酐反应，生成 β-D-五乙酰葡萄糖。

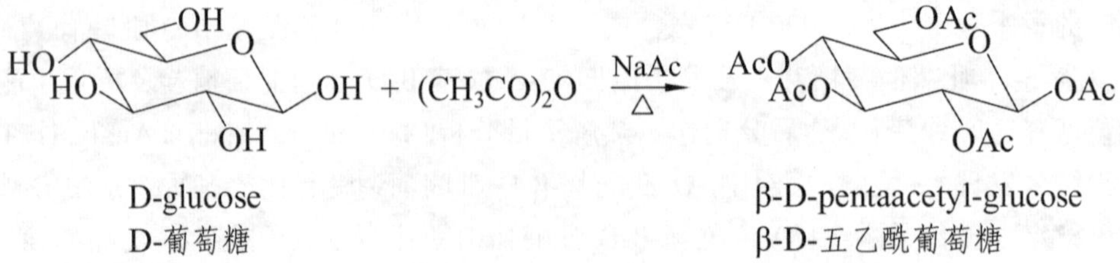

D-glucose
D-葡萄糖

β-D-pentaacetyl-glucose
β-D-五乙酰葡萄糖

图 9-15 乙酰化反应

实验步骤：4.00 g 粉末状的无水醋酸钠与 5.00 g 干燥的 D-葡萄糖混合放入 250 mL 的圆底三颈烧瓶，加入 25 mL 乙酸酐，搅拌下沸水浴加热、回流，约 30 min 后可见溶液变澄清。

继续加热 2 h，停止加热，得棕黄色溶液。将反应液倒入盛有 250 mL 冰水的烧杯中，搅拌约 3 h，烧杯下部的糖浆逐渐黏稠而析出结晶。倾去上层液体，用冷水洗涤结晶 2 次，过滤，收集结晶，干燥得淡黄色粗制品。粗制品在乙醇中重结晶 2 次（如颜色较深，可使用药用炭脱色）得白色棱柱形结晶。

乙酰化反应是经典的羟基保护反应，控制升温速度，减少焦糖化副反应的发生，可以保证乙酰化反应进行完全。还原糖常存在着几种不同的环状结构，所得乙酰化异构体的种类依赖于乙酰化时所用的温度和催化剂，在高温和以醋酸钠为催化剂的条件下，β-糖的乙酰化比 α-糖的乙酰化快得多，所以主要产物是 β-乙酰化糖。反应收率达 80.4%，比文献报道的 64.6 % 有较大提高。

结构确证：样品经红外检测显示羟基峰消失，且出现明显的羰基吸收峰，表明乙酰化反应完全，葡萄糖的羟基全部被乙酰基取代。谱图如图 9-16 所示，特征波数分别为 911.78，1 040.73，1 077.56，1 225.41，1 372.58，1 745.71，2 970.36 cm^{-1}，各红外谱峰归属见表 9-1。此外，熔点测定为鉴别 β-D-五乙酰葡萄糖最直接、最快捷的方法，该产物熔点为 129 ~ 133 ℃，与文献报道（132 ℃）一致。

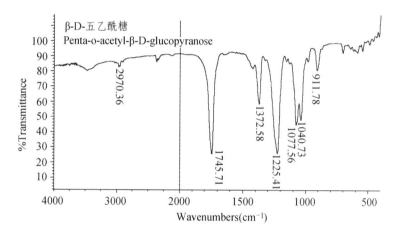

图 9-16　β-D-五乙酰葡萄糖的红外光谱图

表 9-1　主要红外谱峰归属结果

谱峰位置（cm^{-1}）	归　属
911.78	C_1—H 振动吸收峰，β-构型吡喃糖苷键的特征峰
1040.73，1077.56	C—O 键及 C—O—C 键的伸缩振动特征吸收峰
1372.58	甲基 $\delta_{s(C-H)}$ 的特征吸收
1745.71	羰基的 $\nu_{C=O}$ 吸收引起的强峰
1225.41	ν_{C-O} 不对称伸缩振动引起的强峰
2970.36	甲基的 ν_{C-H} 吸收峰

2. 溴-α-D-四乙酰葡萄糖（tetra-O-acetyl-α-D-glucopyranosylbromide）的制备

反应历程如图 9-17 所示，乙酰化糖的还原端碳原子上的乙酰基（醛糖的 1 号碳原子）

比其他乙酰基活泼，被卤原子取代后，生成乙酰糖卤化物。

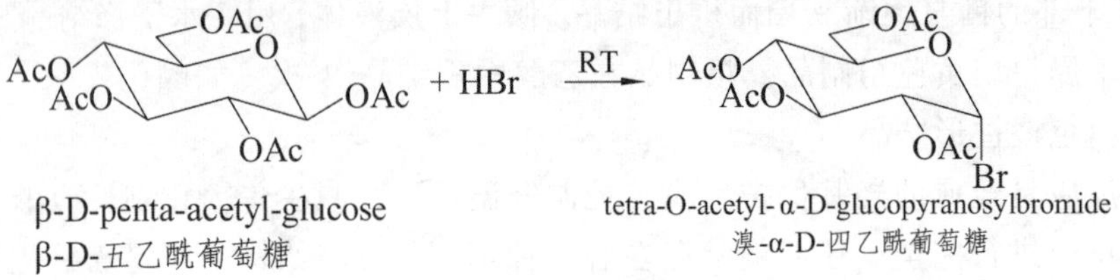
OAc
O
AcO
AcO
OAc
OAc
+ HBr
RT
OAc
O
AcO
AcO
OAc
Br
β-D-penta-acetyl-glucose
β-D-五乙酰葡萄糖
tetra-O-acetyl- α-D-glucopyranosylbromide
溴-α-D-四乙酰葡萄糖

图 9-17　卤化反应

实验步骤：5.00 g β-D-五乙酰葡萄糖放入带玻璃塞的锥形瓶中，加入 7.2 mL 溴试剂（溴试剂的配制：3.00 g 红磷悬浮于 30 mL 冰醋酸中，于冰水浴中逐滴加入 18.00 g 溴，完毕后放置半小时，用 3 号砂芯漏斗抽气过滤，滤液为溴试剂，如不立即使用，应密闭低温保存），轻轻摇动待全部溶解后磁力搅拌 1 h，再室温放置 1 h，然后加入 15 mL 二氯甲烷。将此混合物转入 200 mL 冰水中，用分液漏斗将二氯甲烷层分出，再用 10 mL 二氯甲烷萃取水层 2 次，饱和碳酸氢钠清洗有机相，用广泛 pH 试纸检测洗至水层呈弱碱性（pH7 ~ 8），再用 100 mL 冰水洗有机相 2 次（震摇），最后用 100 mL 的饱和氯化钠溶液洗涤 1 次。分出氯仿层，加入无水硫酸镁使氯仿脱水，过滤，滤液在 40 °C 水浴中旋转蒸发，所得糖浆溶于 15 mL 乙醇中结晶，0 °C 放置 24 h，析出大量白色针状结晶，过滤收集得粗品。在乙醇中重结晶得纯化产物。

溴-α-D-四乙酰葡萄糖是糖苷合成中最重要的中间体，具有较好的离去性能，可以增加糖苷合成的立体选择性。但制备溴-α-D-四乙酰葡萄糖的条件十分复杂苛刻。由于热效应显着，温度急剧上升，反应时需严格控制系统的温度及溴试剂的滴加速度，并密切注意温度的变化，温度不要超过 20 °C。此外，溴-α-D-四乙酰葡萄糖的稳定性很差，极易水解，且其纯度直接影响下步糖苷反应的收率及立体选择性，因此必须现做现用，防止降解。溶剂由原来的氯仿改为二氯甲烷，减小了合成反应试剂对操作者及环境的危害。结晶时溶剂选择乙醇代替原来的乙醚，挥发性减小，同时反应要求避光。

收率：90.2%。

结构确证：样品经红外检测显示碳溴的特征吸收，证明发生卤代反应。谱图见图 9-18，特征峰分别为 555.16，1 041.40，1 112.43，1 228.73，1 383.34，1 744.53，2 965.22 cm^{-1}，各红外谱峰归属见表 9-2。此外，该产物熔点为 88 °C，与文献报道（88 ~ 89 °C）一致。

表 9-2　主要红外谱峰归属

谱峰位置（cm^{-1}）	归属
555.16	C—Br 键的伸缩振动特征吸收峰。
1041.40，1112.43	C—O 键及 C—O—C 键的伸缩振动特征吸收峰
1383.34	甲基 $\delta_{s(C-H)}$ 的特征吸收
1744.53	羰基的 $\nu_{C=O}$ 吸收引起的强峰
1228.73	ν_{C-O} 不对称伸缩振动引起的强峰
2965.22	甲基的 ν_{C-H} 吸收峰

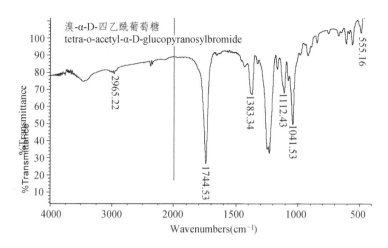

图 9-18　溴-α-D-四乙酰葡萄糖的红外光谱图

3. Koenigs–knorr 法的单因素实验

下面对影响反应收率的各个因素进行研究。

（1）催化剂：选取三种不同形态的碳酸银催化剂进行比较。（a）试剂碳酸银；（b）实验室新制备的碳酸银：取 6.80 g 硝酸银溶于 60 mL 水中为溶液 A，将 2.12 g 碳酸钠溶于 50 mL 水为溶液 B，搅拌下慢慢将溶液 B 滴加到溶液 A 中，滴加完后继续搅拌 10 min，生成黄绿色的悬浊液，过滤，依次用水、甲苯、丙酮洗涤，然后收集沉淀约 5.20 g，真空干燥即可；（c）以硅胶为担体的碳酸银催化剂：在溶液 A 中加入 200～300 目担体硅胶 3.00 g，其他方法同上述（b）。

（2）溶剂的种类：分别选择丙酮、二氯甲烷、苯和甲苯作为溶剂。

（3）反应温度：设定反应温度分别为室温、40 ℃和溶剂的回流温度。

（4）催化剂用量：分别添加担体催化剂（为糖量的）0.1%、0.2%、0.3%、0.4%和 0.5%。

（5）糖醇比：设定糖：醇分别为 1∶1、1.25∶1、1.5∶1、1.75∶1。

（6）反应时间：分别反应 2 h、4 h、6 h、8 h，研究时间对收率的影响。

结果与讨论：

（1）催化剂对糖苷化反应的影响。

三种催化剂对 GLY-D 合成收率的影响见表 9-3。

表 9-3　催化剂活性对糖苷合成的影响

编号	催化剂	收率（%）
1	Ag_2CO_3（购买）	12.8
2	Ag_2CO_3（新制备）	31.6
3	Ag_2CO_3-SiO_2（新制备加担持剂）	51.7

注意：本实验须在避光条件下操作，催化剂现用现配，不宜长久放置。

从表可以看出，催化剂的活性对反应收率的影响非常明显，选择加入担持剂制备的碳酸银，能够有效增加催化剂的比表面积，催化活性最高。

（2）反应溶剂的影响。

选择糖苷合成中常用的二氯甲烷、丙酮、苯、甲苯等溶剂各回流 6h，比较得率，结果见表 9-4。

表 9-4　不同溶剂对糖苷合成的影响

编号	溶剂	反应情况	收率（%）
1	丙酮	反应情况较好	51.7
2	二氯甲烷	有反应，但结果不理想	48.8
3	苯	发生反应，但反应液炭化	31.6
4	甲苯	发生反应，但反应液炭化	33.2

考虑到水分在该化合物合成过程的反应体系中，（a）导致反应向左移动；（b）导致乙酰溴代糖发生分解，都不利于糖苷合成，因此我们选择在反应体系中加入分子筛，确定丙酮为糖苷化反应的溶剂。

（3）反应温度的影响。

糖苷化反应为吸热反应，温度高，将有利于反应的进行。但反应温度过高，副反应开始增多，产品颜色变深；而反应温度过低，反应时间长，收率也低。在以上选择的基础上，进一步考查了反应温度对收率的影响，结果见表 9-5。

表 9-5　反应温度对糖苷合成的影响

编号	温度（℃）	反应时间（小时）	反应情况	收率（%）
1	室温	6	基本不反应	2.6
		48	基本不反应	3.1
2	40 ℃	6	部分反应，反应不彻底	36.2
		48	部分反应，反应不彻底	36.5
3	回流温度	6	大部分反应，结果较好	51.7

从上述结果可以看出，在室温条件下基本不反应，即使反应时间延长，也不能达到理想效果，原因是温度过低，导致糖苷化反应速度缓慢。但是温度过高，溴代糖很容易降解，同样影响糖苷化合物的生成量。丙酮的沸点为 56.5 ℃，回流温度是适宜糖苷化反应的实验条件。因此，反应温度确定为丙酮的回流温度。

（4）催化剂用量的影响。

不同的催化剂用量条件下的反应收率见表 9-6。增加催化剂的用量可以提高反应收率，但用量过大，糖苷有可能进一步的反应，生成副产物，则降低了收率。

表 9-6　催化剂用量的影响

编号	催化剂用量 %	收率（%）
1	0.1	46.8
2	0.2	50.2
3	0.3	45.6
4	0.4	41.0
5	0.5	36.7

（5）糖醇比的影响。

不同糖醇比条件下的收率见表9-7。糖醇比的变化影响反应收率，表明苷化反应中糖基与配基存在一个适宜的比例，实验表明，在1.25∶1的条件下收率最高。

表9-7　糖醇比例的影响

编号	糖醇比	收率（%）
1	1∶1	43.2
2	1.25∶1	48.4
3	1.5∶1	47.9
4	1.75∶1	45.3

（6）反应时间的影响。

反应时间对于合成收率的影响，通过薄层跟踪反应进程，在丙酮溶剂中回流反应，结果见表9-8。

表9-8　反应时间对糖苷合成的影响

编号	时间（h）	反应情况	收率（%）
1	2	不合格，部分反应	26.3
2	4	合格，基本反应完全	51.5
3	6	合格，基本反应完全	51.7
4	8	不合格，产生少量炭化物质	50.6

从表可见，$4 \sim 6\,h$为较适宜的反应时间。随着时间的延长，反应到达终点，收率不再增加，反而会产生副产物，且不利于反应产物的分离纯化。

4. Koenigs-knorr法的响应面优化

在单因素实验基础上，将进一步确定催化剂用量、物料配比、反应时间对收率的影响。本试验采用Statistica6.0软件进行实验安排，选择3因素3个中心点的Box – Behnken中心组合设计，安排15次实验，得到15个响应值。其中前12个点为析因试验点，后3个点是为了估计试验误差，因素为催化剂用量、糖醇比、反应时间（h），分别记为Z_1、Z_2、Z_3，响应值为收率%，记为Y。对3个因素进行编码，记为$X_1 = (Z_1-0.2)/0.1$，$X_2 = (Z_2-1.25)/0.25$，$X_3 = (Z_3-5)/1.0$。编码表如表9-9。

表9-9　实验因素水平编码表

实验水平	因素		
	催化剂用量，X_1/%	糖/醇，X_2	反应时间，X_3/h
−1	0.1	1∶1	4
0	0.2	1.25∶1	5
1	0.3	1.5∶1	6

响应面中的Box-Behnken设计所得到试验结果见表9-10。

表 9–10 Box–Behnken 设计实验结果

实验号	X_1	X_2	X_3	Y_1（%）
1	0	−1	−1	37.4
2	0	−1	1	31.6
3	0	1	−1	39.0
4	0	1	1	33.1
5	−1	0	−1	19.6
6	−1	0	1	29.8
7	1	0	−1	41.2
8	1	0	1	40.3
9	−1	−1	0	16.3
10	−1	1	0	18.4
11	1	−1	0	46.5
12	1	1	0	45.1
13	0	0	0	52.3
14	0	0	0	51.8
15	0	0	0	52.6

（1）回归方程及回归系数的显著性检验。

运用 SAS RSREG 程序对这 15 个试验点的响应值进行回归分析，分别得到表 9-11 所示的回归系数以及显著性 t 检验结果和回归方程方差分析表（见表 9-12）。

表 9–11 回归系数及显著性 t 检验结果

	回归系数	t 值	p 值
常数项	53.13	62.08	<.000 1
x_1	5.84	11.14	0.000 1
x_1^2	−9.28	−12.03	<.000 1
x_2	1.59	3.03	0.029 1
x_2^2	−9.53	−12.35	<.000 1
x_3	−0.80	−1.53	0.187 5
x_3^2	−3.35	−4.35	0.007 4
x_1x_2	0.38	0.51	0.634 4
x_1x_3	0.30	0.40	0.702 4
x_2x_3	0	0.00	1.000 0

拟合的回归方程为：

y=53.13+5.84.*x_1+3.03.*x_2-1.53.*x_3-12.03.*x_1.^2-12.35.*x_2.^2-3.35.*x_3.^2+0.51.*x_1*x_2-0.40.*x_1*x_3

表 9-12 回归方程的方差分析表

方差来源	自由度	平方和	均方	F值	R^2
回归	9	920.468	0.183	46.53	0.9882
总离差	5	10.989	2.198	—	

从表 9-12 中可以看出，回归方程描述各因子与响应值之间的关系时，其因变量与全体自变量之间的关系是显著的[$F > f0.01(9，5)$]，决定系数 $R^2 = 0.9882$，说明回归方程的拟合程度较好。

表 9-13 回归方程各项的方差分析表

方差来源	自由度	离差平方和	F值	显著性
一次	3	297.893	45.18	＊＊
二次	3	621.653	94.28	＊＊
交互项	3	0.923	0.14	—

注：＊＊表示高度显著；—表示不显著。

表 9-13 中回归方程各项的方差分析结果表明，方程一次项、二次项的影响都是高度显著的，交互项的影响不是显著的[$F < f0.01(3，9)$]，这说明所选的三个因素之间的交互效应不大。

（2）三因素二次回归方程的优化（响应面分析）交互效应。

催化剂用量、醇糖比、反应时间每两因素之间对收率的影响在响应曲面和等高线上表现得更为直观。

由图 9-19 可以看出，在选定的条件范围内，收率较高值落在催化剂用量和糖醇比编码值的中间区域。随着催化剂用量的变化，糖醇比偏低或偏高，收率的变化趋势是一致的；同样在合适的糖醇比下，催化剂用量的偏低或偏高，收率的变化趋势也是一致的。因此，催化剂用量的最优化值对应的编码是 0.3，而糖醇比优化值对应的编码值是 0.1。

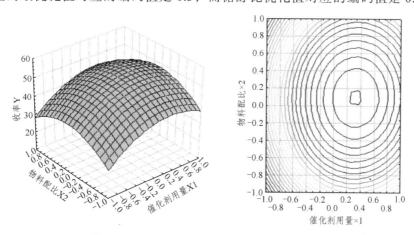

图 9-19 催化剂用量和糖醇比对收率的影响

由图 9-20 可知，在选定的条件范围内，收率较高值落在催化剂用量和反应时间编码值的中间区域。随着催化剂用量的变化，反应时间偏低或偏高，收率的变化趋势是一致的；

同样在合适的反应时间下，催化剂用量的偏低或偏高，收率的变化趋势也是一致的。因此，反应时间的优化值对应的编码值是-0.1。

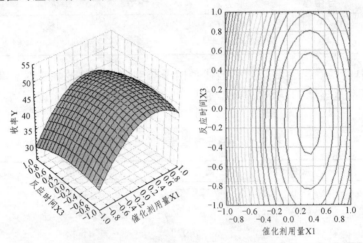

图 9-20　催化剂用量和时间对收率的影响

经过 SAS 响应面分析，所得各因素的优化编码值以及其所对应的真实值之间的关系见表 9-14。

表 9-14　基于实验优化编码值与真实值之间的关系

因素	编码值	真实值
X_1	0.3	0.23
X_2	0.1	1.275 : 1
X_3	-0.1	4.9

优化的实验条件为：催化剂添加量为 0.23%，糖醇比为 1.275 : 1，反应时间 4 h 54 min。经试验，在优化条件下，收率可达到 55.3%，和理论预测值 55.2% 相符合。

（3）因素的重要性——因子分析法。

回归方程中各因素对指标收率的影响程度大小可由因子分析法来估计。其 F 值及 F 值检验见下表。

表 9-15　回归方程各因素 F 值及 F 值检验

因素	X_1	X_2	X_3
F Value	67.28	40.49	5.35
Pr >F	0.000 2	0.000 5	0.004 7

由表 9-15 可以看出，在催化剂用量、糖醇比、反应时间三因素条件下，催化剂用量对收率的影响最大，其次是糖醇比，反应时间的影响最小。

5. Koenigs-knorr 法合成糖苷 GLY-D

反应步骤：取 GLY-A 0.5 克加入 100 mL 甲醇，控制体系温度在-5 ~ 0 ℃，通入经粒状 NaOH 干燥的氨气，约 30 min 后，溶液澄清，继续通氨气 30 min，置于冰箱中过夜后，析出白色结晶，为 GLY-D。

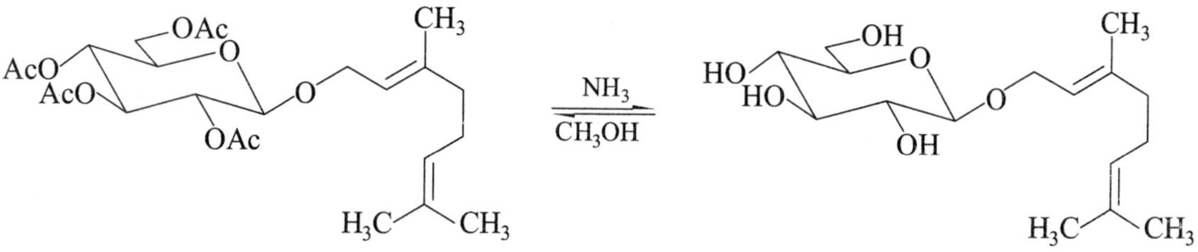

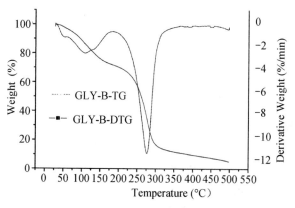

图 9-21　香叶醇糖苷的制备

通过优化各合成方法，合成的糖苷化合物及其收率列于表 9-16。

表 9-16　合成的糖苷类香料前体

编号	结构式	分子式	分子量	文献收率（%）	实验收率（%）
GLY-D	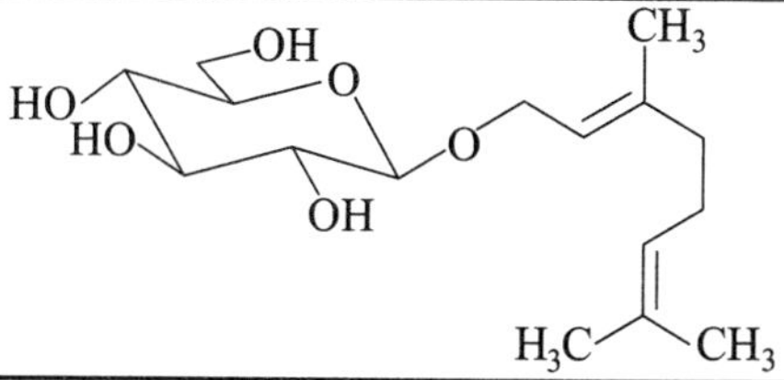	$C_{16}H_{28}O_6$	316	38	48.3

（二）性能表征

1. GLY-D 的 TGA 分析

GLY-D 的 TG-DTG 曲线见图 9-22。从图中可以看出，从室温到 500 ℃ 之间随温度升高 GLY-D 的热失重情况：GLY-D 的热失重分为三个阶段，第一个阶段的失重温度范围是 40～70 ℃，可能是由试样中的溶剂乙酸乙酯（沸点为 77.1 ℃）等低沸点溶剂的挥发引起的，这可以由后来的 Py-GC-MS 定性检测得到确证；第二个阶段的失重温度范围是 80～180 ℃，此区间是由部分糖苷分解得到的，前两个阶段 GLY-D 的总失重率是 28.14 %；第三个阶段的热失重温度范围是 230～310 ℃，GLY-D 质量损失很快，且在 T_p 为 275.7 ℃ 时达到最大失重速度 11.75%/min，失重率为 66.57%，是主要的分解阶段；三个阶段香叶醇糖苷总的失重率为 94.71%。

图 9-22　GLY-D 的热重分析曲线

2. GLY-D 的 DSC 分析

GLY-D 的 DSC 曲线见图 9-23。其相变及分解过程的判断参照其 TG-DTG 曲线可知：GLY-D 的 DSC 曲线有一个吸热峰，温度范围是 230～290 ℃，对应于 TG-DTG 曲线的完全失重区间，可以推断是由试样分解造成的，此曲线中没有相变所引起的吸热峰，此区间是一个熔融同时分解的过程。300 ℃后是一个放热过程，可能是由 GLY-D 分解后产生的有机物高温下炭化并燃烧放出的热量。

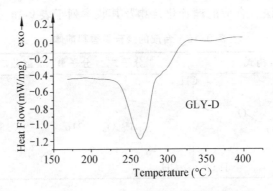

图 9-23　GLY-D 的差示扫描量热曲线

3. On-line Py-GC-MS 检测 GLY-D 不同温度下的分解产物

通过 GLY-D 在 200～700 ℃ 的热裂解产物的总离子流图，得到裂解后主要产物及其百分含量，见表 9-17。

表 9-17　在线 Py-GC-MS 检测到 GLY-D 不同温度下的组分

时间/min	组分名称	结构式	200 ℃	300 ℃	400 ℃	500 ℃	600 ℃	700 ℃
1.36	Carbon dioxide	O=C=O	–	1.45	–	–	6.24	8.93
1.476	2-Pentene，（E）-		–	–	1.92	5.72	10.61	20.13
2.65	Ethanol	OH	–	–	–	–	–	–
4.01	R（-）3，7-Dimethyl-1，6-octadiene		–	1.36	5.79	4.86	7.05	25.12
5.12	cis-2，6-Dimethyl-2，6-octadiene		–	–	–	–	4.17	4.55
5.25	2，6-Octadiene，2，7-dimethyl-		–	–	–	4.77	6.40	10.69
5.53	2，6-Dimethyl-2-trans-6-octadiene		–	–	–	–	3.34	5.58
6.69	beta.-Myrcene		4.15	2.83	4.58	2.25	1.02	3.88
7.59	1-methyl-5-（1-methylethenyl）- cyclohexene		–	–	–	2.62	–	–

续　表

保留时间	化合物	结构						
8.97	3，7-dimethyl-，（Z）-1，3，6-Octatriene		–	–	5.17	–	–	–
10.29	Glycolaldehyde dimer		–	–	–	–	1.10	3.27
12.54	2，6-dimethyl-，（E，Z）-2，4，6-Octatriene		–	–	6.70	–	–	–
20.28	Menthol		5.13	2.59	6.49	–	–	2.39
22.46	（E）-3，7-dimethyl-，2，6-octadienal		–	–	–	–	5.63	–
24.61	Geraniol		49.46	64.72	59.56	63.92	30.33	10.92
24.72	Limonene		–	–	–	2.69	5.79	–
26.00	2-heptyl-1，3-Dioxolane		24.28	18.59	5.98	5.75	7.05	2.01
26.24	2，2'-oxybis-ethanol，		10.33	5.47	2.66	4.03	7.22	1.46
30.76	1，4，3，6-dianhydro-alpha.-d-Glucopyranose		6.15	2.99	1.15	3.49	3.05	1.07

　　从上述结果中可以看出，GLY-D 香叶醇糖苷分解产生主要致香物质香叶醇，在 200～500 ℃ 分解产生的香叶醇较多，300 ℃ 是较适宜的分解温度。随着温度的升高，糖苷分解产生的香叶醇量减少，产生的副产物越来越多。除产生主要产物香叶醇之外，香叶醇糖苷裂解还产生了 β-月桂烯、薄荷醇、柠檬烯等香气物质，多种致香物质的产生，使香气更丰富，香韵更丰满。脱水葡萄糖的产生揭示了糖苷键的断裂，详细的降解机理有待更深一步的研究。

4. Off-line Py-GC-MS 定量检测 GLY-D 在不同温度下的分解率

　　香叶醇糖苷 200～400 ℃ 离线裂解的总离子流图见图 9-24。由谱图可以观察到特征化合物峰的强度与分离度。质谱法对裂解产物进行归属（匹配度均大于 95%），并用相对内标校正因子法测度香叶醇的百分含量进行定量，计算各温度下香叶醇糖苷到香叶醇的转化率（见表 9-18）。

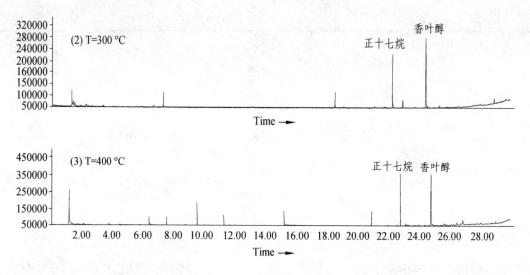

图 9-24　香叶醇糖苷离线模式热裂解的总离子流图谱

表 9-18 不同温度下 GLY-D 离线 Py-GC-MS 转化率

组分名称	结构式	200°C	300°C	400°C
Geraniol（香叶醇）		4.7%	36.8%	34.5%

Off-line Py-GC-MS 的实验结果同样表明，在一定温度下糖苷发生裂解，释放出香气成分，且在 300 ℃ 时最佳。

5. 热稳定性

（1）Arrhenius 方程对储存期的推断。

根据热分析动力学理论，认为表示化学反应速率与温度关系的 Arrhenius 方程可以用于分解反应：

$$AB(s) \rightarrow A(s) + B(g)$$

其分解速率可表示为

$$\frac{\mathrm{d}a}{\mathrm{d}t} = k^n f(a)$$

根据 Arrhenius 方程：$k = A \cdot e\text{-}E/RT$，可在一定温度下求得反应速度常数 k 及其负对数 pk，有

$$\frac{\mathrm{d}a}{\mathrm{d}t} = A \cdot \mathrm{e}^{-E/RT} \cdot f(a) \qquad ①$$

式①是热分解反应动力学在等温过程中的最基本方程。式①展开，可以进行许多热分析动力学数据处理。恒温加速实验常用于药物分子有效期的研究，本文中 GLY-D 在 40 ℃、

60 ℃、80 ℃ 恒温加速试验项下的含量测定结果见表 9-19。

表 9-19　GLY-D 加速试验结果

days	40°C		60°C		80°C	
	C（%）	lgC	C（%）	lgC	C（%）	lgC
0	99.00	1.9956	99.00	1.9956	99.00	1.9956
2	98.93	1.9953	98.92	1.9953	98.85	1.9950
4	98.90	1.9952	98.86	1.9950	98.67	1.9942
6	98.86	1.9950	98.78	1.9947	98.42	1.9931
8	98.83	1.9949	98.69	1.9943	98.23	1.9922
10	98.81	1.9948	98.52	1.9935	98.03	1.9914

将数据整理，求得各点温度下时间 t 与含量对数 lgC 的直线回归方程：

40 ℃：lgC= -0.000 2 t+ 1.9957，$|r|$ = 0.9805；

60 ℃：lgC= -0.000 4 t+ 1.996 1，$|r|$ = 0.976 5；

80 ℃：lgC= -0.000 9t+ 1.996 6，$|r|$ = 0.997 0。

符合一级反应速度常数，含量和时间的关系如下：

$$\lg K = \lg A - \frac{E_a}{2.303} \cdot \frac{1}{T}$$

经变换得

$$K = \frac{-2.303}{t} \lg \frac{C_0}{C}$$

用各点温度点的 lgC 与 t（days）的斜率，求得温度点的 K 值及 lg$K$ 值（见表 9-20）。

表 9-20　各温度点的 K 值和 lg$K$ 值

T（°C）	$\frac{1}{T} \times 10^3$	$K \times 10^4$ 值	lg$K$
40	3.194 9	4.61	-3.336 7
60	3.003 0	9.21	-3.035 6
80	2.832 9	20.73	-2.683 5

根据 Arrhenius 公式：$\lg K = \lg A - \frac{E_a}{2.303} \cdot \frac{1}{T}$，将此直线方程进行回归如下：

$$\lg K = 0.326\,6 \frac{1}{T} - 3.627\,8, \quad |r| = 0.999\,0$$

所以　　　　　　　　　　　　lg$K_{25\,℃}$ = − 3.670 7

则 $K25\ ℃ = 0.000\ 213\ 445$

$$\frac{25℃}{0.9} = 0.105\ 4/0.000\ 251\ 3 \approx 493.80\,(天) \approx 1.35\,(年)$$

因此，恒温加速实验法对 GLY-D 进行化学稳定性试验表明，在 25 ℃ 室温，其含量下降 10% 所需的时间为 1.35 年，证明本品较为稳定。参照中国药典方法进行货架期的预测，其结果是可靠的。

（2）温度影响。

GLY-D 在不同温度条件下，室温留样 6 个月样品几乎没有变化，而加速实验、高温影响因素实验样品在外观和含量上均发生了一定程度的变化，将样品的性状列于表 9-21、含量测定结果见图 9-25。

表 9-21   温度影响因素实验中表观性状变化

时间/d	40°C	60°C	80°C	时间/h	120°C	140°C	160°C
0	白色粉末	白色粉末	白色粉末	0	白色粉末	白色粉末	白色粉末
2	白色粉末	白色粉末	白色粉末	6	白色粉末	白色粉末	淡黄白色粉末
4	白色粉末	白色粉末	白色粉末	12	白色粉末	淡黄白色粉末	淡黄白色粉末
6	白色粉末	白色粉末	白色粉末	18	淡黄白色粉末	淡黄白色粉末	黄白色粉末
8	白色粉末	白色粉末	淡黄白色粉末	24	淡黄白色粉末	黄白色粉末	黄白色粉末
10	白色粉末	淡黄白色粉末	淡黄白色粉末				

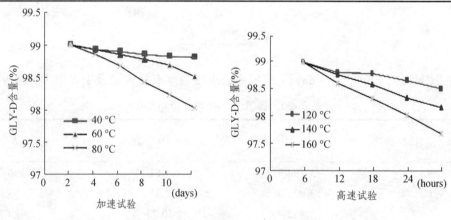

图 9-25   温度对香叶醇糖苷含量的影响

从香叶醇的含量与温度的关系曲线可以看出，香叶醇糖苷在常温下含量稳定，随着温度的升高，含量降低加快，原因是高温下香叶醇糖苷降解速度增加。

6. 光照影响

光照实验中避光条件下，6 个月的各样品含量及外观几乎没有改变。日光照射及室内自然光条件下的外观一段时间后有变化（见表 9-22）。各光照条件下的含量测定结果如图 9-26 所示。结果表明，室内自然光对香叶醇糖苷的影响也不是很大，但日光照射促使其有一定程度的降解，因此糖苷类香料前体在储存过程中要尽量避光。

表 9-22　光照实验中性状变化

时间（天）	日光照射	室内自然光	时间（月）	避光
0	白色粉末	白色粉末	0	白色粉末
2	淡黄白色粉末	白色粉末	1	白色粉末
4	淡黄白色粉末	白色粉末	2	白色粉末
6	淡黄白色粉末，少量结块	白色粉末	3	白色粉末
8	淡黄白色粉末，少量结块	白色粉末	4	白色粉末
10	黄白色粉末，结块	淡黄白色粉末	6	白色粉末

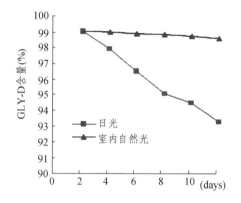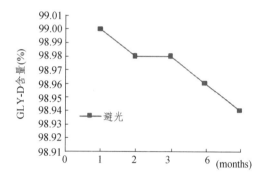

图 9-26　光照对含量的影响

7. 湿度影响

湿度条件下 GLY-D 的性状改变较大，如表 9-23 所示，从湿度实验的性状变化可以看出，香叶醇糖苷容易吸潮，因此储存过程中要密闭保存。

表 9-23　湿度实验中的性状变化

时间/天	RH75%	RH92.5%
0	白色粉末	白色粉末
2	白色粉末	白色粉末
4	白色粉末	白色粉末，吸潮
6	白色粉末，吸潮	白色粉末，出现液滴
8	白色粉末，吸潮	淡黄白色，出现液滴
10	淡黄白色，出现液滴	黄白色，液状

8. 酸度影响

GLY-D 在不同酸度条件下，影响因素实验结果如图 9-27 所示：

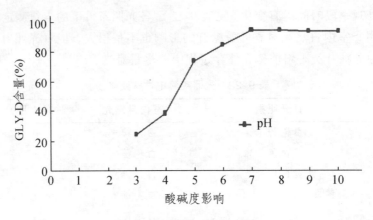

图 9-27 酸碱度（pH）影响

由上图可知，GLY-D 在 pH6～10 范围内含量变化不大，在 pH6 以下，随酸性的增强，含量急剧下降，变化较大，因为酸性条件容易引起糖苷键的断裂，糖苷水解；但是在中性和弱碱性条件下糖苷较稳定。此实验表明，糖苷储存时要保证中性或弱碱性环境，不宜在酸性条件保存，酸性环境使用可以促使其分解。

9. 离子浓度的影响

GLY-D 在食品体系中常见离子浓度溶液中的影响因素实验结果如图 9-28 所示。可以看出，加入 K^+、Na^{2+}、Cu^{2+}、Ba^{2+}、Cd^{2+}、Ca^{2+}、Zn^{2+}、Mg^{2+}、Pb^{2+}，香叶醇糖苷的含量变化不大，但 Fe^{3+} 使得溶液颜色变黑，且使含量变化很大，Fe^{3+} 对香叶醇糖苷的稳定性有显著影响，Al^{3+} 也使香叶醇糖苷的含量有所降低。因此，糖苷类香料前体的使用和保存要避免接触铁制器皿、铝制器皿。

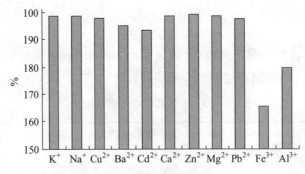

图 9-28　离子浓度的影响

10. 可控降解探讨

糖苷类物质的热降解行为和稳定性实验表明，其热稳定性和化学稳定性是理想的，原因是糖苷作为缩醛，需在特定条件下才能够分解为糖和苷，所以糖苷在常温、自然光、近中性环境等条件下都比较稳定。然而，糖苷类香料前体的研究目的是开发热稳定型香原料，使其在常温条件下比较稳定，在加热条件下能够缓慢释放香料配基，达到理想的加香效果。但香料应用的对象不同，其热加工的条件不同。由于糖苷类香料前体的热降解温度通常在

200～400 ℃，在烟草加香中由于高温烟头的移动，可以达到逐步释放香气的效果。但对于大多数的食品加工工艺，加热温度可能达不到糖苷的热降解温度，这将影响糖苷类物质作为香原料的应用。

但食品原料是一个复杂的体系，糖苷的降解行为不同于作为添加剂加入的合成产品。如茶叶在 70～100 ℃ 冲泡时即可释放出结合态的香气成分；荷叶等在蒸煮过程中也可发生糖苷的降解。因此，结合第五章的热分析结果和第六章的稳定性研究来探讨糖苷类香料前体的可控性降解具有重要的意义。糖苷类香料前体的可控性降解主要分为以下几点内容：

（1）热加工的温度达到 200～500 ℃ 条件时，糖苷可以发生热降解，达到释放香气成分的目的。

（2）当食品加工的温度低于 200 ℃ 时，根据体系酸度、水分活度和盐类对糖苷稳定性的影响，调整体系的组成，使糖苷分解，释放香气。

（3）低温加热条件下的香气释放，重要的影响因素是体系中存在糖苷酶，可在添加的香精配方中适当添加 β-葡萄糖苷酶，在食品加工的工艺条件下促使糖苷酶解，释放香气。

糖苷类香料前体的可控降解研究是其能否作为食品添加剂应用可行性的前提，但由于食品原料体系的复杂性，加工工艺、条件的多样性，将有大量的工作需要完成，这也为我们今后的工作提出了方向。

（三）在卷烟加香中的应用

香料配方是通过合理选取不同的香原料，应用调香技术，结合呈香呈味原理和加工工艺特点确定的。由于香原料的挥发性，部分成分的损失会影响整体风格特征。糖苷类化合物作为稳定型香原料应用于卷烟加香，同样存在与其他成分合理配比等问题。为此，一方面应加强更多种类糖苷类香料前体的合成研究，同时也应在加香应用上进行深入、系统的探讨。这里将合成的香叶醇糖苷应用于卷烟加香中，探讨其作为稳定性香原料应用的可行性。

1. 样品制备

称取 0.05、0.10、0.15、0.20 和 0.25 g 香叶醇糖苷，分别加入适量无水乙醇，溶解后用微量喷雾器均匀地喷洒到 50 g 烟丝上，加香后的烟丝置于密封袋中室温放置 2 h。用 CMB120 型全自动卷烟机将加香烟丝卷制成烟支，放入温度(22±1) ℃、相对湿度(60±2)%的恒温恒湿箱内平衡 48 h 以上，对照为喷加了相同当量香叶醇的烟丝卷制的卷烟，空白仅喷加等量的无水乙醇。

2. 烟气分析

用 RM200 吸烟机按照标准条件抽吸卷烟，每次抽吸 20 支卷烟，用剑桥滤片捕集卷烟烟气。采取两种模式进行吸烟：（1）取空白、含不同浓度的香叶醇及其糖苷卷烟样品各 40 支，20 支/组分别燃吸；（2）取香叶醇糖苷用量为 2‰的卷烟 160 支，平均分为 4 组，每组每只烟各抽吸 2，4，6，8 口，另以添加等当量香叶醇的卷烟作对照。

吸毕，将每只捕集 20 支卷烟烟气粒相物的剑桥滤片折叠，放入 250 mL 锥形瓶中，用移液管准确加入 50 mL 0.115 4 g/L 的正十七烷的氯仿溶液，室温下超声萃取 30 min，静置 5 min，过滤，滤液在 40 ℃ 下减压蒸馏浓缩至 2 mL，取样进行 GC/MS 分析。

色谱条件：色谱柱：HP-INNOWAX（60 m×0.25 mm×0.25 μm）；进样口温度：250 ℃；载

气：He；分流比：50：1；程序升温：60 °C(2 min)$\xrightarrow{2 °C/min}$180 °C$\xrightarrow{10 °C/min}$220 °C(40 min)；接口温度：280 °C；离子源：EI；电离能量：70 eV；离子源温度：230 °C，四极杆温度：150 °C；电子倍增器电压：1.106 V；质谱扫描范围 35~450 amu。采用 Wiley7n 图谱库检索和对照保留时间相结合（匹配度大于 95%）进行定性；相对内标校正因子法进行定量。

（1）香气释放量与糖苷添加量的关系。

卷烟烟气分析中，测定香叶醇标准溶液、未加香、加香叶醇及其糖苷的卷烟主流烟气的 GC-MS 总离子流图，未添加香叶醇或糖苷的空白卷烟烟气中不含有香叶醇，而添加了香叶醇和糖苷的卷烟中均释放出香叶醇，表明添加香叶醇糖苷的卷烟在燃吸过程中释放出特征香味物质香叶醇。

按照 1‰~5‰ 的加香量将香叶醇糖苷添加在卷烟中之后，卷烟烟气中香叶醇的释放量随糖苷添加量的增加而增大，而且在本实验加香浓度范围内，其释放量与添加量基本呈线性关系，趋势图如图 9-29 所示。

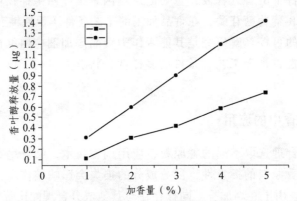

图 9-29　烟气释放的香叶醇量与加香量的关系

（2）分段燃吸的控释效果。

燃吸口数分别为 2，4，6，8 口的各组卷烟所释放的香叶醇如图 9-30 所示。将燃吸口数不同的各组卷烟释放的香叶醇量相减，可以有效消除滤嘴的吸附影响，从而得到每两口所释放的香气量。结果表明，在燃吸过程中，加香叶醇糖苷的卷烟烟气中香叶醇每两口（以 8 口量为 1）的释放量分别为 24.5%、30.4%、24.9% 和 20.1%，是呈线性增大的，

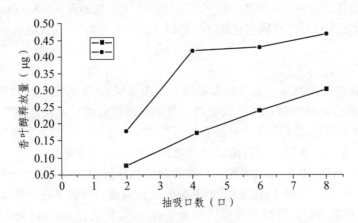

图 9-30　不同抽吸口数对应的烟气中香叶醇释放量

而加香叶醇的卷烟每两口抽吸释放的香叶醇分别为 37.9%、51.4%、2.3%和 8.4%，说明添加香叶醇的卷烟释香不均匀，呈前多后少的趋势，而加香叶醇糖苷卷烟的释香是均匀的。

3. 卷烟评吸试验

取空白、加 2‰糖苷及等当量香叶醇对照的卷烟样品，请有资质的卷烟评分专家评吸。

香叶醇糖苷在常温下是无色无味的，而评吸结果（见表 9-24）显示，该化合物能给卷烟样品带来丰富的香气，对卷烟具有增香作用。而且添加香叶醇糖苷的效果优于添加香叶醇，表现在：抽吸时释香均匀，边吸边释放，香气饱满，进一步确证了香叶醇糖苷的缓释作用。

表 9-24 加香叶醇及其糖苷卷烟的评吸结果比较

卷烟样品	香气质	香气量	协调	刺激	杂气	干净程度	舒适程度	释放均匀性
空白卷烟	一般	不足	不协调	明显	重	一般	欠适	—
加香叶醇	欠醇和	充足	不协调	较大	无	较干净	一般	前多后少
加香叶醇糖苷	醇和	充足	较协调	无	无	较干净	一般	均匀释放

4. 烟用香精的开发

根据已有实验结果，拟定配方后进行评吸、鉴定，初步选择了三种卷烟香精，它们的主要特点及加香效果列于表 9-25。

表 9-25 烟用香精

配方 1（丁香香精）		配方 2（薄荷烟香精）		配方 3（玫瑰烟香精）	
特点	加香效果	特点	加香效果	特点	加香效果
香气飘逸，有花香清甜韵，香气浓郁而绵长	烟气辛暖清甜，口感柔和，香气绵长	头香浓烈，凉味感强，典型的薄荷香精	抽吸时凉味感持续、稳定，香气前后差异小，质量好	头香、体香、尾香和谐统一，具天然玫瑰香气	烟气醇和、具有玫瑰花样甜香，吸味柔和

卷烟作为嗜好品，其特征香是否明显是产品设计成败的重要方面。通过加香赋予卷烟特征香，可增加对消费者的吸引力。糖苷的耐高温性质为卷烟香精提供了优良的香原料。

第三节 烟用香料的糖酯化

一、制备技术

（一）分离提取

1970 年，Schmacher 等[224]首次从土耳其香料烟中首次提取了一种葡萄糖四酯（GTE），并鉴定其化学结构，确定为 6-O-乙酰基-2，3，4-三-O-[3-甲基戊基]-α-D-吡喃葡萄糖。后来把该物质加入到卷烟中发现卷烟的吸味得到了改进，烟气中香气量增加。经过其他相关分析研究后 Schmacher 等认为，这主要是因为：将这种香料加入到卷烟中，该物质经燃吸时裂解成对烟气的吸味口感而言具有积极的贡献作用的脂肪酸，大大提高了烟气中脂肪酸的含量，从而改进了卷烟的吸味，提升了香气质量。由此可以确定 6-O-乙酰基-2，3，4-三-O-[3-甲基戊基]-α-D-吡喃葡萄糖就是香料烟的重要香味物质——3-甲基戊酸的前体物。后来的研究证明，不仅上述葡萄糖四酯类物质具有这些作用，而且其他葡萄糖及糖苷酯（见图 9-31）均具有类似的作用特点，这类物质通常情况下不具有香味，当与烟丝共燃时，可以释放出对香味有重要贡献的香味成分。此外，将该物质加入卷烟中，能降低或完全不用在卷烟加料时添加糖料这一主要产生焦油的物质，进而提高卷烟安全性。由此可见，这类物质不仅能够增强卷烟的香味，而且有利于提高卷烟的安全性，是亟待开发的一类新型烟草添加剂。

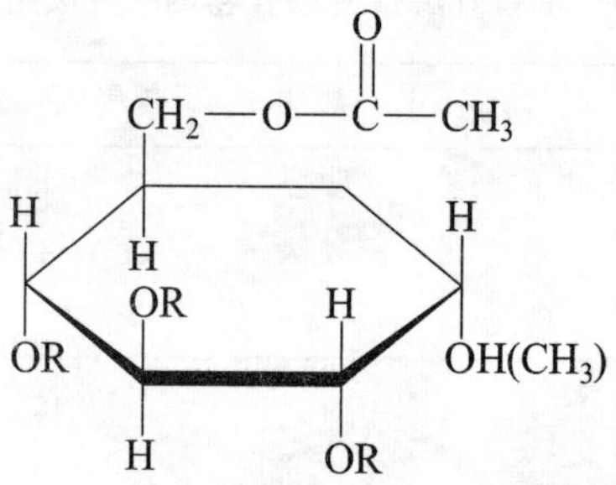

$$R = (CH_3)_2CHCO—, (CH_3)_2CH_2CHCO—, CH_3CH_2CH(CH_3)CH_2CO—$$

图 9-31　葡萄糖及糖苷酯结构图

蔗糖酯（SE）是香料烟和部分雪茄烟所特有的一种酯类化合物。Severson 等首先分离出了一系列蔗糖酯，其中葡萄糖部分被由四个 C2-C8 脂肪酸组成的混合物所酯化，主要的酸为乙酸、3-甲基丁酸和 3-甲基戊酸。烟草糖酯的提取方法主要以 Severson 的方法为指导进行改进。该烟草糖酯的提取方法为：将烟叶用 CH_2Cl_2 浸渍，经无水 Na_2SO_4 干燥和旋转蒸发器浓缩后，用 $MeOH-H_2O$ 溶解，加入正己烷分层，弃去正己烷相，最后再向 $MeOH-H_2O$ 相中加入 $CHCl_3$、饱和 KCl 溶液、水，充分振荡，分层后将 $CHCl_3$ 相倾入交联葡聚糖 Sephadex LH-20 凝胶层析柱中，用 CH_2Cl_2 进行淋洗。最后分离出的 6 种糖酯同系物，其主要区别在于糖酯葡萄糖环上酰基部分的 R 基团不同。

在烟叶成熟和调制过程中，蔗糖酯水解产生葡萄糖酯，如三乙酰葡萄糖吡喃糖苷和四乙酰葡萄糖吡喃糖苷，进一步水解产生挥发性酸性物质。因此，蔗糖酯和葡萄糖酯是香料烟的重要香味物质异戊酸、β-甲基戊酸、异丁酸的前体物。而从香料烟品系中分离的蔗糖酯加入到用烤烟品种 NC326 烟叶卷制的卷烟中，结果表明，烟气中 3-甲基戊酸的应用效果与加入的蔗糖酯的量存在线性关系。

（二）化学合成

烟草糖酯对卷烟香气、保润性及烟草生理活性起到重要作用，但由于糖酯在烟草中的含量低，通过从烟草表面分离的方法获得糖酯，获得量有限，因此尝试采用化学方法合成糖酯是获得糖酯的有效途径。烟草中存在的糖酯在烟草燃吸过程中可以热解释放出对烟气吸味有积极作用的低级羧酸，赋予烟气吸味芳香特征，能使烟气变得细腻、醇和。烟草糖酯的合成主要以葡萄糖四元酯为主，蔗糖四元酯的合成报道不多。

葡萄糖酯的合成是碳水化合物化学研究中最重要的反应之一，像其他的多羟基化合物一样，由于葡萄糖类化合物分子结构上多羟基官能团的存在使得它们的酯化反应极其复杂。因此，尽管上述葡萄糖四酯（GTE）或结构类似物（如：6-O-乙酰基-2，3，4-三-O-异丁酰基-α-D-甲基吡喃葡萄糖苷和 6-O-乙酰基-2，3，4-三-O-[3-甲基戊基]-α-D-甲基吡喃葡萄糖苷）作为卷烟添加剂应用到卷烟当中具有重要的作用和意义，但是，迄今为止国内外关于合成上述葡萄糖四酯或结构类似物的研究报道很少。

化学法进行葡萄糖选择性酯化一般存在两条途径：其一是选择某种保护剂选择性地同某个或某几个羟基反应形成保护基团，然后对其他的羟基进行酯化，许多情况下要求保护基团在随后的酯化反应后较容易地脱去，或者保护基团较容易地被其他基团取代，从而达到保护的目的；其二是使用适当的反应试剂或催化剂直接进行选择性酯化。

当以糖类作为供体时，由于糖特殊的结构特征使其含有较多的有活性的基团，如羟基等，这时就需要添加一些保护剂对反应进行选择性酯化。常见的保护剂如三苯基氯甲烷，可以选择性地与糖基上的 6 位伯羟基进行反应。Kashem 等[225]以吡啶为溶剂、三苯膦为催化剂的条件下，D-葡萄糖和 α-D-甲基葡萄糖苷与四卤化碳（包括 CCl_4，CBr_4）进行了选择性卤化反应，分别得到了 6-氯-6-脱氧-D-葡萄糖、6-氯-6-脱氧-α-D-甲基葡萄糖苷、6-溴-6-脱氧-α-D-甲基葡萄糖苷以及 6-碘-6-脱氧-α-D-甲基葡萄糖苷。

当整个反应直接以催化剂进行选择性酯化反应时，常见的可分为以下几类：偶氮二甲酸二乙酯和三苯膦法、二甲氨基吡啶催化法、三乙胺法等。如 Abdellatif 等[226]在未保护的单糖和二糖的选择性单酯化研究中发现，在温和的条件下，α-D-甲基葡萄糖苷与偶氮二甲酸二乙酯、三苯膦以及等摩尔量的各种羧酸进行了区域选择性酯化，反应仅生成 6 位酯化的葡萄糖苷酯，其他羟基未发生酯化。戴志群等[227]使用了三乙胺法合成出十种取代苯甲酸葡萄糖酯，上述两种方法与相转移催化剂法的相比较，产率都有明显提高。

葡萄糖四元酯的合成以 6-O-乙酰基-2，3，4-三-O-异丁酰基-β-D-吡喃葡萄糖酯为例，其合成方法为：以 β-D-甲基吡喃葡萄糖苷为起始原料，通过羟基保护和去保护法选择性地合成目标产物。首先将 β-D-甲基吡喃与三苯基氯甲烷和吡啶混合，得到 6-O-三苯甲基-β-D-甲基吡喃葡萄糖苷，将 6-O-三苯甲基-β-D-甲基吡喃葡萄糖苷和吡啶混合加入异丁酰氯，得到 2，3，4-三-O-异丁酸-β-D-甲基吡喃葡萄糖苷酯。将 2，3，4-三-O-异丁酸-β-D-甲基吡喃葡萄糖苷酯和吡啶混合加入乙酸酐，得到 6-O-乙酰基-2，3，4-三-O-异丁酰基-β-D-甲基吡喃葡萄糖苷，最后将 6-O-乙酰基-2，3，4-三-O-异丁酰基-β-D-甲基吡喃葡萄糖苷和无水 HBr 乙酸溶液处理后水解得到目标产物 6-O-乙酰基-2，3，4-三-O-异丁酰基-β-D-吡喃葡萄糖。

蔗糖四元酯的合成过程为：首先合成中间体 6-O-乙酰基-3-O-烯丙基-1'，3'，4'，6'-四-O-苄基-2-O-（4-甲氧基苄基）蔗糖。该中间体中的 1'，3'，4'，6'羟基都连有苄基，进而起到保护这些位置羟基的作用，3 位的烯丙基可以通过异构化和水解作用使其变成酰基，2，4 位羟基通过酯化作用变成酰基。通过这一中间体合成的糖酯的结构与烟草中所含糖酯的结构相同。

（三）生物催化

随着科技的进步，近年来不断有学者开始研究用酶来催化非天然的有机化合物，其中包括用生物法来合成糖酯类香料前体。

1. 脂肪酶催化法

以脂肪酶为催化剂选择性地对反应底物进行酯化，根据酰基供体不同大致可以分为以下四类：

（1）当供体为羧酸三氯乙酯时，脂肪酶对多羟基化合物的羟基具有选择性；Therisod 等[228]以无水猪胰腺脂肪酶作为催化剂，无水吡啶为反应介质，2, 2, 2-三氯乙醇的羧酸酯作为酰基供体，对另一反应底物葡萄糖苷进行选择性酯化，生成了一系列 6 位上羟基酰化的葡萄糖酯。

（2）当以饱和脂肪酸为酰基供体时，利用其选择性酯化合成了饱和脂肪酸糖酯，Tarahomjoo 等[229]研究了在无水的有机溶剂中脂肪酶催化合成棕榈酸葡萄糖酯。

（3）当以不饱和脂肪酸为酰基供体时，Marie-Pierre 等[230]在无水介质中由酶促酯化合成不饱和脂肪酸-α-丁基葡萄糖苷酯。首先反应以油酸为酰基供体合成 6-O-油酰基-α-丁基葡萄糖苷。

（4）当以肟酯为酰基供体时，Ghogare 等[231,232]分别两次报道了在四氢呋喃中以猪胰腺脂肪酶作为酶促转移酯化的催化剂，肟酯作为酰基给体合成了一系列的酯，从而建立了肟乙酸酯和丙烯酸酯作为在有机溶剂中脂肪酶催化转移酯化的有效的不可逆酰基转移试剂。

2. 蛋白酶催化法

Sergio 等[233]以一种蛋白酶-枯草溶菌素作为催化剂，无水 N, N-二甲基甲酰胺中，以正丁酸 2, 2, 2-三氯乙酯作为酰基供体，45 ℃ 下枯草溶菌素悬浮溶有葡萄糖的有机溶剂中进行选择性地合成 6-丁酸葡萄糖酯。这表明当以蛋白酶催化剂时，其同样可以选择性地与葡萄糖上的羟基反应，具有一定的选择性。

3. 微生物细胞催化法

以微生物细胞作为催化剂，作为一种新型的生物催化法，因为其简便，较高的选择性备受学者推崇。Molinari 等[234]在 6-O-辛酰基-葡萄糖的合成过程中，以冻干的 Rhizopus delemar 和 Rhizopus ozyzae 细胞在乙腈中直接催化辛酸和葡萄糖的酯化。后者显示了对 β-葡萄糖的酯化具有非凡的选择性，同样条件下，α-葡萄糖的酯化反应几乎不进行。这表明，不同的细胞所选择的底物不同，具有高度的选择性。

二、表征技术

糖酯的表征方法有很多，其中最常用的有以下几种：

（一）薄层色谱法

在蔗糖酯的定性和定量分析中，较多使用薄层色谱法。以"氯仿-甲醇"的混合液为溶剂，以"氯仿-甲醇-水"的混合液为展开剂，加入显色剂，薄板经加热，蔗糖酯斑点显绿色。蔗糖酯中含有不同链长脂肪酸的蔗糖单酯、双酯及多酯，这些化合物在薄层层析上展开显色后，由于极性不同而显示出不同的斑点值，根据样品的显色和值对蔗糖酯进行定性分析，并结合薄层扫描仪进行定量分析。该方法具有方便、快速的特点，能较好地分离单酯、双酯和多酯，但干扰因素较多，必须严格控制实验条件，如薄板的质量、展开剂的比例、展开时空气的湿度、显色剂的质量及喷雾的均匀度、显色后扫描的时间等，只有在相同的实验条件下才能得到较好的重复性。

（二）气相色谱法

采用三甲基硅烷试剂先对蔗糖酯进行衍生，这是因为蔗糖酯的分子量大、含有多个羟基，极性比较大，挥发性差，难以直接进行 GC 或 GC-MS 分析。采用的衍生化试剂一般为 N，O-双-（三甲基甲硅烷基）-三氟乙酰胺（BSTFA），糖酯上的活泼氢被三甲基硅烷取代，降低了化合物的极性，减少了氢键束缚，因此所形成的硅烷化衍生物更容易挥发，可在气相色谱中出峰。气相色谱能有效地分离蔗糖单、双、多酯的异构体。

（三）液相色谱法

气相色谱法虽具有分离能力好、灵敏度高、分析速度快等特点，但沸点太高的物质或热稳定性差的物质都难于直接应用气相色谱法进行分析，而衍生处理又使处理步骤增加，分析时间延长，而液相色谱法，不需要气化，因此不受试样挥发性的限制，对于高沸点、热稳定性差、相对分子量大的有机物原则上都可应用高效液相色谱法来进行分离、分析。但对液相检测器而言，由于糖酯的紫外吸收很弱，紫外检测器不适于糖酯的检测，而示差检测可被用于蔗糖酯的分析，但示差检测器不能梯度洗脱，无法对糖酯进行有效分离。因此，近年来，高效液相色谱蒸发光散射检测常被用来分析蔗糖酯。蒸发光散射检测器可梯度洗脱，能够有效分离蔗糖酯中的主要成分及其异构体，可避免部分多酯和双酯或部分双酯和单酯被同时洗脱出来。液相色谱-质谱联用仪结合了液相色谱仪有效分离热不稳定性及高沸点化合物的分离能力与质谱仪很强的组分鉴定能力，是一种分离分析糖酯的有效手段。

（四）核磁共振法

由于酰基和乙酰基数量及位置的不同，因此烟草属植物所产生的具有不同结构糖酯的数目是巨大的。利用核磁共振技术（NMR）可以确定糖酯特定部位上的酰基。

三、在烟草中的应用

糖酯是烟草中一种重要的香味前体物质，烟叶表面腺毛分泌产生的蔗糖酯和葡萄糖酯与烟草吸味的丰满度相关。蔗糖酯复合添加剂与烟丝共燃时，有助于烟丝本身低炭酯类香型的改善及协调，含短链脂肪酸的糖酯是烟气香气，特别是香料烟香气的重要前体物[154]。添加蔗糖酯复合添加剂还可以在烟丝表面形成一层稳定封闭的被膜，隔绝空气，从而使外界空气中的水分很难侵入烟丝组织中，这样烟丝组织间的水分就不易散失，对卷烟中自身产香的低酯类物质起保护作用。近年来，糖酯在卷烟中的应用日益得到关注。因糖酯除了使烟叶表面具有抗虫和抗微生物作用，还具有作为商业杀虫剂的潜力，国外有关采用烟草糖酯作为环境安全的天然杀虫剂产品也有研究。除了在烟叶抗病虫害方面具有重要作用外，某些糖酯还具有抗菌活性和植物生长调节作用。因此对烟叶糖酯进行分析及应用研究，有利于深入认识烟叶品质差异的机制所在，对配方及卷烟加香加料具有一定的指导意义。

（一）对卷烟香味的影响

卷烟烟气中很多化合物是在燃烧时各种烟叶成分通过裂解产生的，燃烧过程中会发生许多复杂的化学反应，如一些烟叶成分几乎完全降解，而另一些成分则部分转移或热合成为新的化合物，因此分析烟草糖酯对卷烟烟气的影响就要对其热裂解产物进行研究。烟草糖酯热裂解，其酰基部分产生与烟草香味有关的挥发性有机酸。低级脂肪酸是构成烟草香味的重要组成部分，但是低级脂肪酸一般沸点较低，在调香和加香过程中会出现外香显露或香味不稳定等现象。香味缓释技术是近年来香料行业研究的热点，使得烟草在燃吸过程中，实现目标香料的延迟释放。糖酯类化合物是烟用香原料的重要组成部分之一，该类化合物作为挥发性香味成分前体物已经得到国内外烟用香精香料行业研究人员的认可和重视，其相关研究也越来越多。早在20世纪90年代已有丙二酸蔗糖酯烟用加香的相关研究，日本烟草公司也申请了糖酯类化合物作为烟用增香剂的方法专利，目前国内对糖酯类烟用添加剂也开展了研究，如甲基葡萄糖苷酯的合成、蔗糖酯复合添加剂的制备方法和应用。

烟叶本身含有许多香料物质，如：酸类、醛酮类以及醇类等；在卷烟中加入糖酯，不但可以减少烟草因燃烧形成本身的刺激味、焦糊味等，还可以赋予其特殊的芳香特质以达到增香效果。同时，糖酯类物质又是烟叶表面类脂物之一，添加入卷烟后不会改变其原有的香气。如：刘乐等合成了两种木糖酯类香料前体物质，并添加到卷烟中，得到合成的木糖酯类化合物与所合成的木糖酯类化合物与烟香协调，对卷烟感官质量均有不同程度的改善作用，可以减轻刺激性和杂气，增加香气量，改善香气质，使香气更加丰满，烟气更加细腻醇和。

王磊等合成了两种甲基葡萄糖苷酯，并添加到卷烟中，得到在高温下这两种产物分别裂解释放出对烟气有积极贡献作用的异丁酸和3-甲基戊酸，这两种物质对烟气的作用效果为：烟气变得更加细腻、柔和、浓郁，杂气、刺激性减少，吃味醇和，余味舒适、干净，有甜味，协调性增强，其中在卷烟加入最佳用量的乙酸三[3-甲基戊酸]甲基吡喃葡萄糖酯对增加烟气中香料烟特征香气的贡献比较明显。

总的来说，糖酯类香料前体是一种在常温常压下没有味道的潜在香料物质，具有一定的稳定性，在卷烟燃吸时，会发生热裂解，均匀地释放出香味物质。评吸结果显示，加入糖酯类香料物质比直接加入香料本身更能使卷烟刺激性降低、杂气减少、烟味协调，使香气的品质显著提高。

（二）对卷烟保润性能的影响

保润性是烟叶重要物理性质之一，其含量高低影响烟叶的储存与加工，从而影响卷烟物理特性与内在品质。保润性差的烟叶加工性能低，易碎，加工成的卷烟碎丝率高。并且由于水分散失，致使烟气干燥，刺激性增大，不醇和，余味差，造成一系列香吃味不稳定的缺陷。目前国内卷烟厂使用的保润剂，如甘油、丙二醇、木糖醇、山梨醇等，主要是依靠这些物质吸收环境中的水分，并防止烟丝中的水分散失来保持烟丝润湿。但由于大气环境的温度和湿度的变化，仅靠吸水来保润对质量的稳定有一定的影响。而糖酯在烟草表面易形成油水相隔双分子层保护膜，具有保湿、保润、保香等作用，直接在制丝过程中加入糖酯，在烟丝表面形成油水相隔双分子层保护被膜，与外界空气隔绝，使烟丝工艺中的水分不易散失，从而对卷烟起保润效果。况且糖酯原料本身具有营养、无毒、清香、高度安全等特点，可取代卷烟中使用的保湿剂，如甘油、丙二醇、山梨醇等，不改变卷烟原有风味。

（三）生物活性

近年来，糖酯杀虫剂逐渐受到了人们的关注，糖酯具有作为商业杀虫剂的潜力，这主要是因为糖酯可以使害虫的皮膜脱落，脱水干瘪死亡。一般具有较长链长的、带支链的酰基的糖酯抗革兰氏阳性菌最有效，糖酯可使烟叶表面具有抗虫和抗微生物作用。在温室和田间研究表明，糖酯分离体对烟蚜和甘薯粉虱等有毒性，对烟草虫害具有防治效果。糖酯除了在烟叶抗病虫害方面具有重要作用外，某些糖酯还具有抗菌活性和植物生长调节作用。人们对探索糖酯的杀虫活性及其他生物学活性越来越感兴趣。Severson 等和 Buta 等发现，哥西氏烟草（*N.gossei*）中分离出的糖酯能够抑制烟蚜、甘薯粉虱和温室白粉虱，哥西氏烟草的糖酯对温室白粉虱和雌性螨类成虫杀灭活性最高，而其他品种烟草糖酯的杀虫活性相对较低，哥西氏烟草的糖酯和其他烟草不同点在于其部分酰基是由带支链的和中等链长的基团如甲基-己酰基、甲基-庚酰基、甲基-戊酰基构成的。

除具有很高的杀虫活性外，糖酯还对植物生长、种子的萌发以及其他微生物的生长起着抑制或调节的作用。Matsuzaki T 等发现，从粘烟草（*N.glutinosa*）中分离和提取的糖酯对杂草的生长具有抑制作用，后来 Shinozaiki Y 等也发现，从蔌叶烟草（*N.umbratica*）表皮分泌液中提取的糖酯具有同样的作用。Cutler 等和 Shinozaiki Y 等通过黄化的小麦胚芽鞘体外伸长试验、种子萌发试验得出糖酯具有植物生长调节功能，小麦胚芽鞘的生长抑制与糖酯中的 3-甲基戊酰基含量有关。Severson 等和 Chortyk 等也发现，普通烟草（*N.Tabacum*）和粘烟草的糖酯对小麦的胚芽鞘的生长以及枯草杆菌（*Bacil.lus subtilis*）和仙人掌杆菌（*Bacillus cereus*）的繁殖都具有抑制作用。

总之，糖酯不仅是烟草香味物质的重要的前体，同时又具有很高的杀虫活性、抗菌和植物生长调节作用。糖酯的酰基基团在卷烟燃烧时被释放出来，赋予卷烟烟气特征香气。糖酯添加到烟丝上，可对烟丝表面保护封闭，起到增香保润作用。烟草糖酯对卷烟的增香保润具有一定效果，可通过感官评吸和理化特性研究来确定其增香保润的具体应用方案。今后可从以下两个方面对烟草糖酯进行更深入的研究：在物理保润方面，研究糖酯与水分之间的相关性，吸收水分、排斥水分和平衡水分的能力；在感官质量方面，研究糖酯作为香味前体物质，其裂解产物对卷烟烟气的增香效果。

参考文献

[1] 王少先, 代远刚, 周立新, 等. 烟草缓释肥微囊粒子制备及应用研究——混合成囊法. 磷肥与复肥, 2010, 25(6): 18-21.

[2] 张雪芹, 彭克勤, 王少先, 李再军. 烤烟缓释肥料对烟株根系和光合特性的影响. 中国生态农业学报, 2009, 17(3): 454-458.

[3] 钱发成, 张建勋, 孙世豪, 等. 烟碱缓释型口含烟草片. 中国: CN,.200810049348.4, 2008.

[4] 陈建军, 李奇, 安毅, 等. 双向保润剂的性能及其在卷烟中的应用. 中国烟草学报, 2008, 14(suppl.): 21-22.

[5] 解万翠, 顾小红, 阁威, 等. 糖苷类香料前体的卷烟加香及缓释效果研究. 中国烟草学会工业专业委员会烟草化学学术研讨会论文集, 2011.

[6] 解万翠, 刘艺, 阁威, 等. 糖苷类香料前体的卷烟加香和缓释效果. 烟草科技, 2006, (7): 40-42.

[7] 赵岚, 沈骏. 微乳及其应用. 化学教育, 2006, 27(2): 3-5.

[8] Malcolmson C, Satra C, Kantaria S, et al. Effect of oil on the level of solubilization of testosterone propionate into nonionic oil-in-water microemulsions. J Pharm Sci, Journal of Pharmaceutical Sciences, 1997, 87(1): 109-116.

[9] Monzer F. Microemulsions: properties and applications. New York: Taylor & Francis Group, 2009.

[10] Prince, L. M, Academic. New York: 1977.

[11] D J Michell, B W Ninham. Micelles, vesicles and microemulsions. Journal of the Chemical Society. Faraday Transactions 2: Molecular and Chemical Physics, 1981, 77, 601-629.

[12] S Mukberjee, C A Miller, T Fort. Journal of Colloid & Interface Science, 1983, 91(1): 223-243.

[13] P A Winsor. Hydrotropy, solubilisation and related emulsification processes. Trans. Faraday Soc, 1948, 44, 376-398.

[14] RS Schechter, M Bourrel. Microemulsions and related systems: formulation, solvency, and physical properties. Surfactant Science, 1988.

[15] 王军. 特种表面活性剂. 北京: 中国纺织出版社, 2007.

[16] 何运兵, 李晓燕, 丁英萍, 邱祖民. 微乳液的研究进展及应用. 化工科技, 2005, 13(3): 41-48.

[17] 王桂香, 韩恩山, 许寒. 微乳状液的应用进展. 河北化工, 2008, 31(1): 8-10.

[18] 王笃政, 王鹏, 刘晓逾, 向阳. 微乳化技术及应用进展. 化工中间体, 2011, 08(9): 6-8

[19] Abootazeli R, Lawerence M J, et al. Investigations into the formation and characterization of phospholipid microemulsions. II. Pseudo-ternary phase diagrams of systems containing water-lecithin-isopropyl myristate and alcohol: influence of purity of lecithin. Int. J.

Pharm, 1994, 106(3): 51-61.

[20] Cho Y W, Flynn M J. Oral pharmaceutical formulations involving chylomicra formation. WO 9003164, 1990.

[21] 李干佐, 郝京城, 李方, 等. 阳离子表面活性剂中相微乳液的形成和特性. 日用化学工业, 1995, (2): 553-557.

[22] 申德君, 张朝平, 罗玉萍, 勾华. 反相微乳液化学剪裁制备明胶-γ-Fe$_2$O$_3$纳米复合微粒. 应用化学, 2002, 19(2): 121-125.

[23] 周雅文, 张高勇, 王红霞. 汽油微乳化技术研究, 日用化学工业, 2002, 32(2): 1-4.

[24] 高福成. 食品工程原理. 北京: 轻工业出版社, 1998.

[25] 罗艳, 陈水林. 微胶囊技术. 日用化学品科学, 1999, (5): 1-5.

[26] 乔吉超, 胡小玲, 管萍. 微胶囊技术在胶黏剂中的应用. 化学与黏合, 2007, 29(1): 52-56.

[27] A Soottitantawat, H Yoshii, T Furuta, et al. Journal of Food Science, 2003, 68(7): 2256-2262.

[28] R Buffo, GA Reineccius. Optimization of gum acacia/modified starch/maltodextrin blends for the spray drying of flavors. Perfermor and flavorist, 2000, 25: 45-54.

[29] H Takeuchi, T Yasuji, H Yamamoto, Y Kawashima. Spray-dried lactose composite particles containing an ion complex of alginate-chitosan for designing a dry-coated tablet having a time-controlled releasing function. Pharmaceutical research, 1999, 17(1): 94-99.

[30] MA Teixeira, O Rodríguez, S Rodrigues, et al. A case study of product engineering: Performance of microencapsulated perfumes on textile applications.AIChE Journal, 2012, 58(58): 1939-1950.

[31] 杨君, 赵生, 陈科兵, 等. 薄荷香精微胶囊包埋率不同测定方法比较分析. 食品科学, 2010, 31(6): 239-242.

[32] R Narayani, KP Rao. pH‐responsive gelatin microspheres for oral delivery of anticancer drug methotrexate. Journal of Applied Polymer Science.1995, 58(10): 1761-1769.

[33] 王剑红, 陆彬, 胥佩菱, 等. 肺靶向米托蒽醌明胶微球的研究. 药学学报, 1995, 30(7): 549-555.

[34] Esposito, E. C. Pastesini, Cortesi r, et al. Int.J.Pharm. 1995, 117(2): 151-158.

[35] T. Kato. Indication and effect of intra-arterial injection of mitomycin microcapsules in the treatment of kidney cancer. Cancer & chemotherapy, 1982, 9(3): 357-364.

[36] P. Dubin, J. Bock, R. Davis, et al. Macromolecular complexes in chemistry and biology. Springfield, lllions, 1994.

[37] T M S Chang. Microencapsulation and artificial cells. Springfield, lllions, 1984.

[38] F Lim. Microencapsulation of living cells and tissues. 1983 review and update. Journal of Pharmaceutical Sciences, 1981, 70(4): 351-354.

[39] T M S Chang. Modified hemoglobin as red blood cell substitutes. Drug Targetting and Delivery, 1995, 6: 209-216.

[40] M, Arakawa, T, Kondo. Preparation and properties of poly(N alpha, N epsilon-L-lysinediylterephthaloyl) microcapsules containing hemolysate in the nanometer range. Can J Physical. Pharmacol, 2011, 58(2): 183-187.

[41] RC Thomson, MJ Yaszemski, JM Powers, AG Mikos. A novel biodegradable poly(Lactic-Co-Glycolic Acid) foam for bone regeneration. Mrs Proceedings, 1993, 331.

[42] 雍国平, 徐利, 金翔. 薄荷素油的微胶囊研究. 烟草科技, 1996, (1).

[43] 彭荣淮, 徐华军, 雍国平, 等. 相分离-凝聚法制备薄荷醇微胶囊试验. 烟草科技, 2003, (8): 27-28.

[44] 李光水. 烟用香料环糊精包合物结构与性质研究. 江南大学, 2004

[45] 高申. 现代药物新剂型新技术. 北京: 人民军医出版社, 2002.

[46] A. Bvley, E. W. Robb. Incorporating flavor into tobacco US, 3047431. 1962.

[47] 童林荟. 环糊精化学. 北京: 科学出版社, 2001.

[48] A Harada, J Li, M Kamachi. The molecular necklace: a rotaxane containing many threaded |[alpha]|-cyclodextrins. Nature.1992, 356(6367): 325-327.

[49] 李秀兵. 响应型准聚轮烷的合成与表征. 湖南师范大学, 2014.

[50] YL Loukas. Multiple complex formation of unstable compounds with cyclodextrins: efficient determination and evaluation of the binding constant with improved kinetic studies. Analyst, 1997, 122(4): 377-381

[51] M Sbai, SA Lyazidi, DA Lerner, et al. Stoichiometry and association constants of the inclusion complexes of ellipticine with modified ?Cyclodextrin Analyst, 1996, 121(8): 1561-1564.

[52] AMDL Pena, RA Agbaria, M Sanchez, et al. Spectroscopic studies of the interaction of 1, 4-diphenyl-1, 3-butadiene with alpha-, beta-, and gamma-cyclodextrins. Applied Spectroscopy, 1997, 51(2): 153-159.

[53] Isabel Duran-Meras, Arsenio Munoz De La Pena, Francisco Salinas, Isabel Rodriguez Caceres. Spectrofluorimetric study of the inclusion complex of 7-hydroxymethylnalidixic acid with gamma-cyclodextrin in aqueous solution. Applied Spectroscopy, 1997, 51(5): 684-688.

[54] 陈亮, 王宝俊, 黄淑萍. 诺氟沙星 β-环糊精包结配合物的研究. 波谱学杂志, 1998(3): 243-248.

[55] 朱晓峰, 许旭, 林炳承, G.Wenz, S.Wehrle. β-环糊精和十二烷基硫酸钠包合作用的微量热法研究. 高等学校化学学报, 1998, 19(9): 1504-1506.

[56] 赵晓斌, 何炳林. 环状低聚糖——β-环糊精与胆红素包络作用的研究. 高等学校化学学报, 1994,(8): 1250-1252.

[57] 张勇, 黄贤智. 荧光光谱法研究 α-溴代萘与 β-环糊精 2: 2 重叠包络物的形成. 化学学报, 1997,(1): 69-75.

[58] 雍国平, 李光水, 郑飞, 周会舜. β-环糊精包合物的结构研究. 高等学校化学学报, 2000, 21(7): 1124-1126.

[59] VC Anigbogu, IM Warner. Fluorescence studies of the effects of t butyl functionalities on the formation of ternary β-cyclodextrin complexes with pyrene.Applied Spectroscopy, 1996, 50(50): 995-999.

[60] Kamitori S, Hirotsu K, Higuchi T. Crystal and molecular structures of double macrocyclic inclusion complexes composed of cyclodextrins, crown ethers, and cations. J Am Chem Soc, 1987, 109: 2409-2414.

[61] 鲁晓风, 许芳萍, 夏震, 等. β-环糊精对香兰素的包结特性研究. 四川大学学报: 自然科学版, 1995,(6): 694-697.

[62] 雍国平. 薄荷醇 β-环糊精包合物的初步研究. 食品科学, 1996,(9): 34-36.

[63] 李柱, 陈正行, 罗昌荣. β-环糊精对不同香料微胶囊化的研究. 食品工业, 2005(3): 39-41.

[64] 何进, 毕殿洲, 刘宝庆, 赵玲. 大蒜油 β - 环糊精包合物的稳定性考察. 中国药学杂志, 1997, 32(4): 216-218.

[65] 邓一泉, 刘夺奎, 汪季娟, 顾振亚. 一氯三嗪-β-环糊精接枝棉织物的研究. 天津工业大学学报, 2006, 25(3): 47-50.

[66] 李光水. 烟用香料环糊精包合物结构与性质研究. 江南大学, 2004.

[67] 姬小明, 刘云, 苏长涛, 赵铭钦. β-紫罗兰酮-β-环糊精包合物的结构确证及反应热力学研究. 中国烟草科学, 2010, 31(5): 80-83.

[68] 姬小明, 刘云, 苏长涛, 赵铭钦. β-紫罗兰酮-β-环糊精包合物的结构确证及热分解动力学. 烟草科技, 2011(1): 43-47.

[69] 姬小明, 刘云, 赵铭钦. β-紫罗兰酮与 β-环糊精包合物的制备及卷烟加香效应. 湖南农业大学学报(自然科学版), 2011, 37(1): 94-96.

[70] 苏长涛. 紫罗兰酮的合成及其卷烟加香应用研究. 河南农业大学, 2008.

[71] Corma A. Inorganic solid acids and their use in acid-catalyzed hydrocarbon reactions. Chem Rev, 1995, 95: 559-614.

[72] J Xu, S Han, W Hou, W Dang, X Yan. Synthesis of high-quality MCM-48 mesoporous silica using cationic Gemini surfactant C 12-2-12. Colloids and Surfaces A: Physicochemical and Engineering Aspects, 2004, 248(1-3): 75-78.

[73] Che S, Liu Z, Ohsuma T, Terasaki O, Tatsumi T. Synthesis and characterization of chiral mesoporous silica. Nature, 2004, 429: 281-284.

[74] Che S, Garcia-Bennett A E, Yokoi T. A novel anionic surfactant templating route for synthesizing mesoporous silica with unique structure. Nature Matherials, 2003, 2(12): 801-805.

[75] SA Bagshaw, E, Prouzet, TJ Pinnavaia. Templating of mesoporous molecular sieves by nonionic polyethylene oxide surfactants. Science, 1995, 269(5228): 1242-1244.

[76] PT Tanev, TJ Pinnavaia. A neutral templating route to mesoporous molecular sieves. Science, 1995, 267(5199): 865-867.

[77] Zhao D Y, Huo Q S, Stucky G D. Nonionic triblock and star diblock copolymer and oligomeric surfactant syntheses of highly ordered, hydrothermally stable, mesoporous silica structures. J Am Chem Soc, 1998, 120: 6024-6036.

[78] Dongyuan Zhao, Jianglin Feng, Qisheng Huo, et al. Triblock copolymer syntheses of mesoporous silica with periodic 50 to 300 Ångstrom pores. Science, 1998, 279(5350), 548-552.

[79] K Tae-Wan, K Freddy, P Blain, R Ryong. MCM-48-like large mesoporous silicas with tailored pore structure: facile synthesis domain in a ternary triblock copolymer-butanol-water system. Journal of the American Chemical Society, 2005, 127: 7601-7610.

[80] Yang Sui, Zhou Xufeng, Yuan Pei, et al. Siliceous nanopods from a compromised dual-templating approach. Angewandte Chemie International Edition, 2007, 46(46): 8579-8582.

[81] Djojoputro H, Zhou XF, Qiao SZ, et al. Periodic mesoporous organosilica hollow spheres with tunable wall thickness. Journal of the American Chemical Society Jacs, 2006, 128(19): 6320-6321.

[82] CT Kresge, ME Leonowicz, WJ Roth, et al. Ordered mesoporous molecular sieves synthesized by liquid-crystal template mechanism. Nature, 1992, 359(6397): 710-712.

[83] J. S. Beck, J. C. VartUli, W. J. Roth, et al. A new family of mesoporous molecular sieves prepared with liquid crystal templates. Journal of the American Chemical Society, 1992, 114, 10834-10843

[84] F Schuth. Non-siliceous mesostructured and mesoporous materials. Chemistry of Materials, 2001, 13: 3184-3195.

[85] A Sayari, P Liu. Non-silica periodic mesostructured materials. Microporous Materials, 1997, 12(4): 149-177.

[86] C A Fyfe, W Schwieger, G Fu, et al. Synthesis and characterization of novel aluminophosphates formed using micro- or mesoscopic structure directing agents. Petrol Chem, 1995, 40: 266-268.

[87] G A Ozin. Morphogenesis of biomineral and morphosynthesis of biomimetic forms. Accounts of Chemical Research, 1997, 30(1): 17-27.

[88] Abdelhamid Sayari, Igor Moudrakovski, Jale Sudhakar Reddy. Synthesis of mesostructured lamellar aluminophosphates using supramolecular templates. Chemistry of Materials, 1996, 8(8): 2080-2088.

[89] CT Kresge, ME Leonowicz, WJ Roth, et al. Ordered mesoporous molecular sieves synthesized by liquid-crystal template mechanism. Nature, 1992, 359(6397): 710-712.

[90] C Y Chen, S L Burkett, H X Li, M E Davis. Studies on mesoporous materials. II. Synthesis mechanism of MCM-41. Microporous Materials, 1993, 2: 27-34.

[91] A. Firouzi, D. Kumar, L. M. Bull, et al. Cooperative organization of inorganic-surfactant and biomimetic assemblies.Science, 1995, 267(5201): 1138-1143.

[92] Q Huo, D I Margolese, U Ciesla, et al. Organization of organic molecules with inorganic molecular species into nanocomposite biphase arrays. Chem Mater, 1994, 6: 1176-1191.

[93] Tanev P T, Pinnavaia T J. A neutral templating route to mesoporous molecular sieves. Science, 1995, 267(5199): 865-867.

[94] 周春晖, 李庆伟, 张波, 等. 硅源对全硅MCM—41中孔分子筛结构的影响研究工业催化, 2001, 6: 53-56.

[95] 袁志庆, 蔡晔, 慎炼, 等. 钒硅中孔分子筛的合成、表征及其催化性能研究. 高等学校化学工程学报, 2002, 16(2): 145-148.

[96] Lee Der-Shing, Liu Tsung-Kwei. The synthesis and characteristics of vanadoaluminosilicate MCM-41 mesoporous molecular sieves. Journal of Sol-Gel Science and Technology, 2001, 23(1): 15-25.

[97] Yukako M. Setoguchi, yasutake teraoka, isamu moriguchi, shuichi kagawa, nariyuki tomonaga, akinori yasutake, jun izumi. Journal of PorousMaterils, 1997, 4(2): 129-134.

[98] He Nong-Yue, Cao Jie-Ming, Bao Shu-Lin, et al. Room-temperature synthesis of an Fe-containing mesoporous molecular sieve. Mater Lett, 1997, 31(1): 133-136.

[99] 罗根祥, 陈平, 肖进兵, 等. Fe-MCM-41 介孔材料的合成、表征及催化性能研究. 石油化工高等学校学报, 2001, 14(1): 33-36.

[100] 魏红梅, 何农跃, 肖鹏峰, 林成章. 室温强酸性介质合成 MCM—41 介孔分子筛: (Ⅱ) 辅助模板剂对 MCM—41 介孔分子筛. 湘潭大学自然科学学报, 2000, 22(3): 54-58.

[101] Biln J L, Herrier G, Otjacques, et al. New way to synthesize MCM-41 and MCM-48 materials with tailored pore sizes. Stud Surf Sci Catal, 2000, 129(1): 57- 64.

[102] SA Bagshaw, E, Prouzet, TJ Pinnavaia. Templating of mesoporous molecular sieves by nonionic polyethylene oxide surfactants. Science, 1995, 269(5228): 1242-1244.

[103] SS Kim, W Zhang, TJ Pinnavaia. Ultrastable mesostructured silica vesicles.Science, 1998, 282: 1302-1305.

[104] 马晓明, 刘培生. 多孔材料检测方法. 北京: 冶金工业出版社, 2006.

[105] Inumaru K1, Ishihara T, Kamiya Y, et al. Water-tolerant, highly active solid acid catalysts composed of the keggin-type polyoxometalate H(3)PW(12)O(40) immobilized in hydrophobic nanospaces of organomodified mesoporous silica. Angewandte Chemie International Edition, 2007, 46(40): 7625-7628.

[106] WMV Rhijn, DED Vos, BF Sels, et al. Chem inform abstract: sulfonic acid functionalized ordered mesoporous materials as catalysts for condensation and esterification reactions. Chemical Communications, 1998, 29(22): 317-318.

[107] Mehnert C P. Palladium-grafted mesoporous MCM-41 material as heterogeneous catalyst for heck reactions. Chem Commun, 1997: 2215-2217.

[108] W Agnieszka, F Anna, W Joanna, M Eugeniusz. Epoxidation of allyl alcohol over mesoporous Ti-MCM-41 catalyst. Journal of Hazardous Materials, 2009: 170(1): 405-410.

[109] A Katsuhiko, V Ajayan, M Masahiko, et al. One-pot separation of tea components through selective adsorption on pore-engineered nanocarbon, carbon nanocage. Journal of the American Chemical Society, 2007, 129(36): 11022-11023.

[110] DH Park, N Nishiyama, Y Egashira, K Ueyama.Separation of organic/water mixtures with silylated MCM-48 silica membranes. Microporous and Mesoporous Materials, 2003, 66(1): 69-76.

[111] Teresa Valdés-Solís, Aldo F. Rebolledo, Marta Sevilla, et al. Fuertes and pedro tartaj preparation, characterization, and enzyme immobilization capacities of superparamagnetic silica/Iron oxide nanocomposites with mesostructured porosity. Chem Mater, 2009, 21(21): 1806-1814.

[112] Jie Lei, Jie Fan, Chengzhong Yu, et al. Immobilization of enzymes in mesoporous materials: controlling the entrance to nanospace. Microporous and Mesoporous Materials, 2004, 73(3): 121-128.

[113] 蔡晓慧, 朱广山, 高波, 等. Ag/SBA-15 复合材料的制备及其抗菌性质. 高等学校化学学报, 2006, 27(11): 2042-2044.

[114] M Vallet-Regi, A Rámila, RPD Real, J Pérez-Pariente. A new property of MCM-41: Drug delivery system. Chemistry of Materials, 2000, 13(2): 308-311.

[115] G Supratim, BG Trewyn, MP Stellmaker, et al. Stimuli-responsive controlled-release delivery system based on mesoporous silica nanorods capped with magnetic nanoparticles. Angewandte Chemie International Edition, 2005, 44(32): 5038-5044.

[116] Y Xiaoxia, Y Chengzhong, Z Xufeng, et al. Highly ordered mesoporous bioactive glasses with superior in vitro bone-forming bioactivities. Angewandte Chemie International Edition, 2004, 43(44): 5980-5984.

[117] M Vallet-Regí. Bone repair and regeneration: possibilities. Materialwissenschaft Und Werkstofftechnik, 2006, 37(6): 478-484.

[118] T. Wagnera, b, T. Waitza, J. Roggenbucka, et al. Ordered mesoporous ZnO for gas sensing. Thin Solid Films, 2007, 515(23): 8360-8363.

[119] 包秀萍, 王松峰, 何雪峰, 等. 薄荷油微胶囊的制备及其在卷烟中的应用. 河南农业科学, 2013, 42(3): 146-149.

[120] 郝林华, 徐雁. 鱼粉中酸价测定方法的研究. 中国饲料, 2000, (3): 33-34.

[121] 肖青, 钟烈铸. 用异丙醇代替乙醚-乙醇混合溶剂测定植物油酸价的研究, 中国粮油学报, 1999, 27: 33-35.

[122] 樊国栋, 张昭. 双点电位滴定法测定油脂的酸价. 日用化学工业, 1999, (3): 35-38.

[123] 黎汝琴, 杨祖伟, 植爱萍, 黄淑玲. 电位滴定法测定蜂胶软胶囊酸价. 食品安全质量检测学报, 2015, (8): 3050-3054.

[124] 刘涛, 才谦, 杨松松, 等. 紫外分光光度法测定龙胆软胶囊中总裂环环烯醚萜苷的含量.中国医科大学学报, 2006, 35(4): 388-388.

[125] 姚干, 何宗玉. 紫外分光光度法测定芩栀胶囊中黄芩总黄酮和栀子总环烯醚萜苷的含量时珍国医国药, 2006, 17(12): 2474-2475.

[126] 党小平, 陆兔林, 王云锋, 等. GC测定鸦胆子油软胶囊中油酸的含量. 南京中医药大学学报, 2008, 24(1): 56-57.

[127] 梁宁, 赵怀清, 周迎春, 张福蔓. 气相色谱法测定脂苏软胶囊中 α-亚麻酸含量. 沈阳药科大学学报, 2002, 19(5): 336-336.

[128] 闫春风, 徐晓伟, 李君, 等.HPLC测定柴芩软胶囊中葛根素的含量. 中国实验方剂学杂志, 2012, 18(18): 98-100.

[129] 张玉爱, 吴泽榕, 郑起平, 等. HPLC 测定养血当归软胶囊中阿魏酸的含量. 中成药, 2006, 28(4): 599-600.

[130] 李琴, 张玉芝. 阿奇霉素软胶囊的制备工艺研究. 医药导报, 2011, 30(10): 1347-1348.

[131] 刘宏飞, 郭宏, 臧蕾, 等. 利巴韦林软胶囊的制备与质量控制. 医药导报, 2005, 24(8): 716-717.

[132] 李艳, 胡红艳, 黄秋明, 黄文静. 多指标综合评分法对炉甘石洗剂制备工艺的考察. 中国医药导报, 2010, 7(13): 63-65..

[133] 余耀, 詹建波, 李赓, 等. 一种卷烟用胶囊滤棒, 中国: ZL201220540436.6, 2013-05-01.

[134] C, Dolka, P J-J, M, Belushkin, G, Jaccard. Menthol addition to cigarettes using breakable

capsules in the filter. Impact on the mainstream smoke yields of the health Canada list constituents. Chemical Research in Toxicology, 2013, 26(10): 1430-1443.

[135] 朴洪伟, 金勇华, 金钟国, 等. 甜橙香胶囊滤棒对烟气有害成分及卷烟香气特性的影响.郑州轻工业学院学报(自然科学版), 2015(Z1): 48-51.

[136] 刘富静. 银(Ⅰ)与氨基苯腈的配位化合物的合成、结构及荧光性质研究. 厦门大学, 2012.

[137] 徐如人, 庞文琴. 无机合成与制备化学. 北京: 高等教育出版社, 2001.

[138] 王亚松, 徐云鹏, 田志坚, 林励吾. 离子热法合成分子筛的研究进展. 催化学报, 2012, 33(1): 39-50.

[139] 张维海. 腐殖酸在铀成矿过程中配位作用的实验模拟研究. 西北大学, 2006.

[140] 李善吉. 新型发光金属配合物的设计合成与性能研究. 中山大学, 2008.

[141] 袁晓芳, 吴国章, 吴驰飞. 结晶水对硫酸铜与丁腈橡胶之间配位交联反应的影响. 高等学校化学学报, 2006, 27(10): 1978-1981.

[142] WT Richards, AL Loomis. The chemical effcts of high frequency sound waves I.A preliminary survey. Journal of the American Chemical Society. 1927, 49(12): 3086-3100.

[143] Elpiner I E. (Isaak Efimovich). Ultrasound: physical, chemical, and biological effects. Consultants Bureau, 1964.

[144] YT Didenko, KS Suslick.Chemical aerosol flow synthesis of semiconductor nanoparticles. Journal of the American Chemical Society, 2005, 127(35): 12196-7.

[145] KS Suslick, GJ Price.Application of ultrasound to materials chemistry. Annual Review of Materials Research, 1999, 29(1): 295-326.

[146] Robson R. Design and its limitations in the construction of bi-and poly-nuclear coordination complexes and coordination polymers (aka MOFs): a personal view. Dalton Trans, 2008: 5113.

[147] M Fujita, YJ Kwon, S Washizu, K Ogura. Preparation, clathration ability, and catalysis of a 2-Dimensional square network material composed of cadmium (II) and 4, 4'-bipyridine. Journal of the American Chemical Society, 1994

[148] Hagrman P J, Hagrman D, Zubieta, J. Organic-inorganic hybrid materials: from "simple" coordination polymers to organodiamine-templated molybdenum oxides. Angew Chem Int Ed, 1999, 38(18): 2639-2684.

[149] L Zhang, D Sun, XZ Gao, et al. 5-Bromo-2, 3-dihydro-1 H -cyclo-penta-[a]naphthalen-1-one.Acta Cryst, 200965(13): o2174.

[150] H erbert. W. Roesky , Marius Andruh. The interplay of coordinative, hydrogen bonding and $\pi - \pi$ stacking interactions in sustaining supramolecular solid-state architectures.A study case of bis(4-pyridyl)-andbis(4-pyridyl-N-oxide) tectons .Coordination Chemistry Reviews, 2003, 236: 91-119.

[151] L Carlucci, G Ciani, DM Proserpio, A Sironi. 1-, 2-, and 3-dimensional polymeric frames in the coordination chemistry of AgBF4 with pyrazine. The first example of three interpenetrating 3-dimensional triconnected nets. Journal of the American Chemical Society, 1995, 117(16): 4562-4569.

[152] Ouellette W, Prosvirin AV, Chieffo V, et al. Solid-state coordination chemistry of the Cu/triazolate/X system (X = F-, Cl-, Br-, I-, OH-, and SO4(2-)).Inorganic Chemistry, 2006, 45(23): 9346-66.

[153] Matthew A. Withersby , Alexander J. Blake et. al., Solvent control in the synthesis of 3, 6-bis(pyridin-3-yl)-1, 2, 4, 5-tetrazine-bridged cadmium(II) and zinc(II), coordination polymers. Inorganic Chemistry, 1999, 38(10): 2259-2266.

[154] Wu T., Li D, Ng, Seik Weng. Solvent control in the hydrothermal synthesis of two copper(I) iodide-benzimidazole coordination polymers. Cryst Eng Comm, 2005, 7: 514-518.

[155] M Liqing, L Wenbin.Chirality-controlled and solvent-templated catenation isomerism in metal-organic frameworks. Journal of the American Chemical Society, 2008, 130(42): 13834-5.

[156] H Jungseok, J You-Moon, CA Mirkin.Reversible interconversion of homochiral triangular macrocycles and helical coordination polymers. Journal of the American Chemical Society, 2007, 129(25): 7712-7713

[157] Yang J1, Li GD, Cao JJ, et al. Structural variation from 1D to 3D: effects of ligands and solvents on the construction of lead(II)-organic coordination polymers. Chemistry, 2007, 13(11): 3248-61

[158] 王健, 贸仁勇. 中药的现代功效与无机元素关系的研究. 微量元素与健康研究, 微量元素与健康研究, 1996(4): 29-31

[159] 刘文胜, 罗维早, 张志荣, 殷恭宽. 中药研究的新学说——中药配位化学. 华西药学杂志, 2001, 16(4): 293-294

[160] 黎艳玲, 等. 麦芽酚或乙基麦芽酚的锌配合物的应用. 中国: ZL201010557474.8, 2010.

[161] 缪明明, 胡伟, 任炜. 烟用潜香物质的分子设计. 烟草科技, 1997(6): 26-26.

[162] D Anderson, Frater, Georg. Preparation of β-keto esters as precursors of organoleptic compounds. US 6222062, 1999.

[163] De Hei J., Johannes T, Van Lier, F P, Renes, H. Preparation of diionyl ethers as tobacco flavorants. US 5432154, 1993.

[164] Herron, J N. Glycosides of aromatic agents to tobacco flavorants. WO 8809133, 1988.

[165] Puterka G J, Severson R F. Activity of sugar esters isolated from leaf trichomes of nicotiana gossei to pear psylla (Homoptera: Psyllidae). Journal of Economic Entomology. 1995, 88(3): 615-619.

[166] 杨华武, 谭新良, 黎艳玲, 等. 烟草科技, 2006, (11): 32-34.

[167] 晏日安, 陈磊, 黄雪松, 等. 琥珀酸单薄荷酯合成工艺的研究. 食品与发酵工业, 2008, 34(10): 89-91.

[168] 吴亿勤, 杨柳, 刘芳, 等. 在线裂解气相色谱-质谱法研究单琥珀酸薄荷酯的裂解行为.分析化学, 2007, 35(7): 1035-1038.

[169] 朱海军, 刘志华, 古昆, 缪明明. 卷烟用酚类碳酸薄荷酯的合成与表征. 云南大学学报: 自然科学版, 2004(B07): 183-185

[170] 郑庚修, 王秋芬, 张传景. 乳酸薄荷酯的合成及应用.山东化工, 1994, (1): 7-8.

[171] 童志杰, 郑正春. L-乳酸薄荷酯的合成. 精细化工中间体, 2008, 38(3): 45-46.

[172] 李明, 方银军, 李在均, 等. 新型对称烷基咪唑离子液体介质中酶催化合成 l-乙酸薄荷酯. 化学学报, 2009, 67(11): 1252-1258.

[173] 孙毅, 孔宁川, 谢冰. d-酒石酸-l-薄荷醇双酯的合成及烟草加香应用. 烟草科技, 2008, (1): 43-45.

[174] 吴晶晶, 赵明月, 茹呈杰, 朱忠. 苯乙酸癸酯的合成及其在卷烟中的应用. 烟草科技, 2008, (5): 38-40.

[175] 毛多斌, 贾春晓, 张峻松, 等. 2-异戊烯酸酯的合成及香气研究. 郑州轻工业学院学报, 1997(2): 77-80.

[176] 毛多斌, 段明清, 丁乃红. α—当归内酯的合成及在烟草香精中的应用. 郑州轻工业学院学报, 1992, 7(1): 43-46.

[177] 陈永宽, 孔宁川, 杨伟祖, 李聪. 二氢猕猴桃内酯的合成及作为卷烟香料的应用. 中国烟草学报, 2003, 9(2): 10-12.

[178] 曾世通, 李鹏, 胡军. 低级脂肪酸多元醇混合酯的合成及其在烟草中的加香评价, 烟草科技, 2009, (3): 33-39.

[179] H Kamogawa, Y Haramoto, T Nakazawa, et al. 1, 3Dioxolane bearing perfume and herbicide aldehyde residues, Bulletin of the Chemical Society of Japan, 1981, 54: 1577-1578.

[180] Garrard, V G, Hudson, A B.. Citrus-flavored tobacco articles comprising citral acetal. US 4832059, 1989.

[181] Chan, W G. Preparation of phenyl 4, 6-O-cinnamylidene-β-D-glucopyranosides and analogs as tobacco product flavor-releasing agents. US 5137578, 1992.

[182] Wolt J. Chromate oxidation of alkylpyrazines. Journal of Organic Chemistry, 1975, 40(8): 1178-1179.

[183] Houminer Y, Sanders E B. Smoking compositions containing a flavorant additive substituted heterocyclic compound. US 4259969, 1980.

[184] 夏平宇, 杨华武, 邓昌健. 2-异丙基-3-羟基-3-甲基-3-吡嗪丙酸乙酯的合成及其对卷烟烟气增香的研究. 合成化学, 2005, 13(4): 419-421.

[185] 傅见山, 杨华武, 刘建福, 等. 烷基羟基吡嗪的合成及其在卷烟调香中的应用. 湖南师范大学自然科学学报. 2004, 27(1): 59-62.

[186] Cordonnier R E, Günata Y Z, Baumes R L, Bayonove C L. J Int Sci Vigne Vin, 1989, 23: 7-23.

[187] PJ Williams, CR Strauss, B Wilson. Hydroxylated linalool derivatives as precursors of volatile monoterpenes of muscat grapes. Journal of Agricultural & Food Chemistry, 1980, 28(4): 766-771.

[188] T Takeo.Production of linalol and geraniol by hydrolytic breakdown of bound forms in disrupted tea shoots . Phytochemistry, 1981, 20(9): 2145-2147.

[189] M Yano, K Okada, K Kubota, A Kobayashi. Studies on the precursors of monoterpene alcohols in tea leaves. Agricultural & Biological Chemistry, 2006, 54(4): 1023-1028

[190] D Wang, K Ando, K Morita, et al. Optical isomers of linalool and linalool oxides in tea

aroma. Bioscience Biotechnology & Biochemistry, 1994, 58(11): 2050-2053.

[191] M Yano, Y Joki, H Mutoh, et al. Benzyl glucoside from tea leaves. Agricultural & Biological Chemistry, 1991, 55(4): 1205-1206.

[192] Guo W, Sakata K, Watanabe N, et al, Geranyl 6-O-beta-D-xylopyranosyl-beta-D-glucopyranoside isolated as an aroma precursor from tea leaves for oolong tea. Phytochemistry, 1993, 33(6): 1373-5.

[193] 汤坚, 何其傥. β-葡甙酶水解法分析新鲜芹菜的游离态与糖甙键合态挥发性化合物. 无锡轻工业学院学报, 1990,(4): 22-29.

[194] 宛晓春, 汤坚, 袁身淑, 等. 柠檬汁中游离态和键合态萜类化合物的研究.食品与发酵工业, 1991,(4): 31-37.

[195] 宛晓春, 汤坚, 丁霄霖, 何其傥. 山楂中游离态和键合态风味化合物. 食品与发酵工业, 1998,(2): 20-26.

[196] 宛晓春, 汤坚, 汤逢, 丁霄霖. 哈密瓜中游离态和键合态风味化合物. 南京农业大学学报, 1997(4): 93-98.

[197] 王华夫, 游小倩. 祁门红茶单萜烯醇形态转变的研究. 中国茶叶, 1996, 6: 22-23.

[198] H Kodama, T Fujimori, K Kato. Glucosides of ionone-related compounds in several nicotiana species. Phytochemistry, 1984, 23(3): 583-585.

[199] H Kodama, T Fujimori, K Kato. A nor-sesquiterpene glycoside, rishitin-β-sophoroside, from tobacco . Phytochemistry, 1984, 23(3): 690-692

[200] Williams P S. Washington D. C. Variations in the photoluminescence intensity of chemically and anodically etched silicon films. American Chemical Society, 1993.

[201] 刘百战, 徐玉田, 孙哲建, 等. 加料前后烟草中游离及糖苷结合态香味成分的分析研究.中国烟草学报, 1998, 6(1): 1-8.

[202] Yuliang Zhu, Fanzuo Kong. Chem inform abstract: a facile and effective synthesis of α-(1[RIGHTWARDS ARROW]6)-linked mannose di-, tri-, tetra-, hexa-, octa-, and dodecasaccharides, and β-(1[RIGHTWARDS ARROW]6)-linked glucose di-, tri-, tetra-, hexa-, and octasaccharides using sugar. Carbohydrate Research, 2001, 332(1): 1-21.

[203] K Kurashima, M Fujii, Y Ida, H Akita. Enzymatic β-glycosidation of primary alcohols. Journal of Molecular Catalysis B Enzymatic, 2003, 26(1): 87-98.

[204] Saeed Ahmad, Abdul Malik, A Nighat Afza, R Yasmin. A new withanolide glycoside from physalis peruviana. Journal of Natural Products, 1999, 62(62): 493-494.

[205] Kobayashi M, Iwamoto M, Tamura H, et al. Tobacco fragrance glycosides for taste improvement in tobacco smoking. JP: 1042846, 1998.

[206] KD Green, IS Gill, JA Khan, EN Vulfson. Microencapsulation of yeast cells and their use as a biocatalyst in organic solvents. Biotechnology & Bioengineering, 1996, 49(5): 535-43.

[207] Kentaro Noguchi, Hiroyuki Nakagawa, Masaaki Yoshiyama, et al. Anomer-selective glucosylation of l-menthol using lyophilized cells of saccharomyces cerevisiae. Journal of Fermentation & Bioengineering, 1998, 85(4): 436-438.

[208] Hiroyuki Nakagawa, Yukio Dobashi, Toshiyuki Sato, et al. α-Anomer-selective glucosylation

of menthol with high yield through a crystal accumulation reaction using lyophilized cells of xanthomonas campestris WU-9701. Journal of Bioscience & Bioengineering, 2000, 89(2): 138-144.

[209] W Ping, MC Kuo, TH Chi. Glycosidically bound aroma compounds in ginger (zingiber officinale roscoe. Journal of Agricultural & Food Chemistry, 1990, 38(7): 1553-1555.

[210] 黄晓航, 张燕霞, 范晓. 海藻糖类的气相色谱分析Ⅲ. 红藻糖苷的提取与测定. 海洋科学, 1990(1): 14-17.

[211] 张桂燕, 牟淑慧. RP-HPLC 法测定何首乌中大黄素-8-O-β-D-葡萄糖苷的含量. 北京中医药大学学报, 2008, 31(5): 332-333.

[212] 袁长季, 陈再兴, 曾爱民, 张东方. 高效液相色谱法测定强肾胶囊中 2, 3, 5, 4'-四羟基二苯乙烯-2-O-β-D 葡萄糖苷的含量. 中华中医药学刊, 2008, 26(7): 1477-1478.

[213] 张正竹, 宛晓春, 陶冠军. 茶鲜叶中糖苷类香气前体的液质联用分析. 茶叶科学, 2005, 25(4): 275-281.

[214] P, Mauri, G, Catalano, C, Gardana, P, Pietta. Analysis of stevia glycosides by capillary electrophoresis. Electrophoresis, 1996, 17(2): 367-71.

[215] 施荣富, 史作清, 冯君谦, 程亦红. 食品饮料中甜菊甙的检测方法. 中国食品添加剂, 1994(3): 19-23.

[216] 段峰, 高艳华, 袁建国. 海藻糖合成酶活性测定方法的研究. 食品与药品, 2008, 10(5): 47-49.

[217] Dube. Process and apparatus for melting contaminated metalliferous scrap material. US: 4941486, 1990.

[218] RL Beers. Process for continuous casting of steel with oil-water mold lubricant. US, 1969.

[219] C Susan, A Jayalekshmy, M Gopalakrishnan, CS Narayanan. Roasting studies on black pepper (piper nigrum L.). Flavour & Fragrance Journal, 1996, 11(5): 305&ndash；310.

[220] Dietrich, Sonia M. C comparative study of hyphal wall components of oomycetes: saprolegniaceae and pythiaceae anais da academia brasileira de ciencias. Cellose Chem Techol 1975, 47(1), 155-162.

[221] 章平毅, 陆惠秀, 金其璋, 等. 葡萄糖苷的热解研究[J]. 香料香精化妆品, 2002, 3: 5-7.

[222] JN Herron. Tobacco product containing side stream smoke flavorant. US, 1989.

[223] 解万翠, 刘艺, 阁威, 等. 糖苷类香料前体的卷烟加香和缓释效果. 烟草科技, 2006,(7): 40-42.

[224] Ashraf-Khorassani, N, N Nazem, L Taylor, W Coleman. Identification and quantification of sucrose esters in various turkish tobaccos. Beiträge Zur Tabakforschung, 2014, 21(8): 441-450.

[225] A Kashem, M Anisuzzaman, RLWhistle. Selective replacement of primary hydroxyl groups in carbohydrates: preparation of some carbohydrate derivatives containing halomethyl groups. Carbohydrate Research, 1978, 61(1): 511-518

[226] Abdellatif Bourhim, Stanislas Czernecki, Pierre Krausz. Selective monoesterification of

unprotected monoand disaccharides. Journal of Carbohydrate Chemistry, 1993, 12(7): 853-863.

[227] 陈洪, 戴志群, 曲凡歧, 黄筱. N, N-二(邻硝基苯氨基乙基)甘氨酸糖酯的合成. 高等学校化学学报, 1999, 20(11): 1725-1728.

[228] M Therisod, AM Klibanov. Facile enzymatic preparation of mono acylated sugars in pyridine. J Am Chem Soc, Journal of the American Chemical Society, 1986, 108(18)

[229] S Tarahomjoo, I Alemzadeh. Surfactant production by an enzymatic method. Enzyme & Microbial Technology, 2003, 33(1): 33-37.

[230] B MP Bousquet, PBE Monsan, RM Willemot. Enzymatic synthesis of unsaturated fatty acid glucose deesters for dermo-cosmeti capplications. Biotechnology & Bioengineering, 1999, 63(6): 730–736.

[231] A Ghogare, G S Kumar. Oxime esters as novel irreversible acyl transfer agents for lipase catalysisinor ganicmedia. Journal of the Chemical Society Chemical Commu, 1989, 20(20): 1533-1535.

[232] A Ghogare, G S Kumar. Novel route to chiral polymers involving biocatalytic transesterification of O-acryloyl oximes. J.chem.soc.chem.commun, 1990, 2(2): 134-135.

[233] S Riva, J Chopineau, APG Kieboom, AM Klibanov. Protease-catalyzed regioselective esterification of sugars and related compounds in anhydrous dimethylformamide. Journal of the American Chemical Society, 2002, 110(2): 584-589.

[234] F Molinari, C Bertolini, F Aragozzini, D Potenza. Selective acylation of monosaccharides using microbial cells. Biocatalysis & Biotransformation, 2009, 17(2): 95-102.